JN293029

虫博士の育ち方 仕事の仕方

生き物と遊ぶ心を伝えたい

高家 博成 文　中山 れいこ 編集・解説

虫のあしはなぜ6本？

はじめに

　好きな昆虫を相手にしていたら、あっという間に人生の終盤にさしかかってしまった。
　さて、この年になると、あらためて過去を振り返ることも多くなった。未だに満たされない思いがあるにもかかわらず、意欲も薄れてきていることは否めない。昆虫園という職場に就職出来たおかげで好きな虫を相手にし、小文を書いたり話したりしてきたが、未だに満足出来る内容ではない。しかし、今までやってきたことをまとめて報告し、人生の締めくくりの準備をしておこうと思う。

　このきっかけは、ある出来事があったからだ。
　多摩動物公園を退職し、そのまま嘱託員として勤めていたある日、通勤途中の電車内で眠くなって寝てしまった。
　電車は終点の京王八王子に着いて、人がどやどやと入れ替わるのはうすうす気が付いていたが、さらにそのまま眠ってしまった。
　人の声で気が付いた時は、関東中央病院の玄関先であった。起きようとすると、「そのまま、そのまま」と言われた。それは救急隊員の声であった。診断の結果、脳出血だと分かった。
　幸い、一週間で退院出来た。駅で聞いてみると、救急車に乗せられて、桜上水の駅から運ばれたとのことだった。
　退院してから駅員と救急隊員にはお礼を言っておいたが、あらためて私の異常に気がついてくださった見知らぬ電車内の乗客の方々に、心からお礼を申し上げます。

そんなことで、一度は死んでしまった身だ。今のうちに懺悔をしておこうと思った次第である。

　内容の多くは既に書いたものの再録か、それに手を加えたものである。順序は必ずしも時系列になっていない所もあり、記憶も不確かな点もあるが、思い出すままであることをお断りしておく。
　私の生き物とのふれあいとその周辺の記である。「学び返し」という言葉があるそうだが、先人から得た知識のお返しでもある。

　本書を本にしようと思い、生物関係に詳しいアトリエモレリのスタッフに粗稿を見ていただいた。
　多くの字句の訂正、現代の若い人々には馴染みのない項目の脚注文と生物名の索引の挿入、図版や写真の製版、本の題名などに意見をいただいた。
　代表の中山れいこさんには編集や解説、私の用意していなかった生物の絵や写真の提供をいただいて、私には思ってもみなかった本になりそうに思え、共著とした。

　暇つぶしに読んで笑っていただけたらと思う。

高家 博成　2014年5月

もくじ

はじめに・・・2

Ⅰ. 丹後にいた頃・・・15

1. 戦中・戦後・・・16
空襲警報発令、進駐軍、機屋、防火用水・・・16・17

2. 子ども時代・・・17
チガヤ・スイバ・イタドリのおやつ、シイやクリの実、台風とカキの実、竹野川・・・18
水晶山、三角ベース野球、紙玉鉄砲・杉の実鉄砲、天皇陛下・・・20
本を読みなさい、脱脂粉乳の給食、夏休み・・・21

3. 農繁期・・・21
メイガの卵捕り、田植え・・・21
エダマメまき、稲刈り・・・22
稲木のいろいろ、スズメノテッポウの笛、麦のガム、イナゴ捕り・・・23
がっとう、飼育栽培の教科書、夏祭り・昼花火・夜店・御馳走・・・24
映画、村にテレビが来た、・・・25
メダカの学校、タニシの巣穴、カラスガイ、シジミガイ、ゲンゴロウの幼虫、タガメ・・・26・27
ホタル狩り、クモの巣のセミ捕り網・・・28
カミキリ・クワガタ・タマムシの幼虫、カマキリとハリガネムシ・・・29
ハチの子、蚤取粉大掃除、餅つきと餅花木、アタマジラミ、ナンキンムシ・・・30・31
回虫・ギョウチュウと薬、ハエとハエ捕り用具・・・32・33
電灯に付ける捕虫器、アブ類、ドクガやウルシにかぶれる、ゴキブリ類、カとカ柱・・・34・35
デグロの巣穴、ドジョウ、釣れないヤツメウナギ、道を歩くサワガニ、ヘビ類の思い出・・・36
ネズミの捕獲法、ニワトリとウサギを飼う・・・37
大きなネズミ・ヌートリア、ヒバリの巣、簡単な巣箱、カヤネズミの巣、真綿作り・・・38・39
絹のうちわ、金魚売り、パチンコ、空気銃・・・40・41
かすみ網、スズメ落とし、ヨモギ・セリ摘み、ジュンサイ・ヒシの実・・・42
薬草採取・・・43

4. 遠足・・・43
水源池、大江山・・・43

琴弾き浜、重油流出事件、臨海学校、天橋立、日和山、コウノトリ・・・44・45
オニヤドカリ・アカテガニ、マツバガニ、ズガニの巣穴・・・46・47
モウセンゴケ・モリアオガエル、一人一研究、スズミグモ、誘蛾灯、ヘリコプター・・・48・49
朝鮮戦争の頃・・・50

5. 中・高生時代・・・50

ハッチョウトンボなど、ミツバチの巣、スズメバチに刺される・・・50・51
ベッコウバチ、アシナガバチ、ライポン・・・52
寄生蜂、心配な成績、清水先生とトラの巻・・・53
ダイモンジソウ、ヒメボタル・・・54

II. 大学生時代・・・55

1. 木造の昆虫研究室と澤田先生・・・56

新入生歓迎採集会、新研究棟へ移る・・・57
勝屋志朗先生、岡田一次先生・立川哲三郎先生・安松京三先生、ミツバチ同好会・・・58
文献集め、古本屋通い・・・59
四天王に会う、高木五六先生・神谷一男先生、上田恭一郎君・・・60
農大図書館、トビコバチの生態研究・・・61

2. 八木教授の講義・・・62

オウトウミバエの防除、ニカメイガの光感受反応・・・62
クスサンはマユの脱出口の方向をどのように決めるのか？・・・63
マユの網目の大きさはどう決める？・・・63
ウォーターマン教授の来校、院生たち・・・64

3. トビコバチの解剖学・・・65

カメノコロウヤドリバチの形態学的研究・・・65
面白い昆虫の解剖学、跳ねる虫、ノミバッタの跳躍緩衝器・・・68・69
ヒシバッタの跳躍、カマキリモドキの捕獲肢、バッタの解剖・・・70

III. 動物園に勤める・・・71

1. 飼育係の実習・・・72

オオサンショウウオ・・・72
宿直、扉をガタガタ、ラクダ、キリンが鳴く？ハトを食べる？・・・73

立ち上がるトラ、頭の大きいライオン、ゾウの糞、ゾウ舎のアマガエル・・・74
ゾウの背に乗る、クロトキの不思議な落としもの、バク舎、器用なオランウータン・・・75

2. 昆虫飼育係に就く・・・76

バッタの温室、トノサマバッタの群集相と孤独相・・・77
馬毛島でのバッタの大発生、バッタのエサ、白いバッタ、煮干しを食べるバッタ・・・78・79
対馬の巨大なトノサマバッタ、インセクタリウム誌、佐藤有恒さんの発明・・・80
クルマバッタ、クレソンを食べるカワラバッタ、島ごとに種が違うモリバッタ・・・81
コバネイナゴと卵鞘、ナキイナゴ、オンブバッタ・・・82
ショウリョウバッタ、ショウリョウバッタモドキ、成虫越冬のツチイナゴ・・・83
ナツアカネの飼育、水生動物の飼育・・・84
トウキョウサンショウウオ、ミズスマシの飼育、プラナリア・ヒドラ・・・85
オオアメンボ、タイコウチ・ミズカマキリ、天国のチョウ、『虫の知らせ』誌・・・86・87

3. 昆虫の観察と実験展示コーナー・・・88

水の基礎的知識のおさらい、水についてのおさらいの列挙・・・88・89
アメンボはなぜ川下に流されないか、アメンボの影、オナガウジの呼吸・・・90・91
ヤゴの呼吸、ゲンゴロウの呼吸、メダカハネカクシと遊ぶ・・・92
ゴキブリの集合フェロモン、アワフキムシの泡の実験、ボウフラの影に対する反応・・・93
ヤゴの光に対する定位、昆虫の光に対する定位、光を避ける虫・集まる虫・・・94
ツマキチョウの鱗粉、昆虫の形態視反応、ゴキブリの学習実験、テントウムシの遊園地・・・95
複眼に映る像、昆虫の偏光感受・・・96
「目と運動」の展示、昆虫の呼吸、フウセンムシの習性・・・97
ミノムシの習性、昆虫の活動計、アリジゴクの巣穴・・・98
ショウジョウバエの飼育法、セミの発音機構、アリの飼育法、
　カブトムシの飼育・幼虫が出す糞の量・・・99
カブトムシの幼虫の雌雄判別法、コガネムシの飼育法、ハチの巣の寄贈・・・100
ハチの巣はなぜ六角形か、ツチカメムシのエサ運び、アシナガバチ類の貯蜜・・・101
セミの幼虫の展示、アオバアリガタハネカクシ、ゴケグモ・・・102
トビズムカデ、エゾアカヤマアリ・・・103
ヒメホソアシナガバチの長い巣、ハチ小屋、ニホンミツバチの飼育状況・・・105
カマキリの飼育展示・・・106
シロモンオオサシガメとベニモンオオサシガメ・・・109

4. 展示昆虫の採集旅行・・・109

長野・山梨方面、キシャヤスデ、房総方面、八丈島＝発光生物の島・奥山先生・・・110

沖縄・石垣島・西表島・・・111

オオゴマダラ、他のチョウ類、虫の声・鳥の声・・・112・113

ヤエヤマアオガエル、クロトゲアリ・・・114

ツダナナフシ、並木のオキナワナナフシ・・・116

新宿駅でナナフシの展示、地表を歩くトゲナナフシ、
初めて見た野生のサソリ、オオムカデ、ヤエヤマフトヤスデ・・・117

マンネンヒツヤスデ・・・118

5. 秋の鳴く虫展・・・118

新宿駅での広告展示・・・118

IV. 標本室の展示構成の工夫・・・119

1. 昆虫とはどんな動物か・・・120

昆虫の種類は多い

① 昆虫は体が小さい／大きくなれない理由・・・120

外骨格であること、外骨格は中空なので強い・・・121

皮膚はベニヤ板のような構造、気管呼吸である、小さい世界とはどんな世界か・・・122

② 昆虫はいろいろな所に棲む・・・122

棲みかとしての水の世界、棲みかとしての土壌とそこに棲む生物の特徴・・・123

海を渡る昆虫の標本の展示、いろいろな棲みかへの適応と標本・・・124

③ 小さくても速いスピード・・・125

④ さまざまな色や形の昆虫標本・・・125

日本の昆虫・世界の昆虫、雌雄嵌合体・・・125

⑤ 分業された昆虫の体・・・126

昆虫の体の各部分の役割：21節が頭・胸・胴に分かれる・・・126

昆虫の体の模型、動く仕組み、
昆虫の重さ・長さ、昆虫と近い仲間、スピード比べ、風が吹くと・・・127

雨が降ると、水と「濡れ」の身近な観察法、火と昆虫・・・128・129

⑥ 昆虫の感覚器・・・129

光と昆虫・・・129

昆虫の道具使用の例、静電気の昆虫に対する作用・・・130
電線に止まる鳥やトンボ、引力と昆虫・・・131

⑦ 変態をする・・・131
昆虫の変態の標本展示、無変態類、不完全変態類・・・131
完全変態類、サナギとは何か・・・132

⑧ 周りの温度に影響されるくらし・・・134
運動して体温を調節する昆虫、姿勢を変えて体温を調節する昆虫、
休眠や冬眠をする昆虫・・・134
季節と昆虫、周年展示をするには・・・135

⑨ 本能に従う行動・・・136
本能行動の展示・・・136
反射・走性行動の説明標本、ハチやアリの巣と標本、昆虫の身の守り方・・・137

⑩ 短い寿命・・・138

2. 昆虫を調べる利点・・・138

V. 動物園内の大きなニュース・・・139

1. ヤマダカレハの大発生・・・140

2. 緑化フェアへの参加・・・141
主題「みどりと昆虫」の展示内容・・・141

3. ビオトープ・プロジェクト・・・142

4. 昆虫生態園の再生・・・142

5. 企画展「食べられてきた昆虫」・・・144

VI. 新しい展示昆虫を求めてオーストラリアへ・・・145

1. グローワームの調査・・・147
グローワームの採集と輸出の許可・・・149
グローワームの飼育・・・151

2. ブルドッグアリの採集・・・154

3. 動植物園の見学・・・155

オーストラリア博物館、タロンガ動物園・・・155
コアラパーク、タスマニア植物園、フェザデール野生動物園、
タルーンろくろ細工と野生生物公園、ニュージーランドへのお誘いにのれず・・・156

Ⅶ. 南園飼育係長時代・・・157

サイと寝る、インドゾウの解体、ラクダの瘤・・158
モウコノウマの事故、ハクチョウの事故、バクの解体、
シマウマの蹄の削蹄・・・159
タヌキの貯め糞、コウノトリの初の誕生・・・160
動物の名、チーターの外部寄生虫・・・161
コアラのエサと糞・・・162

Ⅷ. 井の頭自然文化園水生物館長時代・・・163

再びオオサンショウウオに会う、カラスガイ・・・164
宇宙ゴイ、ハクチョウの再生計画・・・165
ハクチョウのハジラミなど、フラミンゴ、水生昆虫類・・・166
ゲンゴロウ、ミヤコタナゴ、オシドリ千羽計画・・・167
那須電機工のカラス追い機の音、冬の風物誌、ガン・カモ調査・・・169
分園ニュース、モルモットとのふれあい、アヒルとのふれあい・・・170
オオホシオナガバチとニホンキバチ・・・171

Ⅸ. 昆虫飼育係長時代・・・173

1. モグラの飼育と展示・・・174

2. 昆虫園の新本館・・・176

3. ペルー昆虫採集記・・・177

Ⅹ. 定年・嘱託員時代・・・183

1. ふれあいコーナーでの遊びの工夫・・・184

①10分間昆虫教室・・・185
アメンボ工作・・・185

　　　　②チョウの指先展示・・・186
　　　　③チョウ飛行機を飛ばそう・・・188
　北海道のオオモンシロチョウ、ランに引かれるチョウ・ミツバチ・・・188
　　　　④コオロギが鳴く仕組み・・・189
　　　　⑤「セミの鳴き声おもちゃ」を作ろう・・・189
　　　　⑥チョウ凧を作ろう・・・190
　　　　⑦虫の足跡を取ろう・・・190
　　　　⑧いろいろな虫と遊ぼう・・・191

　　　2. 幼稚園でのお話・・・192
　　　バッタをつかめるかな、きれいなチョウの翅・・・192
　チョウを作って飛ばそう、チョウ凧を作ろう、小さな世界への案内・・・193

　　　3. 羽ばたきの観察法・・・194
　　　　ゾートロープで羽ばたく様子を見る・・・194

XI. 大学の非常勤講師・・・195

1. 明治大学・・・196
　　　　標本の例示、ホタルと自然保護・・・197

2. 東洋大学・・・198
　　　　前期；植物学、後期；動物学・・・199

3. 和泉短期大学・・・200
講座のテーマ・保育内容「環境」、女子学生を悩ませた標本のいろいろ・・・200
　周辺の生物たち、ナガミヒナゲシ、ブタナ、ユウゲショウ・・・202
オオキンケイギク・ハルシャギク、ラッパイチョウ、スズメのいたずら、タラヨウ・・・203
　　　タンポポの綿毛の標本作り、食用キノコ、
　　　観賞用の栽培植物・チョウセンアサガオ・・・204

4. 学生たちの実習例(和泉短期大学の場合)・・・204
　　　　　動物とのふれあい・・・205
遊びを学ぶ、凧作り、シュロの葉でバッタ作り、草の葉プリント・・・206・207
　　ネコジャラシやカヤツリグサ、おみこし、笹船、笹飴・・・208

XII. 世界と日本・・・209

1. 海外旅行の思い出・・・210

①ハワイ旅行・・・210

②韓国旅行・・・210

③台湾旅行・・・211

④マレーシアのポーリン公園・・・213

⑤バリ島・・・215

⑥ペナン島・・・215

⑦ラオス・・・216

2. 輸入禁止昆虫の輸入・・・218

飼育環境、ハキリアリの輸入の場合・・・218

移動制限動物アフリカマイマイの場合・・・219

3. CBSG国際会議・・・220

4. 外国産動物の輸入問題・・・221

①外来種問題はなぜ起きるのか・・・221

②外来種問題に関する国際的認識の高まり・・・221

日本における外来種問題・・・222

③外来種移入問題・・・223

ブラックバス駆除反対派の意見、外国産昆虫の輸入賛成派の意見・・・224

外国産昆虫の輸入反対派の意見、中央審議会の要旨・・・225

著者の考え・・・227

もし特定外来生物を捕まえたらどうするか?・・・228

XIII. 日本人の動物観・・・229

1. 動物観の類型・・・230

①仏教とキリスト教世界の動物観の違い・・・231

②動物愛護に関する問題・・・231

③動物愛護及び管理に関する我が国の法律・・・232

犬、猫、展示動物などの飼養及び保管に関する基準の概説・・・233

野生生物関係法規の概説、野生動物保護の関連法規、
動物飼育についての注意、動物飼育に関して発生している問題例・・・234

2. 動物飼育の意義・・・235

①学校での飼育体験・・・235

愛情と共感を与える、科学的視点が得られる、
達成感が得られる、命の教育・・・235
情愛教育・人の土台づくりに効果、思いやりの心を養う、生きる力を養う、
緊張を緩める、飼育体験による効果・人間形成、動物介在療法・・・236

②よい思い出を残すために・・・238

③学校、園での問題・・・238

3. ある来園者の生命観・・・238

①コガネムシにのりを付けるひどい実験です・・・239
②動物と人間の関係学会・・・240
③環境帝国主義・・・241
④虫の好き嫌い・・・242
⑤差別用語など・・・242

XIV. 昆虫教室・昆虫相談・・・243

1. 昆虫相談の内容・・・244

コウガイビル、ハチの巣を駆除してください・・・244

2. クイズ問題作製委員会・・・245

3.「全国こども電話相談室」の回答者・・・245

子どもに答えるには、お布施は多めに、生命現象のなぜの答えに四つの方法・・・246・247

4. 難問・珍問のいくつか・・・247

ヘビやミミズはどうして長いの・・・247
おっぱいはなぜ2つあるの、昆虫の脚はなぜ6本なの・・・248
お父さんにもおっぱいがあるのはなぜですか、
人はサルから進化したというけれど動物園のサルはいつ人になりますか、
ヘビはどこからしっぽですか、昆虫も慣れますか・・・249

5. 心に残る名答・・・250

「流れ星を見た時、願いごとを3回唱えるとかなう」というのは本当ですか、全部の質問に答えてから帰る・・・250

6. NHK夏休み子ども科学電話相談・・・250

XV. 生き物を楽しむ・・・251

1. 生き物の同好会・・・252

①セミの会・・・252

発掘されたセミのおもちゃ・・・252

②ハナアブ研究会・・・253

③その他の学会・研究会・・・253

④機関誌『昆虫園研究』・・・253

2. リスを飼う町の不動産屋さん・・・254

社長の久保木さんの話・・・254

3. 沖縄でチョウの話・・・255

4. 昆虫観察会の思い出など・・・255

①クモの思い出・・・256
②鳴く虫を聞く会・・・256
③セミの羽化の観察会・・・257
④コウモリの観察会・・・257
⑤「所さんの目がテン！」に撮影協力・・・257
⑥ケバエの幼虫・・・258
⑦クマバチのホバリング・・・258
⑧ハチ展示の協力・・・258

5. 植物の面白い実や種・・・259

①ハネフクベ・・・259
②ツノゴマ・・・260
③ライオンゴロシ・・・261

④ ウンカリナ・・・261
⑤ オオミヤシ・・・262
⑥ ビーチ・コーミング・・・262

6. 目黒寄生虫館を訪ねる・・・262

ⅩⅥ. 絵本を作る・・・263

ありのごちそう、あめんぼがとんだ、ころちゃんはだんごむし・・・264・265
国語は難しい、いや理科も難しい・・・266

ⅩⅦ. この頃・・・267

再び発光生物の多い八丈島へ、韓国の寧越へ・・・268・269

生き物さくいん・・・270

付記・特定外来生物(P.223)・・・290

哺乳類、鳥類、爬虫類、両生類・・・290・291
魚類、クモ・サソリ類、甲殻類、昆虫類、軟体動物など・・・292・293
植物・・・294

あとがき・謝辞・・・295

高家博成プロフィール、著書・・・297

共著者のことば・謝辞・・・298

中山れいこプロフィール、著書・・・299

参考文献・・・300

I.
丹後にいた頃
1941〜1959
昭和16〜34年

I. 丹後(たんご)にいた頃

私が生まれたのは昭和16年、太平洋戦争*の始まった年である。場所は京都の北の端、丹後の口大野村、後に村は数村が合併して大宮町となり、近年はさらに合併が進み京丹後市に含まれることとなった。

昔、この地方は丹後ちりめんが有名で、最盛期は全国の生産高の7割を占めていたと聞く。子どもの頃は、村のあちこちから、ガッシャン・ガッシャンと朝から晩まで機(はた)の音がしていた。「丹後は機の音が聞かれればよかった」と、言われていた時代であった。父は小さなちりめん会社に勤めていたが、その会社は後に役員の先物買いで失敗したそうで、倒産してしまった。

1. 戦中・戦後

空襲(くうしゅう)警報発令

戦時中のことは、まだ小さかったので、かすかな思い出しかない。両親や叔父・叔母たちの話も交えて書いてみよう。

電灯の笠には黒い布が掛けてあり、光が外に漏れないようにしてあった。大きい建物の壁は白と黒の迷彩色に塗ってあった。戦いが敗色濃くなってくると、アメリカの飛行機が編隊をなして飛来することが多くなった。そのたびにサイレンが鳴り、兵隊さんがメガホンで「空襲警報発令！」と叫びながら通りを走って行った。皆は、すぐ家のそばに掘ってある小さな防空壕(ごう)に入った。防空壕といっても、畳1畳ほどの広さの所に50cmほど地面を掘り下げ、上にはかまくらのような形の簡単な土の覆(おお)いがしてあるだけの壕であった。母と叔母が壕内で一生懸命に拝んでいたのを覚えている。

叔父から聞いた話だが、こんな田舎にも隣の河辺村には小さな飛行場があって、赤トンボのような練習機が飛んでいたという。ある時、米軍機がこの小さな飛行場を見つけたらしく、機銃掃射をしていった。それを叔父が校舎から見ていて、先生に怒られたそうだ。

敗戦が決まると、家の中はパッと明るくなった。電灯を覆っていた黒い布が

＊太平洋戦争／1941(昭和16)年〜1945(昭和20)年。アメリカ合衆国やイギリス、中華民国などの連合国と、日本の周に発生した戦争。日本への協力・支援国は、ドイツとイタリア。

外されたからだ。

　父は南方の戦地に行っていたが、幸い無事に帰って来た。親戚の話では父が帰って来た時、風呂に入った後の湯は垢(あか)だらけだったそうだ。

進駐軍(しんちゅうぐん)[*]

　戦後、進駐軍がジープに乗ってこんな田舎にもやって来た。子どもたちにチョコレートやガムなどをくれた。子どもたちは進駐軍が来るのが楽しみであった。しかし、私は恥ずかしくてもらえなかった。

機屋(はたや)

　祖父の家にはちりめんを織る機屋があって、何人かの女工さんたちが働いていた。私は機が動くと布が織られていく様子に興味を持った。杼(ひ)と呼ばれる紡錘形(ぼうすいけい)の船のようなものが左に右にと、経糸(たていと)の間を飛び、中に糸を出す仕掛けがあって、緯糸(よこいと)を織っていくのが面白く、つい手をふれてみた。すると、とんでもない方向に外れてしまい、織り上がっていた布を傷つけて、女工さんを困らせてしまった。ああ、ごめんなさい。今なお、女工さんの悲しそうな顔が思い出される。

防火用水

　村の家の前には、ところどころにコンクリートの四角い水槽が置いてあった。これには「防火用水」と書いてあった。中には緑色に汚れた水が入っていて、たくさんのボウフラが泳いでいたのが面白かった。この水が実際に使われた場面を見たことがなかったが、これは幸いだったのだ。

2. 子ども時代

　生き物に目覚めたのは小学校の頃であったようだ。多くの思い出があり、将来は生き物関係の職業に就きたいと思っていた。田舎のことだから、家から一歩外に出ると、もう自然のまん中である。学校を終えるとすぐに近所の友達と野山に出て遊んだ。

　丹後半島近辺には天橋立、宮津、城崎などの海辺の有名な観光地もあるが、半島の中ほどにある我が村は、いずれに行くにしても汽車で20〜30分かかるから、日頃の遊び場ではない。ふだん友達と遊ぶのは大川と呼んでいた

---

[*]進駐軍／他国に進軍して、そこに駐屯している軍隊のこと。日本においては太平洋戦争後、日本に進駐した米軍主体の連合国軍をさす。京都には米軍が駐留した。1952年4月のサンフランシスコ講和条約発効によって日本が主権を回復したことで進駐は終了する。しかし、日米安全保障条約による日米行政協定により、米国は望む期間だけ駐留する権利を確保し現在に至っている。

竹野川か、近くの山やお宮で、せいぜい裏山の奥にある村の水源池までであった。そして、いつも腹が空いていたのを覚えている。

チガヤ・スイバ・イタドリのおやつ

　春の野原はチガヤ、スイバ、イタドリが芽生え、新しい葉をちぎって食べた。チガヤの苞(ほう)の外に出ない若い穂は、ほんの少しの甘味があった。山に行けばアカバナ(ヤマツツジの方言)*をつまむ。スイバやイタドリはやや酸っぱいが、お腹を満たすのには十分で美味しく思った。

シイやクリの実

　小さい頃、祖父がどこかに出かけた際、時々土産にシイの実を袂(たもと)**から出して、私にくれたが、これが嬉しい思い出であった。後年、小学校に上がって、近所に住む生朗さん、信ちゃん、淳ちゃん、それに浩一ちゃんたちとお宮に行った時、シイの木があることに気が付いた。その木は大木で、子どもの腕には一抱えもある。私には登れなかったので、落ちている実を拾うだけだったが、友達の中には木登りのうまいやつがいた。大木を抱えるように持ちながら、足で挟むようにして支え、スイスイと登っていくのがうらやましかった。

　秋、山野は楽しい実りの季節だ。クリ、シイ、グミなどが実るから、いつもの仲間とクリぼりに行った。丹後では採ることを「ぼる」と言う。

台風とカキの実

　台風の後は楽しかった。カキの実が落ちるので、それを拾って食べることが出来たからだ。中には渋いものもあるが、多少は我慢をした。我が家の柿の木はオオミノという種類で、熟さないと美味しくなかったが、登って確かめている時、しばしばズキンとした強い痛みを手や額に感じた。この犯人はカキの葉を食うイラガの幼虫であった。刺された時は痛かったが、ハチに刺された時のようなひどい腫れはなかった。そんな時、イラガの葉の食べ方を見ていると、特徴的であった。何匹かが集まって、横一列に並び、葉をかじっているのが面白かった。

竹野川

　村を通る大きな川(竹野川)は、昔、大雨が降ると下(しも)の方はよく氾濫した。

*ヤマツツジ／ツツジの中にはレンゲツツジのように有毒なものもあるので、口に入れないこと。
**袂／和服の肩からひじまでの下側、袋のように垂れている部分のこと。ハンカチやちり紙、時には菓子なども入れ、大きなポケットのように使う。

そのことを見越してか、あまり立派な堤防は作られていないようで、父はこれを「かすみ堤防」と呼んでいた。つまり、氾濫には任せたままということらしい。後に東京に出て来ても、丹後地方が大雨と聞くと、いつも心配になった。後になってよりよい堤防が作られたようだ。
　竹野川ではフナやハエ*などの魚も捕った。ミミズをエサにし、その辺りの笹を切ってきて竿にして釣った。ギギなども釣れたが、針をはずす時、鋭い胸ビレのトゲにスパッと指を切られ、痛い思いをした。アユは友釣りなどの特殊な釣りの方法でしか釣れないし、ヤマメはめったに釣れない。大人の人が流れの中に入って立派な竿を手に、毛針で釣っているのを見て、うらやましく思った。
　ナマズは少し大きい針を用い、浸け針(つけばり)という方法で釣る。エサはヒルを使う。これは家のそばの廃水の混ざる溝の、石や瓦の下に多い。ヒルはヌルヌルして扱いにくいから、ヌカにまぶしておく。釣り針にこのヒルを数匹付ける。釣り糸はしっかりした糸で1mくらいにして、10cmほどの短い竹竿に結ぶ。夕方になると、このような仕掛けをナマズの棲みそうな所に垂らし、竿は土手にしっかりと挿しておくか、そばのネコヤナギの枝に結び付けておく。翌朝それを引き上げに行く。たまに大きいものが捕れた。竹で出来た「ウケ」または「ドウ」と呼ばれるものを仕掛けている大人の人たちもいたが、私はそのような道具は持っていなかった。

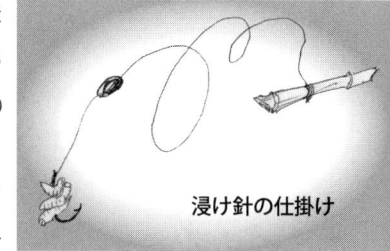

浸け針の仕掛け

　梅雨時になると、田んぼのそばの小川や溝には小ブナが群れ、近所の友達と魚捕りに行った。網などは持っていなかったから、ザルですくった。
　一人が川下で、ザルを受けて待つ。一人が川上からザブザブと川の中に入って追う。するとザルの中にはたくさんの魚やエビ、カエルからイモリまでが入る。オタマジャクシみたいなナマズの子も混じっていて嬉しかった。
　宮津線(現在の北近畿タンゴ鉄道)の通る線路の下をくぐる水路の土管の中には魚の大物がいた。友達と協力して、土管の上流にあたる入口側を、引っこ抜いた泥付きの草や石でふさぎ、反対側の出口から水をかい出すのだ。土管の中の水がだんだん少なくなるにつれ、中にいた魚が次々と流されて来た。時にはコイやナマズも捕れた。捕れた魚は友達と分けて持ち帰り、私は屋根の

*ハエ／ハヤのこと。地域によってハエ、ハヨとも呼ばれ、動きが速いことから呼ばれるとされる説がある。日本産のコイ科淡水魚のうち、中型で細長い体型を持つ仲間の総称。

雨水を雨樋(あまどい)*で集めて貯めてある丸いコンクリート水槽に放して飼った。

水晶山

　私の家の二階から、北東の方向にあたる周枳(すき)村の山を眺めると、その一角に赤茶色に禿(は)げた部分が見える。地元の友達はここを水晶の採れる山だと言っていた。私はある日、遠征してみることにした。地肌の見える所には掘り返された穴があって、水晶や石のかけらが散在していた。私はなるべくきれいで大きなものを選んで拾ってはみたが、満足出来るものはなかった。

三角ベース野球

　男の子どもたちの主な遊びごとは野球であった。村の子どもたちを集めても、人数の足りない時は、ベースを一つ減らして三角に配置した。いわゆる三角ベース野球であった。ボールも軟球を使った。

紙玉鉄砲・杉の実鉄砲

　子どもたちの遊びは竹で作る鉄砲や竹トンボ、自転車の輪回し、竹馬遊び、石けり、鬼ごっこ、釘立て遊び、空き缶ぽっくりなどであった。

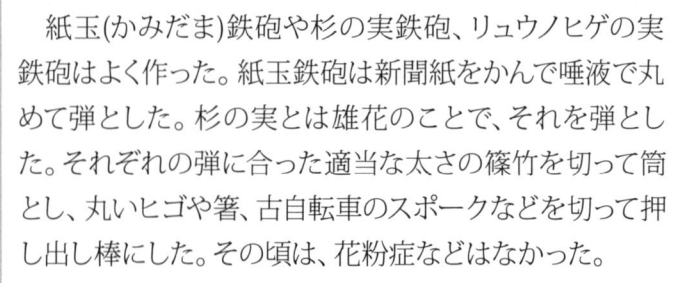

　紙玉(かみだま)鉄砲や杉の実鉄砲、リュウノヒゲの実鉄砲はよく作った。紙玉鉄砲は新聞紙をかんで唾液で丸めて弾とした。杉の実とは雄花のことで、それを弾とした。それぞれの弾に合った適当な太さの篠竹を切って筒とし、丸いヒゴや箸、古自転車のスポークなどを切って押し出し棒にした。その頃は、花粉症などはなかった。

　竹トンボはモウソウチクを切り、小刀で削って作った。そんな遊びのため、手足はいつも虫刺されや怪我だらけであった。

杉の雄花

杉の実鉄砲

天皇陛下

　ある日、こんな田舎にも天皇陛下が列車で来られると先生から言われ、口大野駅(今の丹後大宮駅)に行った。お召し列車は静かに通り過ぎた。陛下はずっと窓に向かって立っておられた。皆は静かに見送った。後年、峠に近い所に住む同級生に聞いたところ、高所からお召し列車を見降ろしてはいけないと言

*雨樋／屋根に降った雨水を集めて流す筒状、あるいは筒を半分に切ったような形のもの。昔は竹を使っていた。

われ、見ないようにしていたのだそうだ。後で知ったが、この頃、陛下は全国へ行幸に出られていたようだ。

本を読みなさい

小学校の国語の時間、私は朗読が下手だったようだ。見かねて担任の榊原明先生は「毎日本を読みなさい。読んだら、本の名を書いて親のはんこをもらって来なさい。」と読書ノートを渡された。お陰で、読書は辛くなくなったと思う。

脱脂粉乳の給食

小学校では、昼飯には給食が出た。これは米国から来た脱脂粉乳に野菜の刻んだものを混ぜた汁で、美味しかった。私はこれだけを飲んで、家に帰って食事をした。家が学校のすぐ近くだったからだ。

夏休み

夏休みは40日もあったから、ほとんど父の里の豊岡市にある田結(たい)村で過ごした。家のすぐそばが海であるから、親戚の子どもたちと一日中磯で遊んで暮らした。

3. 農繁期

農繁期には学校が休みになったので、農業をしている叔父の手伝いをした。

メイガ(ずいむし＝螟虫：めいちゅう)の卵捕り

田植えの前はメイガ捕りが子どもたちの主な仕事だった。メイガは稲のずいむしの成虫で、幼虫は稲の茎に食い入り、害をなす。

この成虫が苗代の苗に卵塊を産み付ける。卵のうちに、付いている卵塊を採集するのだ。細い竹の棒で苗をサーッとなでると、直径1cmほどの白い卵塊が葉裏から見つかり、これを採取した。

田植え

梅雨の頃は田植えである。あちこちの田んぼでは大勢の人が出て、協力し合った。この頃、田植え機はまだ見られなかった。

素足で田に入るものだから、たいていヒルに食われた。ヒルは血を吸い始

めても、痛さを感じさせないから、すぐには気が付かない。周りの人から教えられ、足から血が流れているのを見て気が付くこともあった。

苗代の稲の苗取りでは「稲の腰を折るなよ」と注意を受けながら、一つかみの量を採ると稲藁(いなわら)で束ねて、田んぼの畔(あぜ)**の方にポーンと投げて置く。後でこれを集めて、本田に運ぶ。

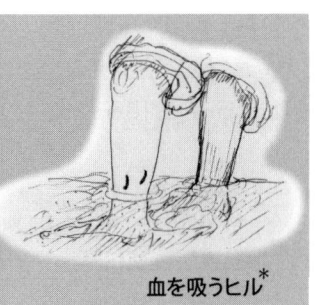

稲の苗を植える時は、苗の茎と根に指を添えて、そっと泥の中に差し込むだけでよい。その時も「あんまり深く植えるなよ」と言われた。深く植えると、分株(ぶんけつ=株が増えること)が悪くなるからだそうだ。

血を吸うヒル*

吸盤
口
ヒルの仲間

また、化学肥料をまく手伝いをしていた時は「一カ所にたくさんまくなよ」と注意された。肥料が多いと葉が茂りすぎるということだ。

エダマメまき

エダマメは田んぼの畔を利用して作られる。新しく盛り土された軟らかい田の畔に、20cmほどの等間隔にクワの刃先で三角錘形の窪みをつけていく。これが豆のまき穴である。そこに大豆を2〜3粒ずつまいた。

昼食時は家の者が弁当を持って来て、働いている皆が土手に上がった。土手に座って食べる黄な粉をまぶした大きなおにぎりはとても美味しかった。

稲刈り

秋は稲刈りだ。田んぼに人が近づくと、イナゴがピョンピョン跳ねて逃げたり、クルッと稲の葉裏に隠れたりした。しかし足先が葉の縁から見えているのがユーモラスだった。

刈り取られた稲は束にされ、稲木に掛ける。この地方の稲木は、横棒が10段ほどある高いものだ。後年、関東地方で見かけたのは横棒が1段であった。丹後では上に登って待っている人が、下から投げられた稲束を受け取り、それを二股(ふたまた)に分けて棒に掛けていく。私も「腕が強くなるよ」と言われながら、稲束を投げる手伝いをした。

田んぼの畔のエダマメも収穫の時期だ。その葉柄は不要であるが、適当な

---

*ヒル／日本の山間部の生活用品雑貨店などで、マムシにかまれた時ヒルに毒を吸い出してもらうために売っていた時代があった。ヒルには血液抗凝固成分があるとされている。
**畔／あぜ・くろなどと呼ばれ、田と田を分ける境に細く土を盛り上げた人が通れるくらいの細い農道。土手の上にはリヤカーや馬などが通れる広さの農道があり、ござを敷いて昼食をとった。

長さの棒であるからいろいろな細工をして遊べる。おみこしの作り方をまだ覚えているから、ストローで作ってみた。

稲木のいろいろ

　稲掛けにはまた別の形態があるのを、後年ある写真展で見つけた。東京のあきる野地方では三角形の屋根型に組んでいたのだ。山形県では穂木という形態があるのを、やはり写真展で知った。これは1本の木に収穫した稲の束の根本を二股に分けて引っ掛けて積んでいくという方法だ。この穂木が稲刈りの済んだ田んぼに並んでいる景色はきれいだ。

スズメノテッポウの笛

　スズメノテッポウは道すがら茎を引き抜いて、草笛にした。

麦のガム

　春は麦の実る季節だ。麦でガムもよく作った。これは小麦の穂を数本もらって、手でもんで芒(のぎ)*を取り除き、中身を口に含んでかみ続けていると餅のような弾力が出てくる。ザラザラしている薄皮などは吐き捨てるか飲み込むと、残るのは滑らかなガムだ。このガムはもちろん飲み込んでもよい。

イナゴ捕り

　秋にはイナゴ捕りをした。イナゴは布の小袋の口に竹筒を付け、イナゴを捕(つか)まえてはその口から袋の中に入れて集める。あるいは、縫い針に木綿糸を通し、イナゴを胸から刺し連ねて持ち運び、そのまま乾燥させる。捕れたイナゴは糞(ふん)を出させ、乾かして焼いて脚(あし)と翅(はね)を取り除き、砂糖醤油をつけて食べる。父は美味いと言って食べていたが、私には食感が悪く思われ、全く食べられなかった。

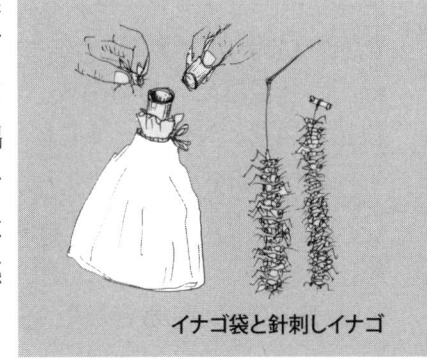

＊芒／稲や麦などの、実の外殻にある針状の突起のこと。字の形から禾とも書くが、禾は主にイネやイネ科の一年草、穀物の総称をあらわす。

がっとう

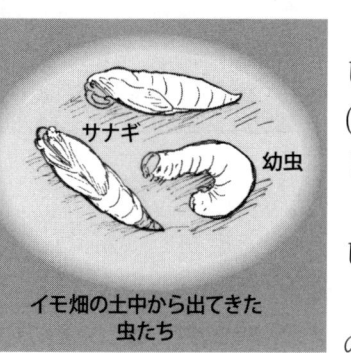

　秋になると、山の畑でサツマイモ掘りの手伝いをした。時々土の中から出て来る大きなスズメガの蛹（サナギ）*や、この地方では「がっとう」と呼ばれるカブトムシやコガネムシの白い幼虫に興味を持った。
　このように、いろいろな畑仕事を教わり、手伝いをしながら、生き物と関わっていくのが楽しかった。
　ずーっと後になって、久しぶりに丹後に帰り、山の畑に行ってみたら、山や畑が大きく開発されて、タバコが植えられていた。なんでも農業振興とかでつぶされてしまったらしい。なんてことをしてくれるんだと思ったが、丹後を捨てた者に、それを言う資格はない。

（図：イモ畑の土中から出てきた虫たち／サナギ、幼虫）

飼育栽培の教科書

　農業高校を出ている叔父からは、飼育栽培の教科書のお古をもらったが、これにはいろいろな家畜の飼育法が出ており、さらに生き物好きになる刺激となった。田舎の小さな本屋に並べてあるのは雑誌くらいで、図鑑などは置いていない。隣町の大きい本屋に行かないとなかった。だから、毎月出る学年雑誌が待ち遠しかった。叔父は『科学朝日』などという雑誌を取っていたが、私には難しかった。中学に入ると『子供の科学』という雑誌を取ってもらい、たまに昆虫の記事が載るのが楽しみであった。

夏祭り・昼花火・夜店・御馳走

　夏祭りは楽しみの最も大きな行事であった。行事を知らせる音だけの昼花火からは紙で作られた落下傘が落ちて来て、子どもたちは走って野原で拾った。夜は竹野川の縁で花火も上がった。我が村のお稲荷（いなり）さん、隣町の峰山の金毘羅（こんぴら）さんへ出かけるのは出店が多く楽しみであった。金毘羅さんにはサーカスも来るし、お化け屋敷も来ていて楽しかった。
　巧妙な話術で売るノート売りが「1, 2, 3, 4・・・」と数えながら「ついでにおまけ、まとめてなんぼ」と言って新聞紙に包んで売っている。冊数にしては安いと思って、つい買ってしまった。そして、あらためて買ったノートの冊数を数えてみると、あるはずの冊数がなく、巧妙に抜かれていて少ないことに気が付いた。

---

*サナギ／イモ畑、花壇、公園の腐葉土の下からは、季節ごとにさまざまな昆虫の幼虫やサナギが出て来る。秋に見つかるサナギや幼虫は、土中でサナギ越冬や幼虫越冬をする種であろう。

どうして売る時と、それを手にした時の数が違うのか、不思議に思って、口上と手の動きをじっと見ていたら「ハハー、あの時抜いたんだ。新聞紙に包むのは冊数をごまかすためなんだ」と、その巧妙なやり方が分かった。「何冊いくら」と言って売っているわけではないので、文句は言えない。じっと見ていると「小僧、買ったらあっちへ行きな。商売のじゃまだから」と言われて退散した。その顔は怖かった。

そして、決まって金魚すくいの前には立ち止まってしゃがみ込んだ。

祭りといえば御馳走が気になる。丹後では箱寿司が有名だ。いつも寿司を作る時は鯖の缶詰を開け、混ぜ合わせる手伝いをさせられたものだ。後にワイフを丹後に連れて行った時、美味しいと言って、お袋から作り方を習っていたようだ。

映画

村には2軒の映画館があった。しかし、学校推薦の映画しか見てはいけないことになっていた。ところが、こっそり見に行く者もいた。

時々、学校でも技術者が講堂に機械を据えて上映しに来た。まず、ニュース映画、そして漫画、それから主題の映画であった。

自然ものには映像の素晴らしさに圧倒された。印象深かったのは「砂漠は生きている」「白い山脈」。このことも自然が好きになる大きな要因であった。

初めてカラー映画を見たのは「緑の丘の赤い屋根・・・」の歌で始まる、題名は「鐘の鳴る丘」であった。美しい。そして、ワイドスクリーン時代となって、西部劇が流行り出した。ずーっと後になって、大学受験のためだったか、上京した時、叔父に一緒に映画に連れて行ってもらった。題名は「リオブラボウ」。

村にテレビが来た

テレビ[*]が普及するまでの全国放送は、ラジオ[**]だけだった。

父はよく野球放送を聞いていた。母は「君の名は」。私は「新諸国物語」。夜はエンタツ・アチャコの出る番組。音は決してよくはないが、しっかりと聞いていた。そんなところにテレビが見られるようになった。

電気屋は宣伝のためか、電波のよく受信出来る叔父の家を選んで、1台を置いていった。私たちはおしかけて行って、番組終了までとりとめもなく見て、迷惑をかけてしまった。

---

[*]テレビ／1953(昭和28)年1月、国産テレビの販売が開始され、同年2月より地上波によるテレビ放送開始。番組の内容は大相撲、プロレス、プロ野球などのスポーツ中継や、記録映画など。
[**]ラジオ／1925(大正14)年3月、日本初のラジオ放送が開始された。1945(昭和40)年8月15日、天皇陛下によるに終戦の詔勅が放送(いわゆる玉音放送)された。

メダカの学校

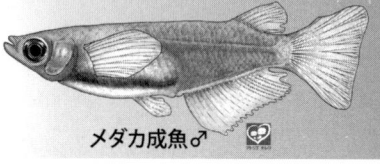

　子どもの頃、メダカは全国どこにでも見られる魚であった。父の郷の田結村に遊びに行った時、海にメダカが泳いでいてびっくりした。きっと、大雨で川から流されて来たのだろう。それほど珍しくもない魚であった。この頃は絶滅危惧種(ぜつめつきぐしゅ)であるとは驚きであり、丹後のメダカも非常に少なくなっている状況である。

　後年、勤めることになった動物園の研修で専門家の先生を招いて話を聞く機会があった。新潟大の酒泉満先生にメダカの話を聞くことが出来た時、丹後地方のメダカは遺伝子的に見て、由良川辺りでは南日本集団(ミナミノメダカ)と北日本集団(キタノメダカ)の境界領域の種類が分布していることを知って、なおさら愛おしく思われた。なお、この形態学的相異は、最近、近畿大学大学院の朝井俊亘氏によって2種類あることが発表されている。それによると、北日本集団の「①オスの背びれの切れ込みが小さい、②鱗の輪郭が網目状に黒い、③尾の近くに斑点がある」の、3点であるというが、私には泳いでいるものを見分けるのは難しく思われた。丹後辺りに棲むメダカはハイブリッド(交雑型)でもキタノメダカと名付けられた(瀬能2013)。

　近年、京都で同級会があり、幹事が京都駅近くの水族館に行く機会を設けてくれたので、丹後地方のメダカの展示をしているかどうかを見てきた。ちゃんと2種類が展示してあった。すばらしい。写真では区別点がようやく分かった。しかし、福島のアクアマリン水族館に行った時、安部義孝館長に聞いてみると「そんなにはっきりと分布域が分かれるものかなあ」と言っておられた。「メダカの卵は水鳥の足に付くこともあるから」との意見であった。

タニシ*の巣穴

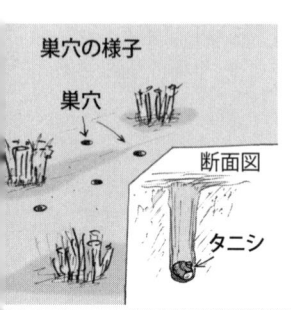

　冬の田んぼはタニシ捕りに恰好の場所だ。刈り取りの終わった田んぼは水もなく、乾いていて歩きやすい。稲田の泥の表面にはところどころに直径1〜2cmほどの穴が開いている。その中に指を突っ込むと必ずタニシが潜んでいた。これをザルに入れて持ち帰り、母にゆでてもらう。これを待ち針で身を抜くのが私の役目。殻の巻き方

＊タニシ／古くから「つぶ」や「田つぶ」、あるいは「田んぼのサザエ」と呼ばれる。寄生虫の宿主ともなるので、十分に熱してから食用にすること。

に沿って、クルッと身を巻いて抜くのがコツ。身はホウレンソウあえにしてもらって食べた。ただ、はらわたは苦くて美味しくなかった。

カラスガイ

　冬の間も水を抜かない田んぼがあり、丹後では汁田(じゅる田)と呼んでいた。こんな田にはカラスガイ(ドブガイか？)がいる。これは煮ても美味くない(ようだ)から、食べるわけでないが、大きいから面白く思い、捕って池に放しておいたものだ。

　カラスガイについては、後に井の頭文化園に勤めた時、そこの池で得られたという殻の長径が20㎝もある大きな標本を見て驚いた(P. 164)。

シジミガイ*

　竹野川には支流がある。きれいな砂底で、本流にはあまりいないシジミが捕れた。手でザルに砂をかき集めて砂を洗うと、シジミガイが残る。これを集めて持ち帰り、味噌汁にしてもらうのも嬉しかった。

ゲンゴロウの幼虫

　魚を捕っている時、ゲンゴロウやガムシも捕れた。ゲンゴロウの幼虫は鋭い牙を持ち、クネクネ動く長い虫である。子どもの頃は、この幼虫を気味悪く思い、ザルに入ると、すぐに遠くに捨てたものだ。

　後に昆虫園でゲンゴロウの幼虫を飼っていた時、エサとしてハエの幼虫(ウジ)を与えたところ、パクリとかみついた。そのとたんに白いウジの体が青く変わった。このため強烈な毒を持っているように思えた。

　新潟の昆虫館に勤める知人が、手をかまれて医者に行ったと聞いた。やはり強い毒を持っていたのだ。

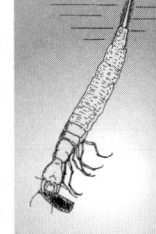

エサを食べる
ゲンゴロウ
3齢幼虫
約40〜50日

タガメ

　タガメはこの地方でもあまり多い昆虫ではなかったが、たまに捕れた。タガメが捕れる場所は、田んぼのそばの水路でも、やや広くて水の深いたまりがあり、ショウブやアヤメなどが生えている所だ。こういう所ではたまにアヤメの葉や棒杭に卵の塊を見つけた。タガメがザルに入ると、ドキリとした。ガサガサッと音がして、はさみのような前足を大きく開いて威嚇するからだ。「これは飼っていてもフナを食べる迷惑なやつだ」と思って、捨ててしまったものだ。冬

---

*シジミガイ／シジミ。淡水域や汽水域に生息する2〜3cm程度の小型の二枚貝。味噌汁の具や佃煮・時雨煮などにもされる。20世紀末期以降、中国や台湾を中心とした東アジアの淡水域に生息するタイワンシジミ類が移入されて繁殖し、場所によって高密度で生息している。

は水田に積み上げられている稲藁や石の下にいた。今ではこの種も絶滅危惧種となってしまった。

ホタル狩り

　初夏の夜の川縁(かわべり)では、ホタル狩りの子どもの声があちこちから聞こえた。私も虫カゴと箒(ほうき)を持って飛び出した。大川にはゲンジボタル、田んぼのそばの溝にはヘイケボタルがいた。家が田んぼのそばだから、時々庭先まで飛んで来た。田んぼの畔の土の上で、またたきもせず、光りっぱなしのものは幼虫だ。昔はこういう光を見つけるとマムシの目だといって、脅(おど)かされたものだ。

クモの巣のセミ捕り網

　晩春の頃、緑が鮮やかになると、山の松林では「ギーワ・ギーワ・・・」というハルゼミ*の声が聞かれるようになる。それから梅雨に入り、明けると、ニイニイゼミやヒグラシが鳴き、夏の開始を告げる。夏休みに入るとアブラゼミ、ミンミンゼミ、クマゼミが鳴いた。丹後ではミンミンゼミやクマゼミは少なかった。ミンミンゼミは目ざとく、近づくとすぐ逃げた。クマゼミを捕まえた子どもを見るとうらやましく思ったものだ。クマゼミは雄が「鳴き渡り」といって、屋敷林のある所を訪ねて飛んで来る。そこで「シャン・シャン・・・」と、一通り鳴き終えると、次の緑のある所に飛んで行く。私はどこからかクマゼミの鳴き渡りの声が聞こえると、昆虫網を縁側に置いておき、我が家の庭の木に来るのを待った。クマゼミがやって来てどこかの木の上の方で鳴き出すと、すぐに網を持って飛び出した。しかし、高い所に止まるので、竿が短く、口径が大きい昆虫網では届かず、なかなか捕れなかった。

クモの巣網

　村の子どもたちは、針金で直径20cmほどの輪を作り、長い竹の竿に取り付け、軒下のオニグモやコガネグモの巣をその輪に付けて、網の代わりにしてセミを捕っていた。私も試してみたが、クモの巣は新しいものがよく、ゴミの沢山付いている古い巣を使うと、粘着力が少なく、よく逃げられた。

　この頃はオニグモの巣もほとんど見かけなくなってしまった。あれほどいたクモはどこに行ったのだろう。

　セミの子捕りもよくやった。神社や校庭の木の生えている辺りの下を見ると、

＊ハルゼミ／晩春〜初夏に本州・四国・九州のマツ林に発生する小型のセミ。体は全身がほぼ黒色〜黒褐色で、翅は透明。

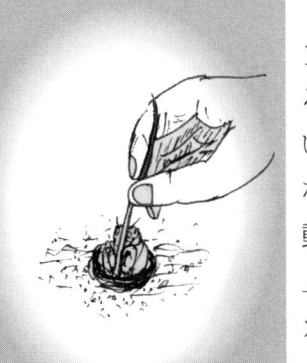

セミの子捕り

1～2cmの穴が開いている。これはセミの幼虫の出た穴である。少し小さい、アリの穴かなと思える程度の穴はまだ中にいることを示している。それを指で広げると、中はやや広くなっていて幼虫がいる。分からなければ松葉を差し込むと動く。うまくすれば、幼虫は前足で松葉をつかむから、釣り上げることも出来る。捕まえた幼虫は、家に持って帰って、カーテンにでも止めておけば、羽化が観察出来る。

秋近くになると、ツクツクボウシが鳴いた。ヒグラシやツクツクボウシはお宮に行けば、必ず捕れた。秋遅くなると、裏山では「シッ、シッ、シッ・・・」と小さな声で続けて鳴く、か細いチッチゼミ*の声がしてきた。わりあい低い木にも止まるが、数は多くなく、捕りにくかった。この声を聞くと、セミのシーズンは終わりであった。

カミキリ・クワガタ・タマムシの幼虫

安助叔父はよく薪(まき)割りをしていた。当時、ガスはまだなく、薪は台所や風呂にはなくてはならない燃料であったからだ。一般の家では、時々来る薪売りから買っていた。叔父の薪割りを手伝っていると時々、薪の中から白く大きなカミキリムシや、クワガタやタマムシの幼虫が出て来た。叔父は、「これを焼いて食べると美味しい」と言い、後で乾燥したものを、炭火で焼いて食べさせてもらった。特別に美味しいというほどではなかったと記憶している。

カマキリとハリガネムシ

祖父の家の前の幅1mほどの溝には、時々黒くて細いハリガネムシがうごめいていた。ハリガネムシがカマキリをつぶした時に出て来る虫であることは知っていた。これが川と関係があることは後になって知った。

井上教授の「ハリガネムシの生活」『インセクタリウム**』(1975年4月号)から類推すると、次のような生活史だ。

川に入り、流れの落ち込みなどで数匹が絡み合って、ボールのようになるのは交配行動のようだ。そして、水中

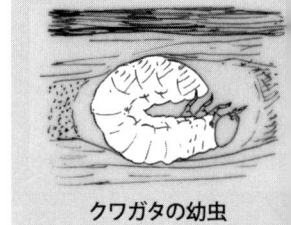

クワガタの幼虫

エサをくわえた
チョウセンカマキリ

*チッチゼミ／日本固有種。日本に生息するセミの中では最も小さく、本州・四国で見られ、九州ではごく一部に生息。北海道にはエゾチッチゼミが分布。
**インセクタリウム／多摩動物公園昆虫愛好会の会誌。「生きたこん虫の雑誌」をキャッチフレーズに、財団法人東京動物園協会が1964年1月～2000年12月まで、毎月発行していた。

の水草などに卵を産み付ける。卵の大きさは0.03～0.04㎜。孵った微小な幼虫はカゲロウなど水生昆虫に食べられて寄生し、腸管を出て体内でシストという待機状態となる。このカゲロウの幼虫が水面に出て来て成虫になり、カマキリに食われて、消化管から体内に食い入り、初めて一生が完結する。

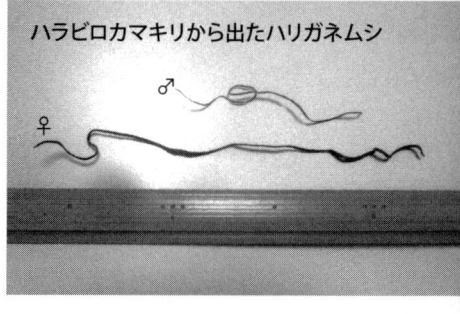

ハラビロカマキリから出たハリガネムシ

こういう複雑で長い生活史なものだから、相当たくさんの卵を残さねばならないだろう。

カマキリの体の中で成熟した虫は外に出たくなると、カマキリを水域に誘導するようだ。水分が欲しくなるように生理的変化を与えるのだろう。水辺に来ると、ハリガネムシは腹から出て来て水中に帰るという。

庭にある井戸傍(いどばた)にオムツなどの洗濯物を水に漬けたまま置いておくと、時々その中にハリガネムシが産み落とされて、びっくりすることになる。後に勤めていた多摩動物公園では、子どもの体から出た寄生虫ではないかと、心配した親の質問電話もあった。私はこのような生活史を説明して理解してもらった。

ハチの子

叔父からはアシナガバチやスズメバチの巣を捕ると、その幼虫やサナギを食べることも教わった。私も試食してみたが、ドロッとした身は美味しいとは思えず、かまずに飲み込んだものだ。ただ、家で飼っていたニワトリや池の魚に与えてみると、好んで食べた。

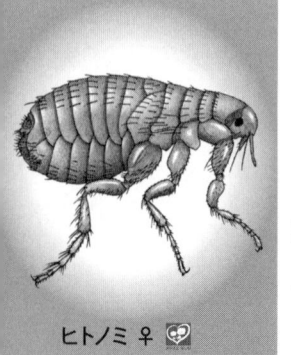

蚤取粉(のみとりこ)

ノミにはよく襲われた。畳の上を跳ねているものも見られた。寝る時は蚤取粉を敷布団の上にまいてから寝た。これは、のど飴の入っているような円い缶に入っていて、ふたをペコンペコンと押すと、横の小さい穴から粉が噴き出す仕組みだ。蚤取粉はDDT[*]のことで、今では使用禁止になっている殺虫剤である。布団の上にまくのはとんでもないことなのだが、こうしておかないと、たいてい夜中に

ヒトノミ♀

[*]DDT／有機塩素系の殺虫剤として、敗戦後の日本に米軍が持ち込んだ。発ガン性があるとされ、また環境ホルモンとして機能するため、世界各国で全面的に使用が禁止された。日本では1971年5月に農薬登録が失効した。発展途上国ではDDTで、マラリアが激減したが、禁止された5年後に逆戻りした。2006年以降WHOにより、マラリア予防のためにのみ限定的に使用されている。

ノミの攻撃を受け、起きて探すことになったのだ。この時代には、家にネコなどを飼っていなくても、どの家にもノミがたくさんいたのだ。

大掃除

年末はどの家も大掃除をしていた。畳を上げ、乾燥させた上で叩きほこりを出し、床下のススを払い、床板には新聞紙を敷いて、そこにも十分に蚤取粉をまいた。その上に畳を敷いた。それでもノミは退治しきれなかった。

時々畳の隙間からコインが出て来た。家が古くなると、柱が傾いたり、畳に隙間が出来るのだ。我が家は少し傾いていたから、戸の閉まり具合も悪く隙間が出来ていた。

餅つきと餅花木(もちばなぎ)

正月近くになると、どこの家でも餅つきをした。餅の一つで餅花を作った。この地方ではクロモジを家の近くに植えていて、餅花木(もちばなぎ)として使っていた。この木は切るといい香りがする。楊枝としても使われる木だ。餅を飴玉くらいの大きさにちぎって、餅花木に付けていく。花が咲いたようにきれいに点々と付けると、これを松と一緒に床の間などに飾った。終われば餅はおかきにされた。

アタマジラミ

学校では定期的にアタマジラミの検査*があった。男の子はたいていイガグリ坊主であったから心配はなかったが、女の子は保健室に呼ばれ、隙間の細かく作られた櫛で髪を梳かしながら調べられていた。近年これがまた一部で発生して話題になった。プールなどで、脱いだ衣類から感染していくと考えられているようだ。

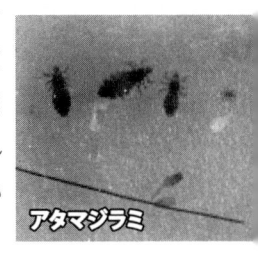

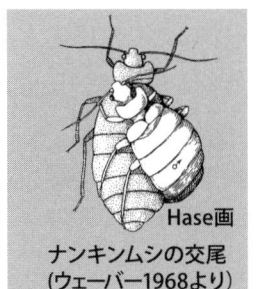

アタマジラミ

ナンキンムシ (トコジラミ)

話には聞いていたが、私は家でこのナンキンムシの被害にあう機会はなかった。後に大学では家畜小屋に発生して、壁板の隙間に巣くっていたそうだ。カメムシを研究していた同級の立川君は「ナンキンムシを見つけてくれたらコーヒーを奢(おご)るよ」と言っていたが、見つけられたかな。

Hase画
ナンキンムシの交尾
(ウェーバー1968より)

*アタマジラミの検査／シラミが見つかると、今は使われていない水銀軟膏を地肌に塗り、風呂敷などで頭を覆って髪全体にDDTがかけられ、1週間くらい過ごすとシラミが死ぬので髪を洗い、頭髪に残った卵を親や家族が櫛で落とした。当時はこのような劇薬で害虫を退治し、田畑にもそれらの劇薬が農薬として使われ、1962年アメリカでは、『沈黙の春』が出版された。

彼は後にカメムシなどの亜社会性昆虫の本を出した。

　ナンキンムシはおかしな交尾器官を持っている。ふつうの昆虫のような第7～8節にある生殖器官ではなく、雌は腹部第5節にリバガ氏器官という交尾器官を持っていて、雄はそこに交接器官を差し込み、精子はちゃんと卵子に届くそうだ(ウエーバー；1968)。

　近年、再びこの虫が世界的に増えているそうで、警戒されているという。

回虫・ギョウチュウと薬

　後年、目黒の寄生虫館(P. 262)に行って思い出した。

　昔、田舎での子どもたちの遊び場は川原や田畑の近くであった。当時は下肥*なども畑にまかれ、肥溜め**もあちこちにあって、とても衛生的な環境とはいえず、たいていの子どもは腹に虫をわかしていた。私も時々腹痛に悩まされた。講堂で朝礼の時、回虫(カイチュウ)を吐き出す子もいた。

　回虫は長さが20cmほどもある白く節のないミミズのような虫だ。幼虫は消化管から胎内に入り、いたるところを回り、また消化管に戻るという。その最中にいろいろな症状を起こすらしい。

　ギョウチュウは1～2cmの虫で、夜間に肛門の周りに出て来て産卵する。痒(かゆ)くてお尻をかくと、卵が手に付いて、また人の口に入るというサイクルで蔓延していく。学校では一斉に、虫下しの「マクリ(海人草：かいにんそう)と呼ばれる海草からとった薬」を昼食の前に飲んだ。

　日を置かず、便の中に回虫が混じっているのが見られたから、薬の効果はあったようだ。回虫の話は国語の教科書「たろう」にも出ていて、薬を飲むことも書いてあったから、国民病だったのだろう。進駐軍の兵たちもこの回虫には困ったという話を聞いた。

　最近、東京医科歯科大学の藤田教授の著書を見て驚いた。回虫などに寄生された経験のある人は花粉症にはかかりにくいそうだ。抗体が出来ているからだという。

　花粉症は動物園のニホンザルにも見られるといい、多摩動物公園にも研究者が来られていたようだが、私にはサルを見ても、他の病気の症状とは見分けがつかなかった。

＊下肥／昭和30年代くらいまでは、人間の糞尿を貯めて発酵させ、菌体肥料として利用した。
＊＊肥溜め／こやしだめ、肥壺(こえつぼ)、野壺(のつぼ)とも呼ばれる。肥料にする糞尿を腐らせるために貯めておく所のこと。その時代まで日本の各家庭のトイレは、汲み取り式便所と呼ばれ、糞尿を便壺に貯める様式。近代化が進み糞尿を下肥にしなくなってからは海に捨てていた。

ハエとハエ捕り用具

　昔、ハエはたくさんいた。食卓に蝿帳(はえちょう・はいちょう)*は欠かせなかった。ハエ捕りリボンはどの家にも吊るしてあった。後に動物園に就職した時、動物舎や昆虫園のチョウ飼育場にハエ捕りリボンが吊るしてあるのを見て、懐かしく思った。ハエの他、寄生蜂も捕れるということだった。

　小中学校では衛生コンクールのような催しがあって、ハエの成虫やサナギを集めることになっていた。私は、ゴミ箱の下の砂中にはハエのサナギがいることを知っていたから、たくさん採集出来た。これをマッチ箱に入れて提出したところ賞をもらった。賞品は石鹸であった。

　戦時中、祖父の家には自動ハエ捕り器があって興味深く思っていた。これはゼンマイ仕掛けでゆっくりと動く円筒に甘い蜜を塗っておくと、ハエが止まったまま回転して仕切り弁が立ち上がり、知らぬ間にカゴの中に収まる仕掛けだ。実際に網カゴの中にハエがたくさん捕れているのを見たことがある。後にこのハエ捕り器を田舎の祖父の家からもらって来て、昆虫園に展示しておいた。

ゼンマイ仕掛けのハエ捕り箱

　ハエを利用することもあった。父が魚釣り用のエサとして、サバの頭を外に置き、ウジをわかせていた。

　東京に来て、さまざまなハエ捕り器具があるのを知った。ガラス製の瓶を伏せたような形のものは東急ハンズの古道具部で手に入れた。外国製のピストル型のおもちゃのようなものは弾の先に吸盤が付いている棒を発射する仕組みだ。これは昆虫標本を扱うインセクトフェアで手に入れた。シュロの葉で作った柄の長いうちわのようなハエ叩きも民俗関係の雑貨店

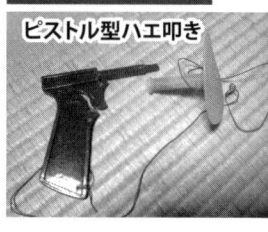

ハエ捕りガラス瓶

ピストル型ハエ叩き

シュロの葉のハエ叩き

で見た。東京には天井に止まったハエを、長い筒の先の漏斗で捕るガラス製の、ハエ捕り棒があるというが、まだ手に入れていない。

　この頃は見かけるハエの姿もめっきり少なくなった。

＊蝿帳／ここでいう蝿帳は、折りたたみ式で、食卓に被せる傘状のカバーのこと。現在でもフードカバーなどと呼ばれて通販などでも買える。木製や金属製で、食事を一時的に保存するための工夫がなされた小さな食器戸棚もある。「蝿入らず(はえいらず)」と呼ぶ地域もある。蝿帳・蝿入らずは夏の季語であった。

電灯に付ける捕虫器

　町の商店の明かりにも無数の虫が集まっていた。
　商店で虫は大敵だから、夏は虫の集まるピークの7〜8時頃には、店先の電気は消されていた。
　一般の家庭でも、夜の食卓に虫が落ちて来るものだから、白熱電球には透明なプラスチックで出来た逆三角垂型の捕虫器を付けていた。明かりに引かれて来た虫がこの中に入ると、電球の熱で死んでしまう仕掛けだ。よく考えられている器具だが、今ではこの器具は見かけなくなった。白熱電球の消滅と虫のいなくなったことなどによるだろう。

白熱電球に付ける捕虫器

アブ類

　ムシヒキアブやウシアブは大きく、ハチみたいな色模様で口も尖っていて羽音も高く、あまり好きではなかった。野に繋がれている牛に、よくたかっていた。後に、多摩の昆虫園で子どもたちと園内の昆虫を観察していた時、一人の男子小学生が1匹の虫を捕まえた。不用意に捕まえたようで、注意をする間もなく、指を刺されてしまった。ムシヒキアブの仲間であった。「ハチのような毒はない」ということだから、アナフィラキシーショックはないと思って、とりあえず、塗り薬を付けた。幸い男の子は泣くこともなく、その後も異常はなかったようだった。子どもたちと行う野外での観察会は、指導者の万全の注意が必要なことを痛感させられた。時々見かける子どもたちの遠足も、先生方の心配がよく分かる。多人数の子どもを連れ出している先生方は偉い。
　ウシアブには奇妙な習性があると聞いた。トラクターやバイクのエンジンをかけると集まって来るということだ。エンジンの暖かさや排ガス中のCO_2に寄って来るのだろうか。
　初夏の頃、川縁で赤色や黒色のバッグなどを置いておくと、たくさんの小さなミギワバエなどが集まるが、これは温度によるものだろう。

ドクガやウルシにかぶれる

　私は山で遊んでいると、よくかぶれた。ドクガには翅や幼虫の体などに毒刺(ドクトゲ)*があり、ふれた覚えがなくてもかぶれてしまう。ただ、ツバキやサザ

＊毒刺／毒針毛のこと。皮膚にふれると赤く腫れあがって、かゆみが数週間も続く。ドクガは都市部などにも生息していて、毒針毛にふれたり、風に毒針毛が飛ばされることで直接ふれなくても被害を受けることがある。かぶれた場合は毒針毛が皮膚に深く刺さらないように、患部をかきむしったりせず、付着した毒針毛をセロハンテープなどで取り除き、冷水で流すように洗う。

ンカの垣根にはチャドクガの幼虫がたくさん付いていることがあったから、その辺りでふれたのだろう。

ウルシ*は木であり、木にさわるとよくかぶれたから、その木は覚えていて、警戒するようになった。

ゴキブリ類

ゴキブリは我が家でもよく見かけた。多くはクロゴキブリだ。これも好きになれなかった。夜間、台所で電灯をつけると、たいていゴミの残飯にたかっているのが見られた。屋外のゴミ置き場や木の皮の下には翅の短いヤマトゴキブリも見られた。

口大野の裏山で枯れ木を壊して虫を探していた時、オオゴキブリが出て来た。これは甲虫のように黒くてつやつやしていた。ゴキブリとはいえ、標本にしたら立派で嬉しかった。これも昆虫園の標本として残してある。

昔の列車内にはチャバネゴキブリが見られたが、今はいなくなったようだ。家庭では暖房が進み、冬でも暖かく快適に過ごせるようになると、ゴキブリにとっても都合がよくなる。後年、沖縄に行った時、宿ではやや大きいワモンゴキブリやコワモンゴキブリを見た。本州ではあまり見かけないので夢中で採集した。これを書いていたら、オーストラリアのタロンガ動物園ではハエとゴキブリはエサ用にたくさん飼っていたことを思い出した。

台湾で経験したが、スコールが来て雨水が道路脇のマンホールに流れ込むのが見られた。するとしばらくしてふたの隙間から多数のワモンゴキブリが出て来て驚いた。

カとカ柱

夕方、雨の近い日には、家の軒先などではたくさんのカ柱が立っていた。カ柱の正体は雄で出来ていて物陰を集団で飛ぶ。そこに雌が飛んで来ると、雄が飛びかかって交尾が成立するという。試みにカ柱のそばでブーと言ってみると、雌と間違えて顔に飛びかかって来るが、人を刺すことはない。

たまにその蚊柱が人影について来ることもあった。

林でカブトムシやクワガタムシを捕っていると、たいていカにやられて、肌の出ているところはぼこぼこになった。近所の人たちが縁台で涼んだり、囲碁将棋などをしている時には、たいていそばに空き缶が置いてあり、木クズを

---

*ウルシ／ウルシオールという物質によって、アレルギー性接触性皮膚炎を起こす。雨などでウルシを伝った水滴にふれてもかぶれる。人にふれるとウルシにふれなくとも、近くを通っただけでかぶれるともいわれる。ウルシなどの木が燃えた煙を吸い込むと、気管支や肺内部がかぶれて呼吸困難となり非常に危険な状態になる。身近な緑地をチェックして、あったら近づかないこと。

燃やして煙を出したり、蚊取り線香などで燻したりしていたものだ。

デグロの巣穴

　丹後の方言でドンコ*のことをデグロという。大きいと釣りに掛かった時に手ごたえがある。こいつは横穴に棲んでいることが多い。それらしい穴を見つけて手を突っ込んで探していたら指に食いついて来た。穴の中をよく見ると、天井にたくさんの卵が産み付けてあった。「なるほど、卵を守っていたんだな」と思った。

ドジョウ

　田んぼのそばの溝には黒いふつうのマドジョウが棲み、きれいな流れの大川にはシマドジョウがいた。マドジョウは人がそばを通ると、ポチャ・ポチャ・・・と音を立てて、泥の煙幕を残して土中に消えた。どちらのドジョウも昔はたくさんいた。

釣れないヤツメウナギ

　釣りをしている時、30cmほどの細長いウナギのような形の魚が、フラフラと泳いでいるのを見たが、なかなか釣ることは出来なかった。ずっと後に、この魚はヤツメウナギといい、他の魚から吸血している魚であることが分かり、釣るのは無理であることを知った。

道を歩くサワガニ

　サワガニは裏山の水源池に行く途中の沢で、いくらでも捕れた。川の中の浮き石の下を探せば、潜んでいる。中には卵や子ガニを抱えている雌もいた。梅雨時は川を離れて山道の上を歩いているものもいた。持って帰って金ダライに水を浅く入れ、小石などを入れて机の上に置いたところ、夜もコトコトと音を立てて動き回っていた。

ヘビ類の思い出

　ヘビは我が家にも入って来た。たいていアオダイショウで、大きいものは1mを優に超えるものもいた。おそらくネズミを狙ってやって来るのだろう。風呂場に鎮座していることもあった。暖かいからか？
　こいつはつかむと青臭い匂いがする。畑や田んぼのそばを通ると、長く伸びて日向ぼっこをしていることもあった。

＊ドンコ／ハゼの一種。西日本をおもな分布域として、愛知県・新潟県以西の本州、四国、九州に分布。しかし、南西諸島には分布しない。全長25cmくらいまで育ち食用にもされる。肉は白身で、唐揚げや塩焼きが美味とされる。

ある時、山道を歩いていると、急にカエルが前に飛び出して来た。どうしたのかと見ていたら、その後から大きなアオダイショウがスルスルと追いかけて出て来た。
　ヤマカガシもよく見かけた。ある時、山の谷あいの流れの縁で頭を水の中に突っ込み、チャプチャプやっていた。何をしているのかと見ていたら、盛んにオタマジャクシをねらっていたのだった。

ネズミの捕獲法

　ネズミも多かった。夜は天井裏で走り回っていた。カゴ型のネズミ捕り器はどこの家にもあって、よく捕れた。
　虫の標本を作っていた時、机の上に展翅中の標本を置きっぱなしにすると、よくかじられたものだ。人の寝ているそばを通って、机の上の標本を

部屋でネズミを捕る方法

狙って来ることに驚いた。ある日部屋に入ったネズミを、偶然出入り口をふさぎ、部屋に閉じ込めることが出来た。さて、こいつをどうやって捕まえるか。
　かつて保健の先生に聞いたことを思い出した。1．新聞紙を筒型にして一方を縛り、これを部屋の隅の数カ所に置く。2．ネズミを追いかける。3．するとネズミは隅を走る性質があるから、その筒に入る。4．すぐに入り口を閉じて、上からゴツンとやる・・・という方法だ。
　この方法はうまくいった。みごとに新聞紙の筒に入って捕獲出来た。

ニワトリとウサギを飼う

　村の子どもたちはたいていウサギやニワトリを飼っていた。母の親元でも叔父がたくさんのニワトリを飼っていた。私は友達からウサギの子どもを1匹、分けてもらって飼育した。飼育箱は八百屋からもらって来たリンゴの空き箱[*]で作った。竹を切って格子を作って取り付け、戸を付けた。敷藁は農家の叔父からもらって来た。春から秋までのエサは、川原に行ってタンポポやクローバーを、毎日刈って来て与えた。冬のエサは干したサツマイモのつるである。これは叔父の家からもらって来た。干したイモのつるは量が多く、木小屋の隅にしまっておいた。昔はどの家にも薪や焚き木をしまっておく小屋があったのだ。

[*]リンゴ箱／現在はほとんど段ボール箱に入れて出荷されるが、昭和40年代頃までは、木箱におがくずなどを敷き詰めて出荷しており、空き箱を八百屋にもらって工作の材料などにしていた。リンゴ箱の大きさは、幅30×奥行き60×高さ30cmくらいで台としても使えた。現在でも一部の産地で木箱入りのリンゴがあり、中古や新品のリンゴ箱がインターネットなどで流通している。

初めは雌だけを飼っていた。繁殖のためには、雄を飼っている家に雌を持って行き、交配をお願いした。1カ月後、5〜6匹子を産んだ。それから、およそ1カ月で子は草が食べられるようになるから、親から離すことが出来た。子の1匹は繁殖のお礼に、交配元の家にお返しするのが当たり前であった。残った他の子は売ったり(確か1匹30円くらいだったかな)、友達と交換したりしていた。また、成長したものは、食卓に上ることもあった。

大きなネズミ・ヌートリア[*]

　近所の友達の順ちゃんの家ではヌートリアを飼っていて、見せてもらった。巨大なネズミのように見え、仰天した。友達は「この毛皮が昔は兵隊さんの防寒着になった」と言っていた。

　後年、丹後に帰った時、山の田んぼでヌートリアのような動物が逃げ去るのを見かけて、びっくりした。親戚の者に聞くと、丹後でも、この頃はシカやイノシシなどの野生動物の被害が多くなっているそうだ。山野が放置されているのだろう。

ヒバリの巣

　「ピーツク、ピーツク・・・」と鳴きながら、一直線に上空に飛び上がって行く。上空でゆっくりと回りながら、一通り歌い終えると、「リールーリールージュルジュル・・・」と鳴きながら地上に降りて来る。いったいどこに巣があるのか、何度も降りた所を探したが見つからなかった。「ヒバリは降りる時、警戒して、まっすぐには巣に戻らない」と聞いた。少し離れた所に降りるらしい。これでは見つけにくいはずだ。

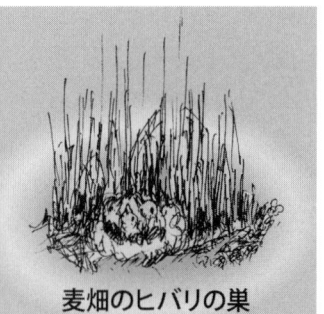

麦畑のヒバリの巣

　しかしある時、麦畑のそばを通っていると、ふいにヒバリが飛び上った。オヤッと思ってその辺りを見た。そこには、見たかった巣があった。麦の株の根元に隠れるように作られていて、数羽のヒナが身を寄せ合っていた。ヒナたちは枯れ草模様の保護色をしていた。そっと離れた。

　後年、井の頭文化園の野鳥のケージでヒバリに再会した。懐かしい歌を聞いた時、「へーっ、ヒバリって大空を飛ばなくて、木の枝に止まっていても鳴けるのか」と思った。ところが、鳥の研究をしている松田道生さんに聞くと、本来

---

*ヌートリア／南アメリカ原産。毛皮を取るために移入したものが、太平洋戦争後、毛皮の需要が激減し、飼育されていたものの多くが野外に放逐されて野生化し、西日本各府県に生息するといわれる。茨城県、千葉県、埼玉県、神奈川県などでも記録があり、東京でも新宿区から文京区、千代田区にかけて神田川の岸辺に生息する。2005年6月より、特定外来生物(P. 290)に指定されている。

は木のてっぺんで鳴くのだそうだ。どちらが本来の姿かな。

簡単な巣箱

　当時、村の家の瓦屋根にはよくスズメの巣が見られ、瓦の隙間から藁クズが垂れ下がっていた。しかし、我が家には見られなかった。瓦屋根の大きく空いている所に好んで巣作りするようだ。

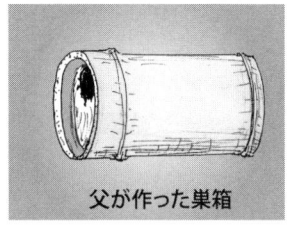

父が作った巣箱

　私はなんとか巣を作らせて、中の様子が見たいものだと思っていた。板の切れ端で巣箱を作っては、庭の木に掛けてはみたものの、すぐには利用してくれなかった。なにか簡単に巣箱は作れないものかと思っていた時、父が太いモウソウチクの節と節の間を利用した実に簡単な巣箱を作ってくれた。これは図のように、節の一方の隔壁に、金槌でポンと叩いて丸い穴を一つ開けただけの巣箱で、これを軒下にくくり付けるだけで終わりである。しかし、時はすでに遅く、その年の巣作りは見られなかった。後年、スズメが巣箱の穴から顔をのぞかせているのを見たが、やはりあまりよい場所ではなかったようで、本格的な巣は作らなかった。

カヤネズミの巣[**]

　夏から秋にかけて、田んぼの周辺を歩いていると、葉が不自然に密生していることがある。こういう所をよく探すと、たいていカヤネズミの丸いソフトボール大の巣が見つかった。細い葉を裂いて絡め、うまく丸めて作っている。

　小さな出入り口が側面にある。風でゆすられても落ちないように、しっかり葉を絡めて留められている。この巣作りの過程は是非観察してみたいものだ。さわっている

細い葉をうまく丸めた巣

と、中から親指ほどの小さなカヤネズミが飛び出して来ることもあった。

　秋遅くなると、中はみんな空っぽであった。

真綿作り

　ある初夏の頃、カイコを飼っている中学の友人からカイコの種紙をもらい、飼育した。1枚の種紙に円く卵が産み付けられていて、そこから300匹ほどの毛蚕(ケゴ＝カイコの1齢幼虫)が孵る。それが成長するにつれ、桑(クワ)の葉を

[*]スズメの巣／近年都市部で瓦屋根が減り、スズメが激減したといわれている。動画サイトでベランダなどで巣作りをする様子が見られるが、巣が作れる場所は少なく、個体数を減らしている。
[**]カヤネズミの巣／イネやススキ、ヨシ、オギなど、主にイネ科植物の葉で作る。広い道路や住宅地が間にない、河川敷や山林に接した農耕地など、ある程度まとまった草地で見られる。

調達するのが大変であった。クワの木は我が家にはなく、祖父の家から採って来た。祖父の家の裏庭には1本の大きなクワの木があって、毎日クワの葉を採るためによじ登った。どうやら終齢まで育ち、繭(マユ)を作るようになった。種紙をくれた友達から、今度はマブシ(マユを作らせるための藁製の用具)を借りて来てマユを作らせた。すべてがマユを作ると、そのマユを母に煮てもらって、糸をほぐし、真綿(まわた)*を作るところまではやった。マユを煮るとサナギ独特の匂いがして、好きにはなれなかった。マユから出て来たサナギは栄養があり、食べられると聞いたが、とても食べる気はしなかった。

　真綿は、ゆでてほぐしたマユを引き伸ばし、十文字形の木の掛け枠の四隅の角に引っ掛けて、ハンカチほどの大きさに広げて乾かすと、角真綿が出来た。母に預けたら、「真綿を首に巻くと暖かい」と言っていたが布団にされた。

　母の布団の作り方を見ていたら、ハンカチほどの大きさの真綿の四隅を足の指と手で持ってグーンと四方に引き伸ばすと、縮んで絡んでいた絹の繊維が伸びて、かなり大きく広がった。布団の形に広げた布団綿を、薄く広げた真綿で包んでまとめ、形作った布に入れて縫ってとじると、出来上がりであった。

絹のうちわ

　うちわの紙をはがして、骨だけになったうちわの上に糸を吐くようになったカイコを乗せておくと、糸を一面に吐いて、絹のうちわが出来る。これはカイコの習性を利用したもので、カイコは平面の上ではマユを作れないという実験でもある。

　カイコは、何かそばに立ち上がったある程度の高さのものがないと丸いマユが作れないのだ。

カイコのうちわ作り

　この問題は、後に農大で一緒になった山岡君が昆虫学会で発表していた。

金魚売り

　夏には金魚売りがやって来た。天秤棒に水槽を前後に振り分けて担いだり、リヤカーに乗せたりしてやって来る。「キンギョーえ、キンギョ！」と呼ぶ声がすると、私は一目散に家に帰って親に金をもらい、買いに走った。ワキンは安かったが、デメキンやリュウキンは少し高かった。父が古道具屋で大きい甕(か

＊真綿／絹には、細菌の繁殖の抑制、保温・放湿、防臭性、防塵性がある。木綿綿を高価な絹の真綿で包み込む布団の作り方は東京でも行われており、東京の布団商でも木綿綿と共に真綿が販売されていた。綿ぼこりを防ぎ、細菌の繁殖を防ぐ、先人の知恵であったのだろう。近年、家庭で布団が作られなくなり、販売されている綿布団には、絹の真綿が使われている表示を見かけない。

め)を買ってくれた。これに金魚を入れて飼育した。繁殖用の産卵床には使われなくなったシュロの箒(ほうき)をもらって来てほぐし、その毛を飼育容器の底に敷いたが、繁殖は難しかった。今思えば、成魚になっていなかっただけかも知れない。

　この時の様子を学校の担任の榊原先生に話したら「その話をまとめてごらん」と言われた。ノートを見せたら、この地方の校長会が発行するガリ版刷りの冊子に載せていただき、嬉しかった。「金魚の飼い方」と題した拙い文章は、先生によって上手に直されていた。この作品集は、ものを書いて本に載ったという嬉しさを感じた瞬間だった。ザラ紙でもう黄色くなってしまった冊子だが、今も大切に保存している。

初めての研究作品

パチンコ*

　男の子の遊びでは、パチンコも流行っていた。私も木の枝のY字形になった部分を切って来て、ゴムを付けて作ったが、よいゴムがなくて、威力はなかった。弾のよく飛ぶチューブ形の強いゴムは田舎には売っていなかったのだ。そこで、母親にもらった下着のゴム紐を数本束ねて、どうやらよく飛ぶものを作った。しかし、小鳥などは捕れるはずもなく、せいぜい木に止まっているセミを狙い撃ちするのが関の山であった。

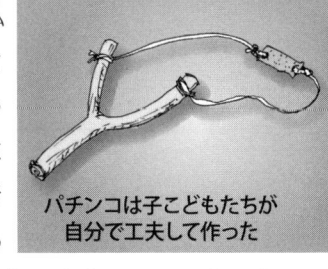

パチンコは子どもたちが自分で工夫して作った

空気銃**

　当時は空気銃を持って山野を歩いている大人をよく見かけた。子どもたちは、二つ折りにしてポンプのように空気を充填する様子や、鉛の弾を見せてもらった。この空気銃で、ふつうに見られるスズメはもとより美しいカワセミを仕留めている人もいた。ある時、近所の子どもたちが、空気銃を持っている人の所に集まって何やらしていた。鉛の弾の代わりに、小さな紙を丸めて弾として発射していたのだ。だが、あまり飛ばなかった。

＊パチンコ／後年、金属や合成樹脂で出来た既製品が売られるようになったが、1960年代頃までは、各家庭で工夫して作っていた。人に向けてはいけないと、親や年長者にきつく言われた。
＊＊空気銃／現在空気銃は銃砲刀剣類所持等取締法(銃刀法)により、一般の所持を禁じられており、所持には各都道府県公安委員会の許可が必要である。

かすみ網*

 かすみ網を張っている人たちを見た。田んぼのそばに2本の竹を立て、その間に黒くて髪の毛のように細い糸で出来た網を張る。スズメを追うと、バサバサと一斉に網に掛かる。網から逃げてしまうのもいるが、たいてい細い糸に羽や足が絡んでしまう。網を破らずにバタつくスズメを1羽ずつ網から外すのが面倒な様子であった。

スズメ落とし

 米粒、籾(もみ)などのスズメの好むエサを地面の上にまき、ザルを伏せて棒で支え、紐をその棒に結び付けて伸ばし、遠くからスズメが来るのを待つ。スズメがザルの下に来たら、紐を引いてザルを被せて捕るという方法だ。

簡単に作れる仕掛け

 確かに捕れそうな原理ではある。しかし、これはチャンスをつかめず、うまくいかなかった。一度失敗すると、次にスズメはなかなか来ず、忘れた頃に見ると、エサはなくなっていた。

ヨモギ・セリ摘み

 春先、野原に若草が伸びる頃は、摘み草をするのが楽しみであった。ヨモギを摘んで帰ると、母がぼた餅にしてくれた。セリは田んぼの畔にへばり付いているのが美味しい。

 東京に出て来てから、八百屋に並んでいるセリの茎が長くそろっているのでびっくりした。こういうのは、丹後では、水の中に生えていたからだ。これは特別な栽培法をしているのだなと思った。

ジュンサイ・ヒシの実

 裏山の墓のそばにあるため池には、スイレン、ジュンサイ、ヒシなどの水草が生えていた。そこには大きなたらい舟や竹の棒が置いてあり、子どもたちはそれに乗って遊んだり、水草を採ったりした。しかし、そばを通る大人に「危ないよ!」と、よく怒られたものだ。

 ジュンサイは母に吸い物にしてもらった。ヌルヌルしていて美味いとは思わなかったが、父は美味しいと言って食べていた。ヒシの実はクリみたいで美味しいと言われ、煮て食べてみたが、水っぽく、それほど美味いものではなかっ

---

*かすみ網／現在の日本では、鳥獣の保護及び狩猟の適正化に関する法律の使用禁止猟具に指定されている。鳥獣の捕獲などの目的で、所持・販売・頒布することを原則として禁じ、違反者は6か月以下の懲役、又は50万円以下の罰金。

た。十分に成熟していないと美味くないらしい。

　東京に来てから、ドライフラワー店という干した花やいろいろな種や実を売っている楽しい店があり、大きなヒシの実も売っているのを見て驚いた。オニビシというらしい。

　ずーっと後になって田舎に帰った時、再びこの沼を訪れる機会があった。しかし、沼は埋め立てられていた。

オニビシの実

薬草採取

　当時、この地方の小中学校では、夏休みに薬草採取の宿題がよくあった。

　ドクダミやゲンノショウコを集めて、乾燥し、夏休みが明けると学校へ持って行った。学校では児童生徒の集めた薬草を業者に売って、いろいろな用具を購入していた。この仕事は私にとってはあまり苦のないことで、だれよりも多く持って行くことが出来た。

4. 遠足

水源池

　小学校の遠足の日の出来事は、この歳になってもよく覚えている。

　低学年の時は裏山の奥にある水源池のダムに行った。

　土手の石の階段を何十段も上って行くと、大きな池が広がっていた。昼飯の時にはその土手で、各自が好きな所に座って弁当を広げた。私はおにぎりをころがしてしまって皆に笑われた。担任の笠波先生に弁当を少し分けていただいた。恥ずかしい思い出であった。

大江山*

　上級学年になると宮津線で丹後大宮から隣の駅の丹後山田(現在の野田川)まで行き、そこから加悦(かや)鉄道に乗り換え、加悦まで行き、徒歩で大江山に登った。

　ここは鬼の伝説で有名な山である。我が家からも二階に上がるとはるか東の方向に見えた。この山には鬼の住んでいた岩屋もあるというので期待したが、それほど大きな岩穴ではなかった。それより楽しいのは加悦鉄道で、

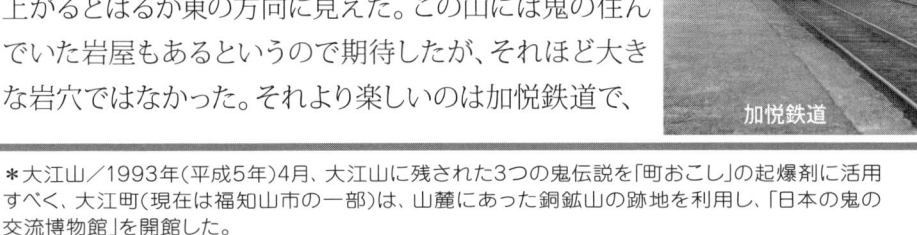

加悦鉄道

---

*大江山／1993年(平成5年)4月、大江山に残された3つの鬼伝説を「町おこし」の起爆剤に活用すべく、大江町(現在は福知山市の一部)は、山麓にあった銅鉱山の跡地を利用し、「日本の鬼の交流博物館」を開館した。

丹後山田から加悦までの短く狭い軌道の単線であるが、おもちゃのような煙突の高い蒸気機関車が小さい客車や貨車を引っ張っていた。これは大江山からニッケルを運び出すための鉄路だったそうだ。残念ながら、現在この線は廃止されている。

琴弾き浜(ことびきはま)=鳴き砂の浜(京丹後市)

木津の琴弾浜に行ったこともある。ここは「鳴り砂」で有名である。その砂は、均一な石英のそろった砂粒で出来ていて、ガラス粒のようなものだから、みんなが歩くと、キュッ、キュッと鳴る楽しい浜である。この町には、後に粉体工学で有名な三輪茂雄博士も協力されたと聞く「琴引浜鳴き砂文化館」も建てられていて、お土産に鳴き砂も売っている(これは砂浜から採取された砂ではないとのこと)。

重油流出事件[*]

1997年1月2日、島根県隠岐島100km北方海上でロシア船籍タンカー「ナホトカ号」が沈没した。その5日後、漂着予想の全くなかった重油が浜に流れ着いた。近隣の人々は寒い中、「鼻水をたらしながらボランティアで砂の洗浄をした」と、久美浜(京丹後市)に住む同級生の松本圭右君から聞いた。砂は汚れると、音を発しなくなるのだ。岩場や砂浜にへばり付く油をヒシャクで汲み取る手作業が、寒い中で延々と続き、大変であったという。また、この浜はアリジゴクの研究で有名な松良俊明博士も通われた所だ。著書『砂丘のアリジゴク』(思索社)に、「砂浜はアリジゴクの大切な棲みかなのだ」とある。

動物園にいる私たちは、海鳥をはじめ海洋生物のことが心配であった。

日本動物園水族館協会の記録によると、「日本海沿岸に立地する水族館では、イルカの緊急避難、取水制限、オイルフェンスの設置などの手当てを行った」とある。深海に沈んだ船体からは今も重油の流出が続いているという。

臨海学校

小学校の夏休みの行事に、丹後町の間人(たいざ)にある海辺の小学校の校舎を借りて、教室に寝泊りをする臨海学校があった。このため父母たちが、毛布や布団、蚊帳などを各家庭から自動車で学校に運び込んだ。泳いだり、

---

*重油流出事件／C重油を約19,000KL積んだナホトカ号は、中国からロシアへ航行中沈没し、分離した船首部分と流出重油が福井県三国付近へ漂着、タンク内に残った3,000KLは回収された。しかし延べ30万人近くとされる民間有志による海岸の岩場に漂着した重油の回収作業では、過労などで5人が亡くなる二次被害が発生した。船体は水深約2,500mの水底に没したままである。

漁師さんの協力で、地曳網(じびきあみ)などをしたりして過ごした。地曳網にはさまざまな魚が入っていて、非常に興味深く楽しい行事であった。

天橋立(京都府宮津市)

　日本三景の一つ「天の橋立」にもよく行った。ここには親戚もあって、連絡船で阿蘇海の反対側にある府中まで行き、ケーブルカーで傘松公園まで登り、有名な「股のぞき」で松並木を見た。

　海を横切る約3.6kmの松並木の写真はよく知られている。この景色を逆さになって見ると、「天に昇るように見える」という。この道は長いけれど歩くことも楽しかった。また、叔父と二連の自転車に乗って走った。橋立側の松並木の終わりには回転橋もあって、内海を出入りする連絡船が来るたびに、人力で橋を回転させて船を通していた。夏の海辺では、アサリやハマグリを掘ったことも楽しい思い出であった。また、友人の採集した海藻にはタツノオトシゴや何やら知らない虫が付いていた。ずっと後に、それはウミグモであることを知った。近年、この並木の砂がやせ細ってきたので、砂の流出を防ぐための堤防が所々に突出していて、鋸の歯のような景観になっているのは残念だ。大きな原因は「川から流れて来る砂の量が減ったためだ」という。

逆さに見た感じ

日和山

　城崎(兵庫県)の日和山水族館への遠足は、ちょっと遠かったが嬉しかった。ここは近くに父の郷*もあって、時々行っていた所だ。タイを釣ることが出来る池もある。湾内の小島には竜宮城と称する小島があり、遊覧船で巡ることも出来、海女の実演も見られた。「客が名前を書いたハマグリの貝殻を海に投げると、海女がそれを拾って来て客に返す」という趣向である。貝殻は、ほぼ確実に返されていたようだ。時々、水中メガネを付けた海女が呼吸の時に出すピーッという音(磯笛)が印象的で、今も耳に残っている。

コウノトリ

　夏休みは40日もあったので、行事のない週には父の里、兵庫県豊岡市の田

＊郷／ごう・きょう・さと。田舎または里のこと。律令制の時代には、「村の集合体」として郡とほぼ同格の位置づけであった。その後、白川郷などのように、数村を合わせて「○○郷」と呼んだ。

結村に行って過ごした。列車が豊岡から城崎に近づくと、円山川のそばの田んぼに群れるサギの中に混じって白い大きな鳥がよく見られたものだ。それがコウノトリだった。当時は珍しくもなく思っていたが、今では国の特別天然記念物になって、保護施設も作られた。

　この鳥とは後年、多摩動物公園に就職して再会した。南園飼育係という主としてアジア産の大形動物の係長になり、係員の杉田平三君たちの努力で、初めて繁殖に成功*した時は嬉しかった。

　自然の中で、コウノトリは松などの樹上に巣を作る。飼育舎内の場合は、膝の高さくらいの低い巣台と枯れ木などが用意され、巣台の上に巣が作られる。毎回、同じ巣が利用されているうちに大きな巣になったのだろう。巣は厚く、たくさんの枯れ枝が積まれていた。

　ここでの繁殖のお陰で、豊岡市でコウノトリ会議があった時、参加させてもらえた。現在、野外に放されたコウノトリが、近隣の市町村の協力も効を奏して、久美浜(京都府。兵庫県との県境にある)では繁殖し始めているようだ。この様子は近くに住む同級生の西角良乃さんたちが知らせてくれた。

巣の様子

人工巣塔

　この地方のコウノトリを守る会の活動の様子がインターネットでも見られる。ただ困ったことに、コウノトリは巣を作る時、電柱を利用することがあり、電力会社の人に取り除かれてしまうそうだ。巣作りの場を作る必要があろうと思っていたら、人工巣塔が作られていて安心した。

オニヤドカリ・アカテガニ

　近くの気比(けい)と呼ばれる海辺の浜では親戚の子どもたちと終日遊び、夏休みの終わりにはみんな真っ黒になった。親戚の俊之ちゃんがサザエの空き殻に入っている大きくて真っ赤なヤドカリを見つけた時は珍しく思った。後で調べたらオニヤドカリであったようだ。

　叔父の正おっちゃんには釣り針の付け方を教えてもらった。磯の岩の間の穴に釣り糸を垂らし、アナゴ(この地ではナガという)を釣った。エサは小さなヤドカリや岩の上をサササッと歩くフナムシ、磯の岩に付いている巻貝である。

*繁殖に成功／1986年2月飼育個体の死亡により日本国内絶滅。中国から譲り受けて人工飼育を続けていた多摩動物公園で、1988年4月国内初の人工繁殖に成功。1989年5月、豊岡市のコウノトリ飼育場で、ソ連(1985年7月当時)から譲られた幼鳥6羽からの人工繁殖に成功。その後、大阪市天王寺動植物公園、豊橋総合動植物公園でも繁殖に成功し、国内飼育数を増やしている。

時々、ガザミが糸に絡んで釣れてきた。

　アカテガニは浜辺や家の周りの溝にもたくさんいて、家から流れ出る残飯をあさっていた。時には家の中の土間にも現れた。不用意につかむと、いやというほどはさみに挟まれ、無理に離そうとするとはさみがちぎれたが、それでも離さず、痛い思いをした。

　浜で遊んでいると、アイスキャンディー※売りが、自転車に乗ってやって来る。後ろの荷台に箱を載せ、青い旗を立てて、「えー、アイスキャンディー！」と声をかけながらやって来る。私はその声を聞くと、急いで帰って祖母にねだって買ってもらうのが楽しみであった。

　最近、何十年ぶりかで田結を訪れたが、アカテガニの姿はなかった。このカニもいなくなってしまったのか。

マツバガニ(ズワイガニ)

　丹後の地方ではマツバガニの雌をコッペと呼び、行商のおばちゃんが一軒ずつ各家庭に売りに来て、母によく買ってもらった。カニは家のだれもが好きであったし、産地に近いこともあって、雄は大きくて値段も高かったが、小さい雌はそれほど高いものではなかったのだろう。雌はたいてい卵を抱えていて、まずツブツブの卵をたいらげてから、甲羅をはがして身を食べたものだ。私は、はさみの動きや脚に興味を持った。体の中にはエラがあって、これは食べずに捨てる。はさみの中を調べると、平たく大きい腱が入っていて、筋肉が付いている。こいつが強い力を出すんだなと思った。残った甲羅はしっかりと作られている面か皿のようで形が面白く、保存してある。

　後にアシダカガニの巨大な甲羅を帽子にしたり、目を描いて鬼の面にしたりするというニュースを見て昔を思い出し、懐かしく思った。

　丹後を離れて長くなり、コッペを見なくなって久しかったが、近年、久美浜の西角さんが送ってくださった。わーっ懐かしい。嬉しい。私はちゃんと食べ方を覚えていた。遊びに来ていた子どもたちにも持って帰らせたが、うまく食べられたかな。

ズガニの巣穴

　この地方でズガニというのは、モクズガニのことである。我が村は海から遠いが、竹野川の支流で雑廃水の流れる家のそばの溝のような川にまで上って

※アイスキャンディー／「アイスキャンディー売り」は、昭和20年代後半くらいから、どこにでも見られた夏の風物詩。海水浴場や公園など人出の多い場所では今も見られる氷菓。家でも作れ、水、果汁、牛乳などの水分に、糖分や果実、ゆで小豆などを加えて凍らせる。材料を入れる細長い円筒形か直方体の型の縦方向の中央部に、木製かプラスチック製の棒を差し込む。凍結後これを持って食べる。

来て巣を作っている。巣は、土手の隙間から新しく出た砂が堆積している所にあるからすぐ分かる。指を挟まれないよう、奥の方まで掘って見ると、大きな黒いズガニが捕れる。しかし、あまりきれいでない棲みかの周りの様子やフサフサした毛の生えた姿から、食べてみようとは思わなかった。

モウセンゴケ・モリアオガエル

　我が家には時々タキイ種苗のカタログが来ていた。父が一度苗を購入して以来、続けて送られていたのだ。クコやハブチャ、ポポー*、ハマオモトなどの種や苗木などを買って、家のそばの畑で栽培していた。そのため、私も植物にも興味を持った。新聞に北隆館の図鑑などの広告が出ると、そのたびに買ってもらっていた。

　ある夏の日、いつも行く山道のそばの溝に、モウセンゴケが生えているのを見つけた。牧野植物図鑑によると日の当たる湿地に生えるらしいが、こんな所にもあったんだと思い、標本にして夏休みの押し葉の作品として提出した。これを見た先生かだれかが新聞社に話したらしく、記者が取材に来て記事を載せてくれた。

　また、ある初夏の頃、ある沼地でモリアオガエルの卵の泡を見つけた。これをだれかに話したら、近所の新聞店の人はその話を本社に連絡したらしく、記者がやって来た。取材を受け、卵のある沼にも案内したところ、新聞記事になった。この記事を見た村の子どもたちが、我が家にカエルを持って来て名前を聞くものだから、町の人は私を生き物好きと見たらしい。山野を歩いていると、「また博ちゃんが山にいた」などと言われたものだ。

一人一研究

　どの学校でも、秋には夏休みの作品展が開かれていた。この地方の学校では「一人一研究」と称して、夏休み中には何らかの研究をすることを奨励し、秋にはその作品を提出することになっていた。ある児童の作った昆虫の標本を見てすばらしく思い、私もちゃんとしたものを作ろうと決めた。

　昆虫採集は山野を駆け巡るばかりでなく、電灯の光を求めて来るものを集めるのが楽しい。二階の窓を開けて、部屋の中の電気コードを軒先まで伸ばして吊るし点灯しておく。田んぼに面しているから、いながらにしてさまざまな

---

*ポポー／北米原産の落葉高木。ポーポー、ポポーノキ、ポポ、アケビガキなどと呼ばれ、寒さに強く、春に紫色の花をつける。病害虫がほとんどなく、秋には黄緑色の外果皮の薄いとても甘く、香りが強い果実をつける。薬剤散布をしなくても栽培出来る。

虫がやって来て楽に捕れた。特に大きいガやきれいな甲虫などを集めた。外では町のあちこちの街灯を訪ねながら虫を探し歩くこともあった。近くの「竹野川」の大橋につけてある街灯は明るく、カゲロウなどの川虫も多く集まり、よい採集場所であった。

　光にやって来る昆虫で面白いものは、ケラや「フウセンムシ」と呼ばれるミズムシ類である。これらの虫は、食卓の茶わんの水の中に落ちても上手に泳ぐ。

　ブーンと、ひときわ重い羽音で分かるカブトムシやクワガタが来ると嬉しかった。スズメガやヤママユガも珍しい種類ならよかったが、多くはバタバタと羽ばたき、翅が破れ、さらに周りの虫を騒がす迷惑な虫だった。昼は花に集まるハチを捕った。

スズミグモ

　水源池の方に採集に行く途中、直径50cmもあろうかと思われるドーム型のクモの巣を見つけた。こんな巣を作るクモは今まで見たことがなかったので、クモの本体を見ると、オニグモほどの大きなクモであった。後に図鑑で調べてみたら、スズミグモであることが分かった。クモはアルコール標本にして、後にクモ学会の知人に差し上げた。

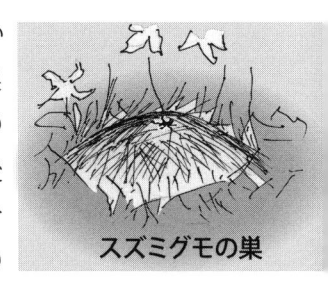

スズミグモの巣

誘蛾灯

　いつの頃からか田んぼのあちこちに「誘蛾灯」というものが設置されるようになった。町役場の裏側にも田んぼに面して1基が設置された。建物のそばだから夜でも危険なく見られ、役場の人が残っていた時は、設備管理の話を聞くことが出来た。虫の除去や水の管理には手間が掛かるそうだ。無数の虫が集まり、受け皿に入れてある水の中には多くのガやコガネムシが入っていた。しかし、同じような種類で、あまり欲しい虫は来ていなかった。

　誘蛾灯はその後どういうわけか、全く見られなくなってしまった。後年知ったことだが、進駐軍の命令によって廃止になってしまったらしい。防空上、なにか問題があるのかな。

ヘリコプター

　ある頃から、こんな田舎でもヘリコプターで田んぼに農薬がまかれるよう

になった。白い粉や液を、行ったり来たりしながらまいていくのを珍しく思って見ていた。農薬はそれまでも人力で散布されていたが、農協はより効率的なヘリコプターを使って散布するようにしたのだろう。

農薬散布日が回覧板に書いてあり、「家庭の池などは覆いをするように。洗濯物は取り込むように」などの注意書きがしてあった。

農薬がまかれた田には、危険を知らせる紙が付けられた竹の棒が立ち、近寄れなくなった。竹野川では泳ぐ子もいなくなった。たくさんいたイナゴも少なくなった。小川にいた小ブナやメダカの姿もめっきり少なくなっていった。

朝鮮戦争の頃

時代は前後するが、1950年代になると朝鮮戦争が始まった。毎日のように多くの編隊をなして、米軍の飛行機やヘリコプターが丹後半島の上空を、ゴーゴーと爆音を発しながら飛んで行った。この辺りはちょうど朝鮮半島への通り道になっていたようだ。

この頃だったのかよく覚えていないが、時々ドーンという機雷(きらい)*を処理している音が、山を越えて海の方から聞こえて来ることがあった。

5. 中・高生時代

中学では生物部に入り、昆虫採集にも熱が入った。トンボやハチなども集めるようになった。町に一つの中学には近隣の村の子たちも通うので、新しい友達が増えていろいろな情報を耳にした。

ハッチョウトンボなど

隣村の善王寺に住む友人たちからは、ハッチョウトンボの棲みかを教えてもらった。あまり多くはないが山の田んぼにも見られ、今では珍しくなった日本最小のトンボである。

この頃捕った昆虫の標本は、後に昆虫園の標本室で展示しておいた。平地の水田や川の付近にはチョウトンボ、ショウジョウトンボ、ハグロトンボなどがふつうにいた。夕方、小学校の校庭の上空にはギンヤンマの乱舞が見られた。父の里の田結では、浜辺の上にたくさんの群れ飛ぶ姿が見られた。

チョウやトンボはピンで刺し、展翅して箱に並べると場所を取り、標本箱は

＊機雷／水中に設置される。艦船が接近あるいは接触すると、自動または遠隔操作で爆発する水中兵器。太平洋戦争において、日本海軍は港湾防御以外に敷設した例は少ない。しかしアメリカ軍の「飢餓作戦」(1945年3月から8月)で、1200機のB-29により、計1万発の沈底機雷が日本近海の海上交通路に投下された。終戦後日本は、機雷の撤去に20年以上も費やした。

すぐに一杯になる。翅が大きい昆虫は不経済に思った。高価な標本箱をあまり親にせがむわけにもいかない。幸い、同級生の宮本さんのお父さんが大工さんであったので、頼んで簡単なガラスのふたの箱を作ってもらった。しかし、すぐに一杯になり、何でも集めるわけにはいかなかった。

　チョウにはあまり興味はなかったが、ギフチョウは美しく、春早く出るチョウでもあり、丹後にも産するのかと気になっていた。カタクリの咲く頃、裏山を探してみたが、得られたのは後にも先にもただ1匹のみであった。食草のカンアオイが少ないからかも知れない。結局、ハチの採集に集中することにした。

ミツバチの巣

　昆虫の中でもハチの仲間は特に好きで、ハチの巣を探して歩いた。稲掛けに使われていた太いモウソウチクの筒には野生ミツバチが巣を作っていた。こわごわと細い棒を突っ込んでみると、甘い匂いがして、棒の先に蜜が付いて来た。筒の中でハチがビービーと騒ぎ出したので退散した。

スズメバチに刺される

　山の墓参りに行った時、墓石の納骨室の隙間からスズメバチが出入りしていた。この時はすぐに退散した。

　痛い思い出もある。虫捕りの最中、山の墓のそばにある池の土手穴にスズメバチが巣を作り、出入りしているのを認めた。巣穴から出て来たハチは真っすぐどこかに飛んで行く。帰って来たハチも巣の中に吸い込まれて行く。興味深く思って、そばのコナラの木に手を掛けて、そっとのぞいた。しばらくすると、数匹のハチが私の周りを飛び回り、中には飛びながら大腮(たいさい＝大あご)*をカチカチ鳴らすのもいた。これは危ないと思って立ち退こうとした瞬間、額がバシッと鳴って痛みが走った。間もなくおでこは膨らみ、頭の後ろも腫れてきた。虫を捕る戦意もなくなって、急いで家に帰ってアンモニアを傷口に付けたが、全く効果はなかった。そのうち腕も膨らんできた。幸い症状はそこまでで、医者に行くこともなく済んだ。冬になってその後の巣を見に行った。巣穴は

＊大腮／顔を正面から見た時、中央の鼻のように見える頭楯(とうじゅん)の下にあり、頑丈で、巣材をかじり取ったりエサを狩ったりする。カチカチと威嚇音を発した直後には襲って来るので危険。2度目に刺された場合には、たとえ前回大事に至らなくても短時間でアナフィラキシーショックを起こす可能性が高く、場合によっては死に至ることもあるので非常に危険である。

あったが、巣はなにかによって壊されていた。

　スズメバチ類にはもう一つ、思い出がある。山の水源池の土手でクロスズメバチの巣を見つけた。今度は刺されないようにと思い、冬になってから巣を採集することにした。さて、ハチの出入りがなくなった冬の初め、巣穴を暴いて見ると、巣の中から多数のハチが出て来た。なんと新女王たちは外に出ないで、巣の中でも越冬するのか、それともこれから外に出るのかと思った。

　ハチの毒について、より詳しく分かったのは近年のことで、間違った治療をしていたことが判明した。ミツバチの毒は酸性で、アンモニアがよいとか、スズメバチの毒はアルカリ性で酢がよいといっていたが、現在は否定されている。アナフィラキシーショックもあるから、病院に行った方がよい。

ベッコウバチ

　ハチに刺されて最も痛かったのはベッコウバチであった。ある日、ハシリグモを狩って引きずっているのを動かずに見ていたら、足頸(あしくび)に上って来た。「いけない」と思って、払った時に刺されてしまった。この時の痛さは、スズメバチ以上に感じられた。しかし、腫れは小さかった。

アシナガバチ

　ハチの中でもアシナガバチは我が家の周辺でふつうに見られ、巣作りの様子はよく見かけた。材料集めには、雨ざらしになって毛羽立った材木の表面からかじり取っていた。そこで、家の雨戸を解放し、寝転がっているとアシナガバチが入って来る。そしてすぐ障子に止まり、盛んに紙をかじり取る。口を付けている紙の部分が濡れているからよく分かる。ある量をかじり取ると、団子にして抱えて飛び去る。人の作った障子紙は紙そのものだから、恰好の巣の材料になるのだろう。また、アシナガバチの巣は種類によって特徴がある。丹後でよく見かけたのは、マユが黄色いキボシアシナガバチ、巣の柄が片方にずれているコアシナガバチ、やや大きい巣のキアシナガバチやセグロアシナガバチなどであった。

ライポン*

　後に東京に来て、世田谷から中野に住居を変えた時、付近の子どもたちが屋敷のツゲの木の小さな白い花に来ているマルハナバチの黄色い雄(ライポン)

---

*ライポン／ハチの毒針は♀の産卵管が変化したもので、雄は針を持たない。コマルハナバチはミツバチよりも少し大きく丸みをおびていて毛深い。雌は黒く、雄はもこもことした毛が黄色い。ライポンという呼び名は昭和40〜50年前後、東京の城南地区の一部地域で使われていたらしい。他のマルハナバチには黄色い雌がいるので、黄色いハチに不用意にさわると刺される。

を捕まえて、糸を結んで飛ばして遊んでいるのを見た。

　よく刺さないことを知っているなあと感心して子どもたちに聞いたら、「ライポンは刺さないよ」と言っていた。また、別の子は「きいばち」と呼んでいた。

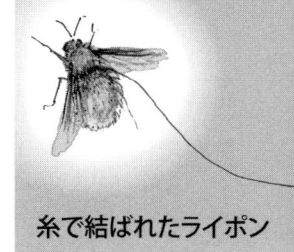

糸で結ばれたライポン

寄生蜂

　ハチの中でも寄生蜂は美しくて好きだった。特にコバチ類は金属光沢があり、緑や青に輝くものが多く、ひかれた。寄生者には美しい種があって、人気の高いものもいる。

　イラガイツバセイボウ(刺蛾五歯青蜂)というハチは、尾端に5つの突起がある青緑色の美しいハチであるが数は少ない。イラガのマユから出て来る寄生蜂だから、冬の間にイラガのマユをたくさん集めておいた。セイボウが出て来るだろうと思ったが、寄生率はあまり高くはなかった。

　秋の頃、水源地に行く途中の水路際にはツリフネソウが咲く。その花にはきれいなルリモンハナバチというヤドリバチ*がやって来る。これを採集するのも楽しみであった。

心配な成績

　さて、高校受験が近づく頃、虫に熱中している私を親は心配して、中学の先生をよく知っている叔父に聞いてもらっていたようだ。すると、担任の荒田先生は「ウーン、高家君かー」と言って困っていたらしい。この「ウーン」という嘆きは私も親から聞いたことがある。算数が苦手だったのだ。小学生の頃、叔父が算数の勉強を見てくれていた。ある時、手の指で数えていて、指の数が足りない。炬燵の中で何かゴソゴソしているから、叔父が中をのぞいたら「足の指も足して数えていた」という。しかし、どうやら中学を終えて高校に入れた。

清水先生とトラの巻

　高校は隣町の峰山高校に入った。自転車で40分ほどの距離である。野球の野村元監督の母校だ。担任の清水義一先生からは後に、野村選手のことを書いた著書もいただいた。1967年清水義一著『ホームラン350本―ある高校教師の記録』。先生は野村選手をプロの世界に導かれた先生だ。私たちの英語の担当であった。英語のあまり好きではない私はトラ**(自習書のこと、イモと

＊ヤドリバチ／寄生蜂。卵～幼虫期その他、寄生生活をする時期を持つハチの総称。
＊＊トラ／虎の巻。兵法書など、門外不出の秘伝が書かれている書の意味を転じて、教科書などの解説書のことを指し、東京ではアンチョコと呼んだ。意味は安直なのか、あんことチョコレートで甘い学び方なのかは定かではない。現在は教科書ガイドと呼ばれている。

もいう）を買って教科書のそばに置いていたが、先生はすでに気が付いておられ、英文和訳を指されたとき躊躇していたら「トラの訳を読んでごらん」と言われたものだ。アー恥ずかしい思い出だった。近年、TVで野村監督の番組があった時、清水先生の写真が映されて、また鮮やかに思い出された。

ダイモンジソウ

高校でも生物部に入ってハチ集めをした。生物部の顧問は植物好きの山崎俊彦先生で、部員と一緒に舞鶴の青葉山や滋賀の伊吹山などに連れて行ってもらった。青葉山の山頂の岩場に生えるユキノシタによく似た花がダイモンジソウであることは、その時教えていただいた。しかし、私は自宅の庭に生えているユキノシタとの区別点がよく分からなかった。

ダイモンジソウの花の一つ

ヒメボタル

伊吹山*はそれほど高い山ではないようだが、山頂は高い木が少なく、高山植物の花々が咲き乱れていて、とても美しかった。先生は盛んに植物の写真を撮りながら、私たち生徒に高山植物のことを教えてくださった。私は高山性のチョウやハチなどを捕った。夜、ロープウェイを照らす明るい水銀灯にはオオミズアオなども多数集まっていて、よく目立った。ヒメボタルの光があちこちの草陰に見られた。今、昆虫園にある標本はその時のものだ。宿となった山小屋ではナスの入った味噌汁が美味かった。

秋の展覧会にはハチの採集品の標本箱数個を作り展示出来た。

その内のいくつかは学校に残して来た。

ヒメボタル♂

オオミズアオ♂

クロイワマイマイの地方型 イブキクロイワマイマイ

＊伊吹山／標高1,377m。日本百名山、新・花の百名山、および関西百名山などに選定された、滋賀県と岐阜県の県境にある伊吹山地の主峰である。伊吹山頂草原植物群落は、植物天然記念物に指定され、山麓から山頂にかけてさまざまな野草の群生地があることで知られ、陸産貝類の宝庫としても有名。

II.

大学生時代
1959〜1969
昭和34〜44年

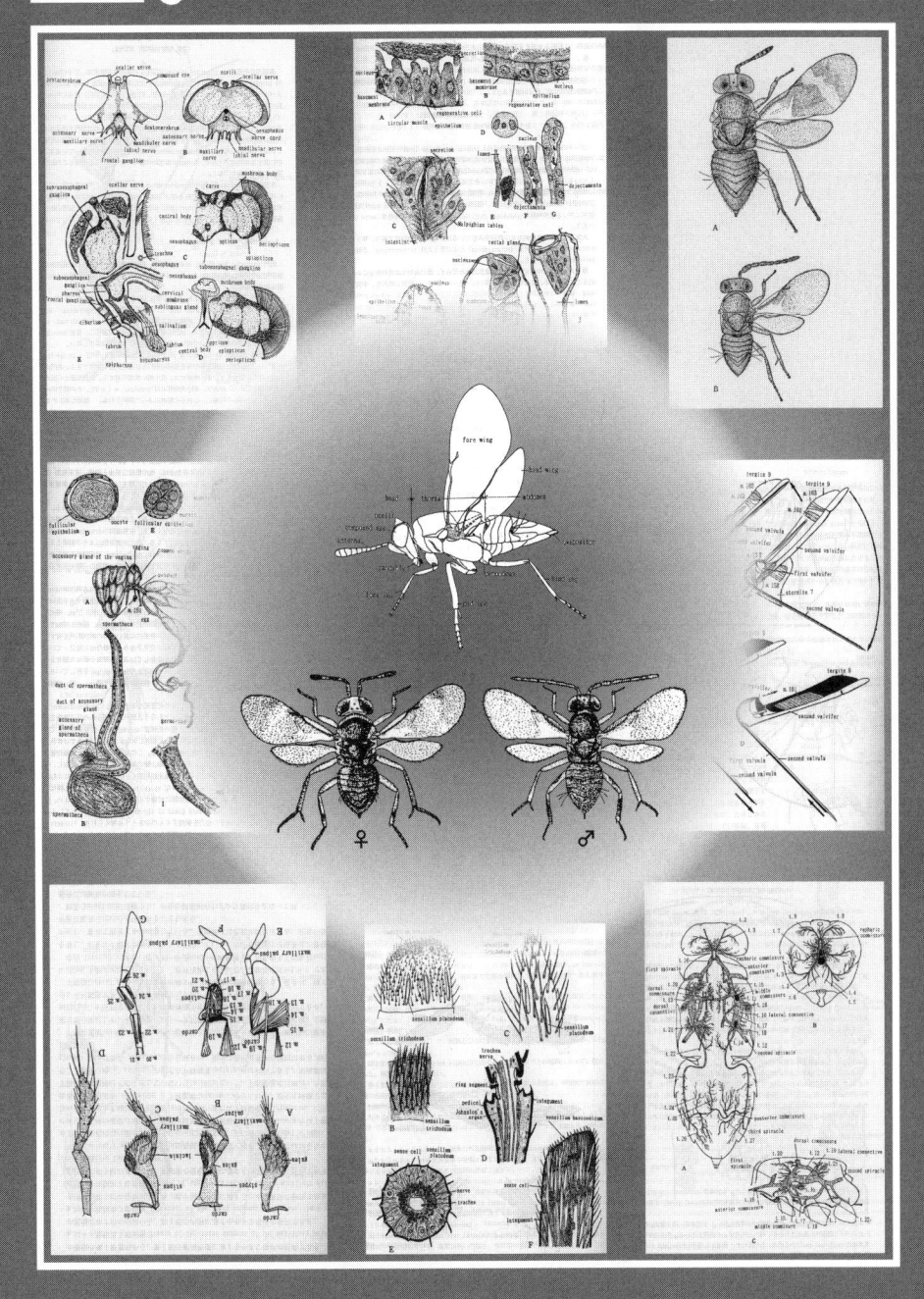

II. 大学生時代

　高校卒業後の進路では、虫の研究の出来そうな大学を探していた。当時、毎月購読していた雑誌『新昆虫』も参考にした。受験には試験科目の少ない近畿大学と東京農業大学を選んだ。農大の面接の試験官はコガネムシが専門の澤田玄正教授であったことは入学後に分かった。高校での活動を聞かれ、ハチのことを話した。そのためか、甘い点をいただいて合格することが出来たのだろう。前後して、近大も合格しているのを知ったが、農大に決めた後だった。近大の昆虫学の教授を後で調べて見ると、昆虫の文献で知っていた一色周知先生であった。

　丹後での生活は18歳までで、東京に来てから郷にはたまに帰るだけとなってしまった。こちらに住むにあたり下宿＊を探していたが、ちょうど同郷の方がこの近くにおられ、世田谷の農大近くの下宿を紹介していただき、3畳一間をお借りした。そして結局、就職し結婚するまで、12年間もお世話になってしまった。ある時、本を買いすぎて3畳一間に詰めすぎ、床が抜けてしまった。あわてて空いていた4畳半の部屋に移らせていただいた。大変迷惑をかけてしまった。

1. 木造の昆虫研究室と澤田先生

　農大の当時の昆虫研究室は、木造の校舎であった。1年の時から入室出来、私も希望して入室した。研究室は基礎的な昆虫学を学べるところが好きだった。ゼミではイムズの昆虫学、一般教科書を順番に読み、翻訳することが主であった。

　同室にはセミの研究者、加藤正世博士のお嬢さんの園子さんが1学年上におられた。美しく、静かでにこやかな笑顔のお嬢さんであった。園子さんは絵もお上手で、博士の論文のセミの絵はお嬢さんが描かれたものであるそうだ。加藤博士亡き後、セミ類の標本を守られていたと聞く。近年その標本が、「東大博物館に寄贈された」とのことで、展示会を見に行った。著作文献で見覚えのある標本の、実物のいくつかを実際に見ることが出来た。

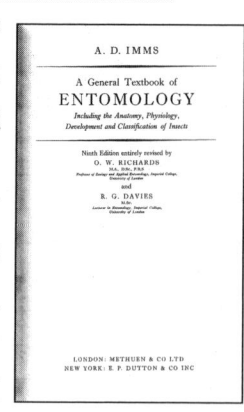

イムズの教科書

＊下宿／この時代は、高校や大学に隣接する一角の民家の一部に、親元を離れた学生が、食事の提供を受けて一人暮らしをしていた。料金は部屋代に朝食・夕食の食事代が加算される場合がほとんどで、下宿営業は旅館業法に規定する宿泊施設と定義されている。日常用語としては、親元を離れた学生がアパートやマンションなどで生活することをさす場合が多い。

澤田教授はコガネムシの幼虫分類学で学位を取られた方である。昆虫学の授業は自ら著されたプリント製版の冊子「昆虫学」を使われた。形態学・分類学などの基礎的な内容で愛用した。私は結局この方面の研究を進めることにした。先生には学会誌の『昆虫』『応用昆虫』『昆虫界』『昆虫世界』などの蔵書を見せていただき、必要な個所を片端から手書きで写させていただいた。当時、コピー機*などはまだ十分に普及していなかったのだ。外国の論文などはゾーロジカル・レコードやバイオロジカル・レコードなどから原著論文を探し、図書館で外国雑誌総合目録から、所蔵している全国の大学に複写依頼した。昆虫の文献がよくそろっているのは九州大学と北海道大学のようであった。送られて来たのはマイクロフィルムで、これを暗室で印画紙に焼き付けて定着した。コピー機なる便利なものが出て来たのはずっと後であった。

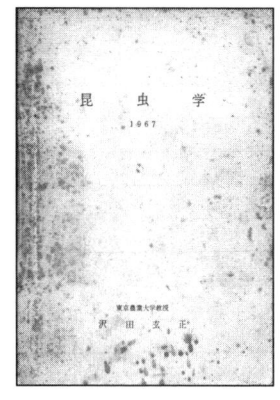

澤田先生の昆虫学の教科書

新入生歓迎採集会

　昆虫研究室では毎年、新入生のために少し遠出をして採集会を開く。霧ヶ峰、大菩薩峠などに行った時、美しい高山植物の間をイチモンジセセリが集団移動しているのが認められ感激した。飛んでいる甲虫を何げなく採集したら、ルリクワガタであった。クワガタが昼間でも飛ぶことを、その時知った。

イチモンジセセリは集団を作って移動し、海を渡ることもある

新研究棟へ移る

　大学は後に鉄筋4階建ての合同の研究棟が落成し、昆虫研究室もそちらに移った。

　後閑暢夫助教授からは昆虫の組織・生理と、顕微鏡用の切片制作法を習得した。渡辺泰明助手はハネカクシの分類をされていたが、残念ながら、甲虫の分類には興味がわかなかった。同級生の立川君はカメムシの分類や生態の研究をしていた。何学年か下にはミミズを研究している石塚小太郎君がいた。もうずいぶん久しく会っていないが、近年、石塚君のミミズの学位論文らしき大著を本屋で発見して、「オッやってたんだな」と思って嬉しくなった。

＊コピー機／原稿、本の一部などの複製をとる複写機のことで、1779年に発明された。世界初の小型事務用湿式ジアゾ複写機は、1951(昭和26)年ドイツで、事務用普通紙複写機はアメリカで1959(昭和34)年に発明された。日本に普及するのは、東京オリンピック以後の1960年代後半くらいからである。その後1973(昭和48)年にアメリカで、カラーコピーが発明された。

勝屋志郎先生

　私も研究材料を探していたが、ハチからは興味が離れず、やはりハチの中でも興味深いコバチを選んだ。コバチの研究では農大の先輩で高校の教師をされていた勝屋志郎先生と懇意になった。先生は日本のコバチのリストなどを手がけておられ、コバチの大家の石井悌先生のこともよくご存知で、逸話などを話していただいた。よく家に呼ばれ、夕飯までいただいた。

　後に先生は病気で亡くなられたが、知人たちが集まって追悼集『虫の先生』が刊行された。

岡田一次先生・立川哲三郎先生・安松京三先生

　その頃、動物学雑誌にガガンボの平均根について書かれていた岡田一次先生の論文を見て、その小さい標本をどのように解剖され、神経を染色されたのか興味を持った。勝屋先生にそのことを話すと、玉川大におられた岡田先生をご存知であり、一緒に大学の研究室へ連れて行ってくださり、紹介していただいた。

　岡田先生にはふつうの神経染色法を教えていただいたが、最後に「ムチャクチャをやって御覧なさい」と言われた。つまり、「いろいろな試みをしなさい」という意味だ。この時の話は今も役立っている。

　他にも論文を書くにあたって、コバチの大家である愛媛大学の立川哲三郎先生、九州大学の安松京三先生にもコバチの同定[*]・学名などの質問の手紙を出して、親切なお返事をいただいた。

ミツバチ同好会

　この頃、農大では同じ研究室で後輩の大屋敷君たちを中心にミツバチの好きな仲間が集まって、ミツバチ同好会を作り、実際にミツバチも飼っていた。私も仲間に入れてもらって、飼育管理の仕方の一通りを教わった。

　分封をした時に収める方法、スズメバチの防ぎ方、冬越しのさせ方、巣板の作り方から人工王台を取り付けて、貯められたローヤルゼリーを採取する方法、ローヤルゼリーの味見などもさせてもらった。しかし、これはあまり美味しいものではなかった。このような経験が、後に昆虫園に就職してから大変役に立つこととなった。

---

[*]同定／生物学において、その種名を明らかにする作業。生物個体を既存の分類体系に位置付ける正確な同定は必須。同定が間違い、与えられた名前が不正確であれば、研究成果の価値と信頼性は低下する。生物の名前を知ったうえで観察を行うのは科学教育の基本である。

文献集め

　学部ではホソナガコバチ類の分類を学んだが、分類には世界中の標本を確かめなければならず、私の能力では本格的には出来ないと思いあきらめた。しかし解剖学なら詳しく出来ると思い、この分野の文献を集め始めた。

　世界の古本屋*の古書目録からも必要な文献を集めた。アメリカのヘンリー・トリップ、イギリスのクラッシー(後のブックス・フォア ナチュラリスト)、アッシャーなどだ。オランダのユンク(後のシーレンベルグ)は近年まで分厚い古書目録を送ってくれていた。ベルギーの本屋(名は忘れた)にも文献を頼んだ。

　今ではインターネットで簡単に注文出来るが、当時は郵便で購入依頼するから、文献が日本に届くまでに1カ月以上かかった。届いた欧米の本には、きれいに着色された石盤画や緻密に描かれた昆虫解剖図が載っていて、美しく思った。中でもリオネ、ジャネ、スノッドグラス、ウエーバー、ベルレーゼなどの本に描かれた線画には舌を巻いた。私もこれに続こうと思ったが、とても及ばない。

スノッドグラスの絵**

　ずっと後になって、クラッシーの店主本人がトンボの研究者、朝比奈先生と一緒に多摩動物公園にも来られてびっくりした。私は昆虫館内の裏方を案内した。朝比奈先生は、私を「あなたのカストマー(顧客)だ」とクラッシー氏に紹介してくださった。彼はにっこり笑って握手した。彼はいろいろなことに興味を示したと朝比奈先生から聞いた。なかなか好々爺だと思った。

古本屋通い

　本郷の考古堂や井上書店、金子書店、神田の鳥海書房などの自然科学専門書店にもしばしば通って、店主や店員らと馴染みになった。各地で学会が開催された時は、地元の古本屋をのぞいた。北海道の南陽堂に寄った時は昆虫の古書が多くて面白かった。

　本郷の考古堂では別刷りや雑誌が山のように積まれていて、その中を探す時はわくわくした。中でも石井悌、中川久知、江崎悌三、岡本半次郎、岸田久吉、神谷一男などの著名な方々の蔵書印や著作の本や冊子、別刷りなども出て来て嬉しかった。欲しい本があっても値付けがなく交渉次第の時は、よく足

*古本屋／古物商の一形態で、古書を取り扱う書店、古書店とも呼ぶ。主人の鑑識眼に基づいて、特定のテーマに沿って古書がそろえられている。主人の美意識や価値観によって価格が付けられ、価値があるとされると定価の何倍にもなることもある。
**スノッドグラスの絵／『ミツバチの解剖学』は、繰り返し手に取り眺めた本。

元を見られたものだ。近くの金子書店でも、鏑木、岡本などの蔵書印*のある内外の多数の論文別刷りを見つけた。中でもドイツの動物学雑誌の別刷りには興味深いものが多かったが、高くて半分も買えなかった。

　考古堂書店と金子書店は主人が亡くなられた後は、残念なことに、共に閉店になってしまった。あの別刷りの山はどこに行ったのだろう。

四天王に会う

　古書店街では蔵書の四天王と呼ばれる著名な先生方ともはち合わせをした。農業環境技術研究所の長谷川仁先生、昆虫学の小西正泰先生、ハムシの研究や広範囲の文献目録で有名な東洋大学の大野正男教授(後に私は東洋大で非常勤講師をさせていただいた)、そして、後輩の田中誠君とも出会ったが、欲しい分野が違うので、本を巡って競争になるようなことはなかった。

　九州大学のチョウの文献蒐集で有名な白水隆教授は、私が『インセクタリウム』に書いたやさしい昆虫実験の記事について「実際に行ってやさしく書くのは大変だ。高校生が読んでくれるといいね」と編集部に言っておられたそうで嬉しく思った。

　文献目録では神戸植物防疫所大阪支所から出された平野伊一氏のリスト、農業環境技術研究所の三橋ノートが有名だが、近年の論文では大野教授編纂の『動物の種類別文献目録』も参考になる。この役割は、今ではインターネットに変わろうとしているが、それは可能かな。

高木五六先生・神谷一男先生

　高木五六先生の名は古書で知っていたが、農大で農場長をしておられることを後で知ってびっくりした。世田谷用賀の農場実習の時、麦藁帽子を被り、長靴を履いて畑から戻って来られるところを、チラとお見かけしただけで、言葉を交わすこともなかったのは残念であった。

　神谷一男先生は昔、農大におられたようだ。図書館の蔵書にその痕跡が見られた。先生の蔵書が研究室の人に向けて売られると聞いた時、いくつかの蔵書を買うことが出来た。

上田恭一郎君

　九州で活躍している上田恭一郎君の勤務先、北九州市立自然史・歴史博

---

*蔵書印／本の最初か最後のページに捺す。本や書画に所有・所蔵を宣言するために捺す印、およびその印影のこと。中国に発祥し、日本でもさまざまな形態に発展、古くは寺社、大名や藩校による文庫、図書館、個人の蔵書家などが捺し、現代に至っている。

物館を見学させてもらったことがある。彼のあらゆる分野にまたがる標本や古文献の蒐集力には舌を巻いた。収蔵場所がなくなると、使われていない公共施設にも置かせてもらっているとのことであった。

農大図書館

　農大の図書館には古い農業書が充実し、古い手書きの卒業論文も残されていた。モンシロチョウの幼虫の生殖線による雌雄差の論文などは興味を持った。また農大には、アリの研究者寺西暢氏、クモの研究者中辻耕次氏などもおられたようだ。クモの研究をしていた後輩の大河内君を誘って、図書館の倉庫に入った時、中辻氏のサインのあるクモの原図[*]なども見つけた。彼は、中辻氏はクモ学では有名な人だと教えてくれた。後にクモ学会が中辻氏の情報を集めていた時、この原図の存在を学会編集部に知らせることが出来た。

トビコバチの生態研究

　さて、研究材料の昆虫を探し求めて歩いていたら、大学の近くの馬事公苑にもクヌギやコナラの木があり虫瘤も付いていて、タマバチやその寄生蜂も得られた。こんな都会でも野山に棲む昆虫が残っていたのだ。タマバチの寄生蜂は青緑色の光沢があり、雌は長い産卵管を持っていて美しい。

　下草の中をスイーピング(乱捕り)するとよく入り、夢中になって集めた。

　すぐそばにある世田谷用賀の農大の実習用の畑の周りにはマサキなども植えてあり、カイガラムシのカメノコロウムシ[**]がたくさん付いていた。カイガラムシには小さな穴が開いているものがあり、調べてみたら、寄生蜂のカメノコロウヤドリバチの出た穴であった。雌はカイガラムシの肛門の壁から直腸内に卵を産むという面白い習性がある。このハチはトビコバチの仲間で、刺激を与えると、ノミのように跳ねる。この仕組みに興味を持ち、どんな仕組みか調べてみた。すると、跳躍の主な働きをする中脚内部には跳ねるための筋肉は付いていなかった。そこでこれは、

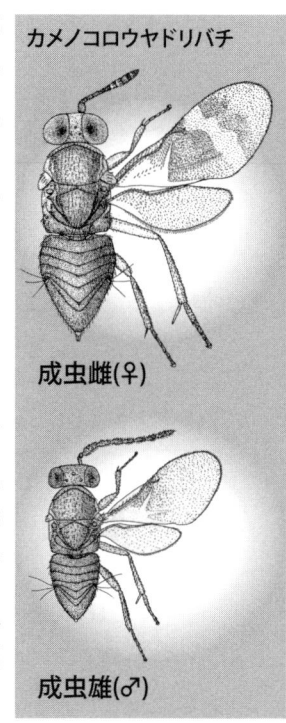

カメノコロウヤドリバチ

成虫雌(♀)

成虫雄(♂)

＊原図／印刷などに使う図面・挿絵、一般的には模写・複製の元になった図や修正する前の図のこと。
＊＊カメノコロウムシ／別名カメノコロウカイガラムシ。本州、四国、九州、奄美大島に分布。雌成虫は楕円形で白色のロウ物質に覆われ、大きさは4〜5mm。表面は六角形亀の甲状。カンキツ類、カキ、クチナシ、ゲッケイジュ、サザンカ、ツバキ、ナワシログミ、ヒマラヤスギ、マサキ、モッコク、モチノキ、ヤツデなどに寄生する。

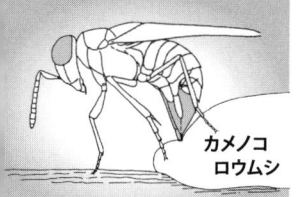

カメノコ
ロウムシ

肛門を探し当てて産卵する
カメノコロウヤドリバチ

寄生した様子
皮膚 肛門板
直腸
卵
体内の幼虫　成虫の脱出孔
糞　外観

じっくり調べる必要があると思い、詳しく解剖してみることにした。幸い、材料もたくさん得られた。

大学院の修士課程では、解剖をしながら、生態の調査もした。

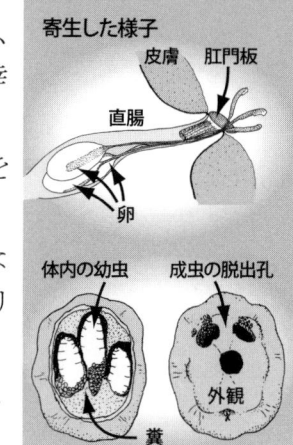

石井悌先生のコバチの論文の解剖図はやや物足りなかった。フランスのジャネのアリの解剖の論文や、イタリアのグランヂの論文付図は役に立った。

荒い結果であるが、これを修士論文としてまとめた。そして、澤田先生には、また甘い点をいただいた。後に、この修士論文を借り出し、『インセクタリウム』に概要を載せた(1974)が、これは一般向けに書き直したものである。

2. 八木教授の講義

この頃、大学院では『昆虫学本論』『温度と生物』をはじめ、いくつかの著名な本を出されていた八木誠政先生も嘱託教授として来られていた。

授業では『昆虫学特論』を講義され、今までの研究結果も紹介してくださった。鱗翅類複眼の研究には大著もあり有名である。なかでもメイガやクスサンのユニークな生理生態学の研究方法の話は面白く思った。すでに学術雑誌に発表された内容であるが、当時のノートから、私が興味を持った先生の研究内容を紹介しよう。

オウトウミバエ* の防除

サクランボはオウトウミバエに食害される。サクランボの中のミバエの幼虫(ウジ)を追い出すのに、先生が発案されたのは超音波を利用することであった。「サクランボを、水を入れた容器に入れ、超音波を当てると幼虫が逃げ出す」というものだ。

ニカメイガ** の光感受反応

稲の害虫、ニカメイガの複眼はどんな光の波長に反応するかについて調べる実験では、ニカメイガの成虫を複眼の向きが1列になるように何匹かの頭を固定し、プリズムで分光した光線を波長に沿って、各個体の複眼に当たる

---

*オウトウミバエ／サクランボの果実に産卵する実蝿(ミバエ)のこと。幼虫はウジ。多くのミバエは果実の組織内部に卵を産み、孵化した幼虫は、周囲の組織を食べて成長する。
**ニカメイガ／イネ科植物の茎に幼虫が入り組織を食べるため、その茎や茎に付いた葉が枯れる。

ようにする。光を当ててすぐに複眼を取り出し、所定の方法で固定して切片を作成して検鏡する。その結果、「どの波長が当たった複眼の色素細胞が移動しているかを調べる」という、ユニークな方法であり、面白く思った。

クスサンはマユの脱出口の方向をどのように決めるのか？

　クスサンという大型のヤママユガはマユを作る時、必ず羽化の際、頭部の向く前方に出口を開けておく習性がある。そこで先生は、この出口を作る習性はどのような機構によるかを調べられた。マユを作っている時天地を逆さにしたり、出口を完成後、逆さにしたりした。その結果、出口は必ず上方*(つまり重力の反対側)に作られることが分かったという。そこで次に、幼虫は天地(すなわち重力)をどこで感ずるのかを予想され、消化管の重みが中枢神経を圧迫するからではないかと考え、肛門から鉄の球を直腸に押し込み、これを磁石で上から引き付けてみたそうだ。すると、上下逆さのマユの出口が作られたというのだ。傑作じゃないか！

　『インセクタリウム』誌に興味深い記事があった。矢後素子さんが「謎のスカシダワラ」と題してクスサンのマユに脱出口が前後にあるものが、多数の中から1個見つかったという記事だ(1994)。これは八木先生の実験から、おそらくマユを形成している最中に、何らかの原因でマユが上下反転してしまった結果ではなかろうかと考えられる。

　かつて朝日新聞が宇宙での実験テーマを募集していたとあったので、私はこの実験があることを投稿したが、採用するには条件のよい材料の確保が無理かなと思っていた。やはり返事はなかった。

マユの網目の大きさはどう決める？

　クスサンのマユはスカシダワラといわれるように、網状のマユを作る。先生はこの網目の大きさがほぼ等しいのは何によって決められるのかを調べられた。おそらく左右の小腮鬚(しょうさいしゅ＝こあごひげ)の間隔であろうと推理され、その切除実験をされた。結果は不規則な網目となった。やはり両方の小腮鬚の接触感覚が重要であったのだ。

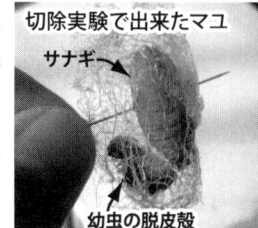

＊出口は必ず上方／羽化をする瞬間に事故にあう確率は非常に高く、出来る限り事故の確率を下げるため、上下方向に営繭し上方に穴があるのであろう。

この実験は簡単で、私も追試してみたが、結果は一目瞭然で、やはり不規則な網目が出来た。この他、加熱、冷凍などの害虫のいろいろな物理的防除法の話にはとても興味を持ったが、物理学の苦手な私には理解出来ない部分も多く、消化不良のままに終わった。

ウォーターマン教授の来校

　この頃、甲殻類の複眼の研究者として知られるウォーターマン教授が八木先生を訪れ、大学院生に特別講義をされることになったので受講した。文献では知っていても、本人に出会えるとは思ってもみなかった。
　教授の講義内容は甲殻類の複眼の研究成果で、スライドを見せながら英語で解説された。これは八木先生の昆虫の複眼による研究に相通じ、ほんの少し理解出来た。
　ミジンコ、十脚類、枝角類等の材料で研究されていた。偏光を感受し定位することを、電気生理学的研究、電子顕微鏡的研究などの成果をもとに、黒板に複眼の断面の絵を描き、スライドを投影して解説された。
　その生理は昆虫とよく似ているように思えた。実際は複眼で見た像を脳で処理しているわけだから、本当のところは、私にはよく分からない。

院生たち

　昆虫学研究室にいた院生たちは、それぞれテーマを持っていたが、狭い部屋なので、研究室内に材料を持ち込んで、実物で研究する人は少なく、話を聞くくらいであった。しかし私にとっては刺激的な興味深いものもあった。
　奥井一満先輩はカイコの集合行動の研究で学位を取られた。
　留学生のH. エンポー君は、カイコの活動習性などを研究していて、「糞はいつ排泄するかを調べるんだ」と言って、糞粒を時間ごとに自動的に集めるための装置を考え、目ざまし時計を改造し、短針に三角形の台を立て、上端に樋を作っていた。これは面白いので、ずっと後に動物園で昆虫の実験展示をした時にまねをして作ってみた。材料の昆虫はクチナシの葉を食べるオオスカシバの幼虫などを使った。しかし、動きが少なく、展示効果はあまりなかった。
　一つ下の学年の菜川君はアザミウマの分類をやっていて、タイプ標本の入ったスライドグラスを外国から取り寄せていた。アザミウマ研究の第一人者、黒沢

三樹男先生の博士論文も見せてもらった。

　後輩の山岡君はカイコの神経生理を研究していたようで、投稿論文なども見せてもらったが、専門外で私には残念ながら不消化であった。彼は後に東洋大学の教授になられた。私は動物園を退職してから、彼に非常勤講師として拾ってもらった。

　後輩の大谷君は北大に移って、坂上先生のもとで利口虫の研究をして学位を取ったそうだ。利口虫とはハチやアリのことだと言い、働かないミツバチの話は面白かった。ミツバチは巣内の全部のハチが働き者ではないらしい。一定数の怠け者がいて、怠けることも仕事だという。

　彼とは後に又、動物園で再会することになる。彼の昆虫の生態観察法は面白い。「個体をどこまでも追跡して行く」というものだ。

　鈴木君はハムシ類を、岡島君はアザミウマの分類を研究していた。他にも昆虫研究室にはガや甲虫を研究する多くの仲間がいたが、詳しい研究内容は覚えていない。

3. トビコバチの解剖学

カメノコロウヤドリバチの形態学的研究

　私の研究は、博士課程でも修士課程に引き続き、カメノコロウヤドリバチの解剖学をさらに詳しく行うことにした。体長が2mmほどで小さく、解剖する度に苦労した。解剖にはロウ*を敷いたスライドグラスの上に、熱した針ですじをつけ、そのすじの中にハチの体を入れ、熱した針でロウを溶かし、翅を固定して、グリセリンか水を1滴落とし、その中で解剖する。安全カミソリの刃を折ってマッチ棒に付けてメスとし、微針もマッチ棒に付けて支えの針とし、この道具をたくさん用意して、実体顕微鏡下で解剖した。

　ハチは小さくても皮膚は硬く、自作のメスは使っている内に鈍くなる。そこで、度々交換しながら解剖していった。

　顕微鏡には方眼マイクロメーターを付け、求めている場面に出会うと、方眼紙の上に

スライドグラスにロウを塗って
カメノコロウヤドリバチを固定する

解剖用具の工夫**

カミソリの刃を折って付ける

マッチ棒

微針(微細昆虫用の針)を付ける

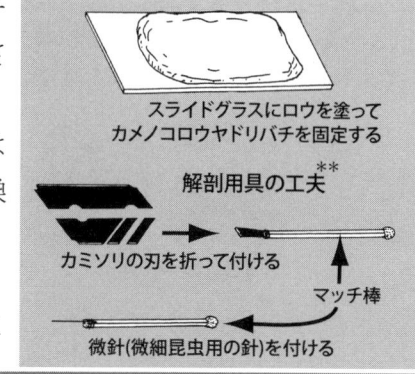

*ロウ／ロウソクを溶かして使う。
**解剖用具の工夫／顕微鏡作業で重要なことは、研究するものに合わせて、検体をどう見るかである。そしてその見方をするための道具を考案することでもある。

拡大して、これを絵に描いた。

　組織の切片制作や染色法については後閑助教授に教わった。先生は複眼の構造・生理に詳しかったが、私はこの方面の研究を深く進めず、せっかくよい先生がそばにおられても、教えを請わなかったのが心残りであった。

　研究室では共用の顕微鏡を長く独占出来ないので、自分の顕微鏡を買うことにした。東大前の浜野顕微鏡店では、中古でオリンパス単眼鏡台に、ツァイス製の双眼が付けてあるものを安く買った。ある医者が使っていたものだそうだ。渋谷の志賀昆虫からはニッケンの安い実体顕微鏡が手に入った。以後、これらの顕微鏡のお世話になった。

自室に備えた顕微鏡と実態顕微鏡

　コバチは小さいとはいえ、その構造物は細部までしっかりと作られていることに驚いた。跳ねる仕組みは思ったとおり、三段階の梃子(テコ)の原理で説明出来る、巧妙な仕組みになっている。

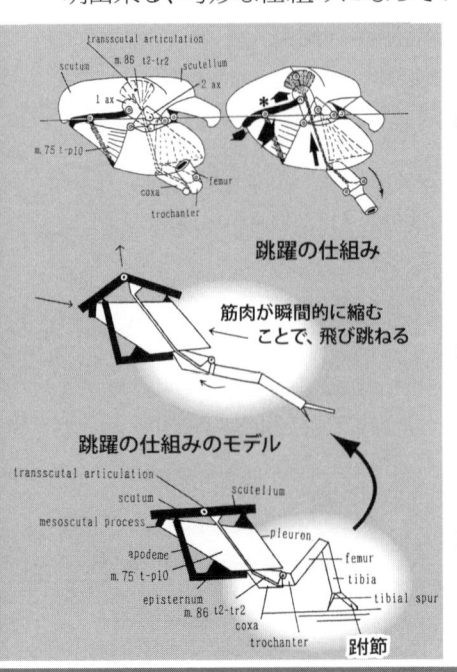

跳躍の仕組み

筋肉が瞬間的に縮むことで、飛び跳ねる

跳躍の仕組みのモデル

　中脚は前後の脚より長く、跳躍脚となっていることを示している。蹴爪(けづめ)*の役目をする脛節(すねの節)の距刺**も長く、跗節(ふせつ)腹面にある突起も他の脚より太く、しっかりしている。

　問題は跳ねる筋肉である。これは脚の中にはない。大きな跳躍筋は中胸内部の側板が形成している袋内にあった。この筋肉は前背方に向かい、先端の腱の部分ではゴム様蛋白質の塊を作り、背板に接着していた。この筋肉が収縮すると、骨格系の構造の上から、背が盛り上がる。このため背板から脚の転節に達する腱が引っ張られ、腿節が下方に回転し、脛節が地面を叩き、

＊蹴爪／脚の後ろ側にある角質の突起。
＊＊距刺／距刺は角質化した非常に硬いトゲ。剛毛のように触覚を感受する機能はない。

跳ねることが出来るということまでは解剖学的に分かった。

さて、跳ねるためには瞬間的な筋肉の収縮が必要である。つまり、筋肉に力を蓄えておいて一気に解き放つ、留め金とそれを外す機構が必要なのである。この仕組みは繊細であろうから、まだ私には分からない。すでに知られているように、おそらく、跳躍筋の先にあるゴム様物質がエネルギーを貯めているに違いないだろう。そして、前翅の根元にある第一腋節片の背部が奇妙に丸く大きく発達しているから、重要な役割をしているであろうと思われる。そこで、考えられる機構を発表しておいた(1974)。[*]

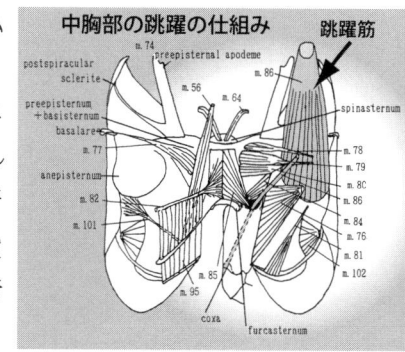

トビコバチ類では大きく発達した跳躍筋があるが、他のコバチではどんな具合か調べてみた。コガネコバチ、ホソナガコバチ、ナガコバチ、タマゴヤドリコバチ、ヒメコバチなどの胸部を解剖して比べてみた。

トビコバチで跳躍筋として発達している筋肉は、マツダ(1970)の胸部解剖学の論文、t—p10という筋肉にあたるようだ(tとは背板、pとは側板のこと。つまり背板と側板を結び付ける筋肉)。

この筋肉の発達しない仲間は、単に背板と側板を結び付けているだけのように見える。ヒメコバチではかなり大きいが、力強い跳躍はしないようだ。

ナガコバチでは、雌はトビコバチと同じように跳躍筋も発達し跳躍出来るが、雄では跳躍筋は全く発達せず、跳躍もしない。むしろコガネコバチに似ている。雌雄で全く胸部の機構が異なる構造なのだ。遺伝子のちょっとした働きの違いは、かくも異なった構造に作り上げてしまうのだ。研究の大要は動物学会で口頭発表しておいた(1974)。

ナガコバチの雌は刺激を与えると、跳ねた後ショックを受けて硬直してしまう性質があるという興味深いことに気が付いた。

コバチの体の形態学的解釈にはスノッドグラスの他に、フェリスの論文、R.マツダ(松田隆一)の頭部・胸部・腹部の形態学の三大著が役に立った。

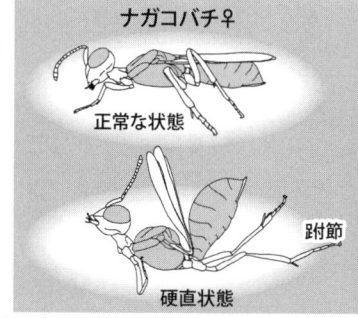

---

*(1974)／日本昆虫学会大会第34回・盛岡、講演要旨。「トビコバチ及び近縁のコバチの跳躍のためのクリック・メカニズム」。

このことを含め、体全体の構造と機構をまとめて学位論文とした。そしてまたまた甘い点をいただいた。当時は印刷の費用がなく、122ページに及ぶ論文『カメノコロウヤドリバチ(膜翅目;トビコバチ科)の形態学的研究』は、1999年に公表した。ハチ類はその腰の細さと針に魅力がある。いわゆるハチ類は大きく広腰亜目と細腰亜目に分けられるが、腰の広い仲間はハバチやキバチの仲間が含まれ、人を刺すような産卵管、すなわち針は持っていない。針のような産卵管を使うようになり、他の昆虫に寄生をするようになってから腰が細くなったのだろう。そう見てくると、細腰亜目類のハチの腰の使い方に興味がわく。

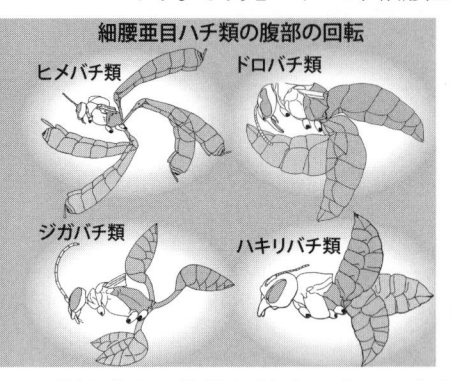

そこで、いくつかのハチの腰の曲がり方(左図)とその骨格と筋肉系を調べてみた。

ヒメバチ類は細長い腹部を曲げて、他の昆虫に卵を産み付ける。つかむと人も刺す。ドロバチ類、ジガバチ類はイモムシなどの獲物を捕獲する時に針を使う。もちろん人も刺す。

ハキリバチ類は切った葉で、壺のような巣を作り、花粉を貯めてそこに産卵する。この仲間は背方にも腹を曲げることが出来るので、気を付けないと刺されることがある。

面白い昆虫の解剖学

形態学や解剖学は古い学問とされるが基本的な学問で、見て分かるところが面白い。昆虫の体は外骨格で分かりやすい。詳しく調べると、同じように見える構造も、ちょっとした骨格や筋肉の接着点の違いで、機構の大きな差が出来る。

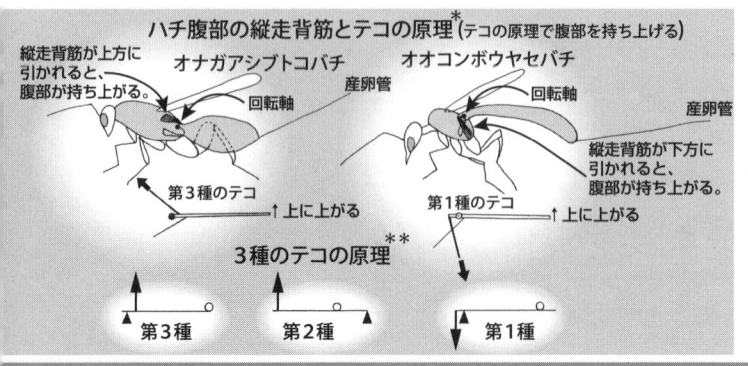

たとえば、ヤセバチは細長い腹部の先端に長い産卵管を持っていて、腹部をやや持ち上げるようにして飛ぶ。

＊テコの原理／小学校では支点・力点・作用点があると教わり、大きな物を少ない力で動かすことが出来る、あるいは小さな運動を大きな運動に変えることが出来る単純機械を指すが、ここでは生物の体の中にテコの原理が働いていることを表している。

＊＊3種のテコの原理／第1種のテコの原理を利用した道具は、くぎ抜き、缶切り、ペンチなど→

腹部を持ち上げる基部の筋肉の配置は、他のハチとどのように異なるのか調べてみたところ、縦走背筋の接着位置や骨格も、わずかに異なることが分かった。しかし、テコの原理でいえば、機構学でいう第1種のテコと、第3種のテコの大きな違いである(左ページ下図参照)。

　骨格のわずかな形態変化、筋肉のほんの少しの移動で、同じ起源の筋肉(これを相同という)でも、全く異なる機構原理に変わり得るのだ。これは昆虫学会で口頭発表をした(1983)。

　私たちの世代が卒業して何年か後、農大の昆虫研究室は世田谷から厚木に移った。ずっと後になって、学位論文を、お世話になった内外の研究者にも送ることが出来たが、その礼状の中ではカメノコロウヤドリバチの標本を所望される学者もおられた。しかし、農大周辺の環境はすでに大きく変わってしまって、もうコバチは捕れなくなり、要望に応えることは出来なかった。

跳ねる虫

　昆虫の跳ねる仕組みは面白く、その後も観察は続けた。ノミハムシやノミバッタなどの昆虫もよく跳ねる。

　これらの昆虫ではどうかと思い調べてみた。ノミハムシの跳ねる機構は後脚腿節の内部にある点が面白い。

　それは陥入骨格のクリック(留め金)機構で跳躍すると思われたので、学会で発表した(1980)時、甲虫専門の森本桂教授から文献の参照不足を指摘されてしまった。すでにモウリック(1929)によって、似たような研究が成されていたのだ。十分に先学者の業績を調べておかなかったので、恥をかくことになった。ただ、モウリックはクリック機構にはふれていない。

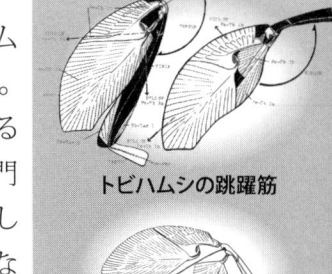

トビハムシの跳躍筋

ノミハムシの跳躍筋

ノミバッタの跳躍緩衝器

　土の露わな荒れ地や畑にふつうに見られるノミバッタも興味深い。小さく黒い体で跳躍力が強くて扱いにくく、周年飼育に成功していない。これはコオロギでも飼うように繊細な気遣いが必要だ。

　強い跳躍力に興味を持ち、その仕組みを調べてみた。基本構造は他のバッ

→第2種は、栓抜き、くるみ割器、穴開けパンチ、空き缶つぶし器など。第3種は、ピンセット、手持ち式のホッチキス、箸、和ばさみなど。

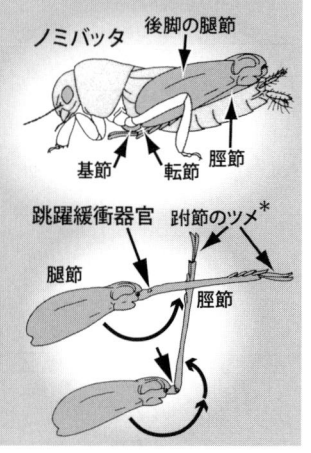

タと変わらないが、体に比べ、後脚が異常に大きい。後脚の跗節は裏面が広く接地するので、水面からでも跳躍出来る。跳躍して、脛節が限界まで回転して、ちぎれそうになっても、余分な力を逃がす仕組みの緩衝装置が他のバッタよりも発達していて、柔軟に働く(1979)。このことに新聞社が興味を持ち、私の書いた記事を載せてくれた。

ヒシバッタの跳躍

もう一つの小さい種、ヒシバッタは草丈の短い所ならどこにでもいて、流れの近くにはハネナガヒシバッタがいる。ヒシバッタ類は水たまりに落ちても平気で泳ぐ。小さくてよく跳ねるので、飼育はなかなか面倒で、これも長期間飼育出来なかった種類だ。エサはコケだといわれるが、常時与えるエサにはどんな種類の植物がよいのか、調べるところまでいかなかった。しかし、卵鞘は得た。長形5mmほどの非常に小さなものだった。幼虫も小さくよく跳ねるので扱いにくい(『どうぶつと動物園』2002)。

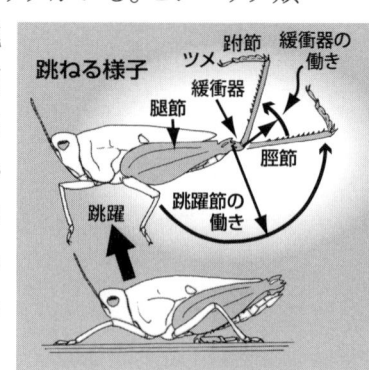

カマキリモドキの捕獲肢

その後も昆虫の特異な器官に興味を持った。カマキリに似たカマキリモドキは太い前脚を持つ。面白そうなので、その筋肉系を調べたところ、捕獲脚の腿節にあたる節内の大きな筋肉が発達していた。

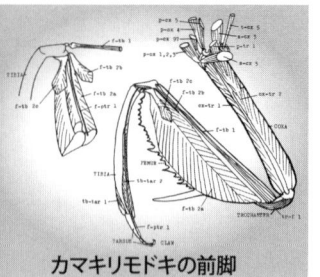

バッタの解剖

大学では、バッタを昆虫の体制の研究によく用いる。これは基本的な構造を持ち、たくさんの材料が得られるからだろう。この方法については雑誌『遺伝』の編集者から依頼され原稿を出した(1991)。

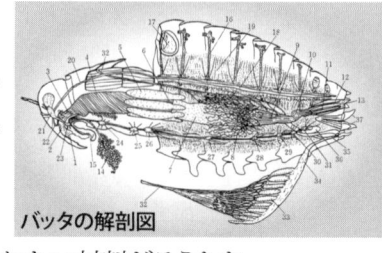

ゴキブリも、よい材料であるが、学生にはあまり好まれない材料だろうなあ。

＊跗節のツメ／長く大きい。ノミバッタは、跳ねるための後脚の作りが特徴的で、腿節はとても大きく、跳躍緩衝器官を持つ脛節に続く跗節の、ツメ以外の他の節は目にとまらない程小さい。

Ⅲ.

動物園に勤める
1969〜
昭和44年〜

III. 動物園に勤める

　大学院を修了する目安が付いて、就職先を探していた。ちょうどその頃、都庁に勤めていた親戚の松本伯父が、「都の多摩動物公園に新しく出来る昆虫園が職員を募集すると聞いたので、都の公務員試験を受けてみないか」と、知らせてくれた。そこで早速、資料を取り寄せて受験することにした。

　その前に、昆虫園とはどんな所か、ちょうど園で催しがあった時、参加して見ておくことにした。当時はバッタの温室、チョウの温室、他の一般昆虫や標本を展示する本館、ホタル飼育施設などで構成されていた。ここなら使ってもらえそうだと思った。

　都の動物飼育関係の募集試験人数は若干名であったが、数十名の希望者がいたようだ。幸い一次試験には合格し、二次試験の面接会場に行った。数名が残り、その中にT大学のY君がいて、「やあ」とお互いに挨拶を交わした。結局残ったのは私を含む数名だけだった。Y君はここに就職を希望されなかったようで、後にT大学の教授になられた。

　ハネカクシを研究しておられた渡辺先生からは、動物園に就職するにあたって「子どもたちの中から、10年、20年後の昆虫学者を育ててくれないか」と頼まれた。

　昆虫園は子どもたちと接する非常によい職場であった。後に設けたふれあいコーナーでは毎日のように子どもたちと虫を前にして話すことが出来た。

　この中から昆虫学者が生まれるとよいのだが。

1. 飼育係の実習

　10月に都に入り、局研修を終えてから多摩動物公園に配属された。浅野園長の頃であった。就職後、各係での顔見せを兼ねた動物飼育実習が面白かったので紹介しよう。

オオサンショウウオ[*]

　当時は小さな水族舎が園のほぼ中央にあって、昆虫係の担当であった。淡水魚の他、珍しい巨大なオオサンショウウオがいて、すぐに実習となった。アジの切り身を口元に寄せると、大きな口でパクリと飲み込むことが、印象に残っている。

＊オオサンショウウオ／日本固有種、別名ハンザキ。愛知県、大分県、兵庫県、広島県、岡山県、岐阜県、島根県、鳥取県、三重県、山口県、四国（人為的移入か？）に分布。全長50〜70cm、まれに100cm位にまで育つ。人工飼育の記録では最大150cmとされている。

宿直

　飼育係も当時はまだ宿直があった。次月の予定を立てる時、他の職員の分も喜んで引き受けた。妻子持ちは泊まりを好まなかったから、多くの人から頼まれて泊まった。これは宿直代を稼ぐためでもあった。しかし、あまり宿直が多いと問題だということで、組合から1カ月の回数が制限されてしまった。

　宿直の仕事は当日の夕方と翌日の朝の2回、各動物舎の動物や舎内の様子を見て回り、温度を計るなどして、宿直日誌に記録することである。動物に異常があれば、担当係員か獣医に電話し、指示を仰ぐ。幸い宿直時に異常はなく済んだ。

扉をガタガタ

　チンパンジーは、新人が舎内に入って来ると、扉をガタガタ鳴らして威嚇した。あまりに激しく鳴らすので、扉が壊れるのではないかと思った。見回りの時、そっと入っても入口の鍵を開ける音がすると、すぐに気付き、扉をゆすり始めるのだった。新人は顔や挙動で分かるようで、なめられっぱなしだった。

ラクダ

　ラクダには奇妙な習性がある。近寄りすぎると、唾を吹きかけるのだ。ラクダはいつ見ても背の瘤が気になった。中を見たいものだと思っていたが、後に死んだ時に見られることになった。

キリン*が鳴く？ ハトを食べる？

　キリンは、はるか上の方に頭があるように感じられた。キリン担当の近藤係員からはキリンに関わる珍しい話を聞いた。キリンも鳴くこと、キリンが肉食をすること、キリンの背に乗ったことなど、私にとってはびっくりすることばかりであった。

　鳴声のテープの音を実際に聞くことが出来たのは、ずっと後であったが、母親の姿を求めていた子どもが鳴いたそうだ。その声は「モーッ」で、牛の鳴き声のように聞こえた。

この後首を曲げさせて、保護枠に納めて輸送する

＊キリン／アフリカ中部以南のサバンナや疎林に生息。ほとんど水を飲まず、エサの植物に含まれる水分のみで生きられ、1日10分〜20分、長くても1時間ほどという短い睡眠時間など、生息地の環境に適応している。アフリカ生まれだが、暖房を使わずに越冬する。

また、キリン舎では「キリンがハトを食べた」という話を聞いて驚いた。
　このようなキリンについての面白い話は他にもあり、東京動物園友の会[*]の会誌『どうぶつと動物園』第17巻2号(以降(17/2)とする)に数多くある。
　近藤さんはキリンの繁殖数では世界一の記録を持つ方で、私がいた1993年当時でも138頭を数えていた。
　後年、キリンが輸送される状況を見た。高さ6mもある長い首をどう扱うのか以前から興味があった。当たり前のことだが、途中の行程も十分に調査して、通り道も問題がないことを確かめて送り出すのだそうだ。

立ち上がるトラ

　トラ舎に入ると、ガバッと立ち上がって檻に前足を掛けて威嚇して来た。この姿は2mを超えようかと思われ、私の背丈よりはるかに大きく感じられ、びっくりだった。

頭の大きいライオン

　ライオン舎では、近くで見るライオンの雄の顔はたてがみで覆われ、一抱えほどもあるのではないかと思われるほど大きく感じられた。
　朝のライオン舎、トラ舎内は猛烈なアンモニア臭がした。ライオンの糞の固形物は1個が250〜700g、1回の量が500〜1400gという。
　ライオン舎のゴミの中には宝物があった。それはたてがみである。私はこれをもらって、きれいに洗い、資料にしておいた。

ゾウ[**]の糞

　ゾウは体が巨大なだけあって、食べる量も出す糞の量も多い。
　アフリカゾウの糞塊は1個が18×20cmほどで重さは2kgもあり、1回に約10〜20kg、1日に約150〜200kgにもなるそうだ。だから、仕事の大半は給餌と掃除になる。体は臭いまみれ。そこで飼育係は皆、入浴してから帰宅する。

ゾウ舎のアマガエル

　ある日の朝、アジアゾウ(インドゾウ)舎を見て回っていた時、突然、舎内でアマガエルが「キャッ・キャッ・キャッ…」と鳴き出し、室内に反響した。朝の間に搬入されたエサの青草に混じっていたのだ。その甲高い音にゾウたちは驚いて部屋の中を右往左往した。私はどうしたものかと見守っていたが、しばらく

---

[*]東京動物園友の会／東京動物園協会内。http://www.tokyo-zoo.net/member/kaishi_f.html
[**]ゾウ／アフリカ象・インド象ともにIUCNレッドリストで絶滅危惧IB類に指定。はるか昔、新生代の第4紀には、オーストラリアと南極大陸以外の全大陸に生息し、日本でもナウマンゾウなどの化石が見つかる。

すると落ち着いてきたので安堵した。大きなゾウがちっぽけなアマガエルの声に驚くことを興味深く思った。ゾウが遠くから来る低周波にも敏感に反応することは、上野動物園の方からも聞いたことがあるが、アマガエルの声に驚くとは。

ゾウの背に乗る

ずっと後に南園の係長になって、北園飼育係という主にアフリカ区域の動物を扱う係の係長が休みで代番をやっていた時、係員の好意でアフリカゾウに乗せてもらったことがある。硬い皮膚にまばらな毛が生えていて痛かったが、よい経験であった。

また、子象が産まれてしばらくたった時、子象の体を動かす必要に迫られた場面があった。しかし、子象とて、押しても引いてもとてもかなわない力であった。

クロトキの不思議な落としもの

多摩動物公園では、1968年に5羽のクロトキの飼育を開始して以来、順調に繁殖し、1983年には30羽近くになった。初めは羽を切って、見守りながら飼育された。クロトキは、昔は日本でもよく見られた鳥なので野生に戻す試みがなされた。巣作りを始め、ヒナ鳥は巣立ち、野外に飛び立った。しかし、近くの多摩川などでエサを食べた後、再び戻って来るようになった。

その時、不思議な吐き戻し物(ペリット*)を残していくことがあった。それを拾って見ると、エサのザリガニのはさみの他、輪ゴムやゴム風船、シリコンの切れ端などが、意外に多く見られたのだ。これは鳥にとっては虫などの食べ物に見えたのだろうか。それほど自然が汚れているのだろうか(『どうぶつと動物園』1989)。

バク舎

実習中の失敗もある。バク舎では、何の気なしに動物舎に入って実習に付こうとした時、バクをびっくりさせたようだ。係員の北さんからは「動物舎に近づく時は足音を立てて、人が近づくことを気付かせながら入るんだよ。そうでないと、そばにいる人に危害を与えることがあるから」と教わった。ゾウと同じ感覚か。

器用なオランウータン

実習時ではないが、オランウータンの器用さに驚いたことがある。新しいオラン

---

*ペリット／小動物の殻、毛や骨などに付いた、ウィルスや細菌に感染することがあるので、不用意にさわらないこと。ペリットを吐き戻すことにより、食道などの消化管を清掃する役割があるともいわれる。

舎が完成し、オランを入舎させた時、たちまち小さなネジをはずしてしまったことだ。「オランが点検してくれた」と皆は思った。この他にも、水の出ているホースをもて遊んだり、人のしぐさをまねる愉快な、またハラハラさせられるような思いもした。近年の動物園ニュース[**]を見ると、雑巾で窓ふきしたり、顔を拭ったりするそうだ。園を離れた後に、久しぶりにオランウータンに会った。あるオランが絵を描いたというのでもらった。それが右の絵である。絵画評論家の子どもの絵についての説によれば「円や曲線が少ないのは未熟なのだ」そうだが？

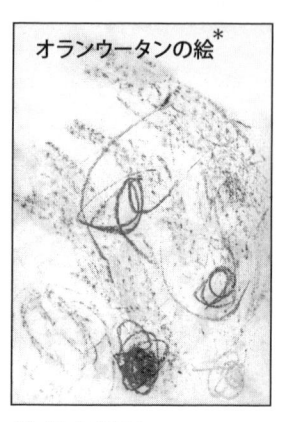

オランウータンの絵[*]

2. 昆虫飼育係に就く

　園の研修を済ませると、やっと本格的に昆虫飼育係の仕事に就いた。

　昆虫園も動物園の中にあるから緑は多い。野生生物もよく見られた。芝生の上にはノウサギやタヌキの糞も見られた。さらに、クジャクも放し飼いにされていて、ニホンザル舎のそばの土手で巣を作り、卵を抱いている番い(つがい)[***]も見られた。ずっと後に園長になられた、獣医の増井光子さんが獣医係長だった頃、園内のクジャクの行動に興味を持っておられた。私がクジャクが巣作りをしていた場所に案内したところ、非常に興味深そうにご覧になって、その後もヒナが孵るまで継続して観察を続けられたようだ。

ノウサギも出没する

　私が就職した頃の昆虫園の飼育係長は矢島稔氏で、建物はケース展示と標本を主とする本館、チョウの温室、バッタの温室、ホタル飼育場であった。

　私は「バッタの飼育」と本館の「話題の虫」のコーナーの展示などを引き継ぎ担当することになった。ただし、担当内容は人事異動のたびに変更となることもあった。

　昆虫園での仕事は、まず顔見せの各担当者との実習を受けた。

　旧本館には暗くて赤い光の照らす夜行獣舎もあり、フクロウ、ロリス、ムササビ、オオコウモリ、モグラ、ヨザル、ハリモグラ、ムツオビアルマジロ、リスザル、

---

[*]オランウータンの絵／日本では飼育する実績が乏しく短命であったオラン。1955年に来日したモリーは飼育下で出産、孫も誕生し世界最高齢の59歳まで生き、晩年にはクレヨンで絵を描いた。
[**]動物園ニュース／東京ズーネットなど、インターネットなどにいろいろ紹介されている。
[***]つがい／夫婦、雌雄、一組。鳥類には、数年や生涯続けてつがいを組むものもある。

ツパイ(キネズミ)などを展示していた。リスザルやツパイなどは太陽光も必要とされ、バッタ舎で飼育されていた。

童謡に出て来るキネズミすなわちツパイなる動物を初めて見た。これは哺乳類の祖先*に近いのだ。これが、ゆりかごをゆするのかと思った。

係内の実習が一通り終わり、担当の昆虫の仕事に専従出来るようになった。その内容を紹介しよう。

バッタの温室

バッタ舎は全面ガラス張りで、日光がよく入る作りになっている。これはバッタが日光を好むからである。しかし、この中で働く者にとって、真夏の作業はやや辛い。飼われているバッタ類は、元は鳥類のエサ用として飼育されたとのことで、ツルのヒナが生まれた時には恰好のエサとされた。エサとしてのバッタは死体でもよく、飼育中に死んだ個体は大切に冷蔵庫に保存され、随時、利用されていた。夜行獣もバッタを好んで食べた。

ここで飼育していたバッタ類は以下のようであるが、私は温室の飼育ケースの上部の空間が空いていたので、ナツアカネを飛ばすことを試みた。また、さまざまな水生生物の飼育も試みた。太陽光の当たる部屋はこれらの昆虫類の飼育に適していたからだ。

トノサマバッタの群集相と孤独相

田舎では珍しくもないバッタである。野外で見る個体は緑色であることが多いが、ここで飼育している個体はすべて褐色であることが奇異に思えた。これは多数飼育していると起きる現象で、群集相と呼ばれ、野外で見られる個体は孤独相と呼ばれる。これは「バッタの相説」を唱えたロシアのB. P. ウバロフ(1928)の本に詳しい。多摩のものも、砂漠地帯でよく発生するトビバッタ(飛蝗)**と呼ばれる現象と同じであるとされている。しかし、各部を計測すると、多摩動物公園の個体は完全な群集相ではなく、中間の移行相であると聞かされていた。はっきりとした境界は、一見しただけでは分からない。さまざまな段階があるようだ。

*哺乳類の祖先／哺乳類の多くのものは胎生で、乳で子を育てるのが特徴。キネズミは非常に原始的な哺乳類の特徴をよく残しているとされる。東南アジアの熱帯雨林に生息し、脳や目が大きく、樹上性で長い尾を持ち、やや細身のリスのような姿をし、昆虫や果実を食べる。

**飛蝗／一部のバッタ類が大量発生し、作物に限らずすべての植物、紙や綿衣料まで数時間で食べつくす。

馬毛島でのバッタの大発生

　ずっと下って1986年、鹿児島県に含まれる小さな馬毛島でトノサマバッタが大発生した(1987)。日本でバッタの群集相が見られるというので、相というものについての記事や問い合わせも多く、ちょうど当園のバッタが黒いので説明には都合がよかった。

　ところが、先に述べたとおり、園のバッタは正確には移行相(転移相)だというので、馬毛島の標本を見たかった。園でも時おり翅の長い典型的な群集相があらわれたり、さまざまな色変わりの移行相のバッタが出たりするが、実際に発生した長距離飛翔が出来る型の筋肉系や骨格には、孤独相とどの程度の違いが見られるのかを知りたかった。しかし、馬毛島の標本を見る前に終息してしまった。消滅の原因は、寄生菌の発生だったそうだ。ふだんでも野外で植物上に止まったままの姿勢で菌に侵されて死んでいるのを見ることがある。

　農環研*の田中博士などがバッタの色を変える黒化誘導ホルモンを見つけたということだから、そのうち面白い展示が出来るかも知れないと思っている。

バッタのエサ

　飼育ケースはステンレス製の網と展示面がガラス窓の頑丈な構造で、エサはコムギ苗である。この苗はケースの前面に合わせた細長い引き出し型の容器に土を入れ、幼虫用と成虫用が栽培されていた。キャスターなども付いていて、よく考えられているケースであったが、重いのが欠点であった。このようなケースが20台ほどあり、常時数千匹のトノサマバッタが飼育されていた。飼育数が多いので、エサの確保のためにエサ係として一人、当時は市川登係員が担当していた。市川さんの休みの日は、私が園内のあちこちからススキを刈って来て与えた。冬は一晩水に浸けたコムギの種をまき、苗を育てて与えるという工程になっていた。後になって、ゾウなどの大型動物に青草として与えられているものを、バッタにも1束分けてもらえることになって、ススキ刈りはしなくてよくなった。エサはイネ科植物なら何でもよさそうだが、トウモロコシ

初冬のエサ刈り

＊農環研／独立行政法人「農業環境技術研究所」の略称。作物や農地の汚染、地球温暖化、外来生物や遺伝子組換え作物の環境影響など農業と環境の安心・安全のための研究・技術開発、　農業生態系や生物多様性の基盤的研究をしている。以上ホームページより転載。
http://www.niaes.affrc.go.jp/

やソルガム*は好まないということであった。

　ふつう、関東辺りのトノサマバッタは年2化の発生である。夏に成虫になり、それが産卵して1週間ほどたつと孵化する。これが秋に成虫になり、その卵は翌春孵化する。しかし飼育しているために、年中発生して多化性のものにそろっていったようだ。面白い飼育の効果である。これが途切れることもなく、延々と現在まで何十という世代を重ねて飼育されてきたのだ。これは驚くべきことであろう。以前バッタを担当されていた山崎係員は、「バッタが一生に食べるエサの量」というすばらしい研究を残しておられたことを後で知った。

　彼はバッタにススキを与える前に計量し、食べた後にまた計量するということを続けた。その結果、2カ月ほどの幼虫時代に30g、そしてさらに、2カ月ほどの成虫時代に80gを食べたそうだ。

　この研究は不完全変態類の成長のありかたを完全変態類と比べることに都合のよい例であり、私はこの記録をしばしば紹介した。バッタ飼育係は他の係と同様に何回か異動があった。後にバッタの飼育係を外れたが、いくつかの興味深く感じた生態を記録しておいたので、次に記しておこう。

白いバッタ

　後に農環研の田中博士から、トノサマバッタの白化した個体が持ち込まれた。これも飼育が継続され、この性質は続いているが、群集相にはならないようだ。バッタのホルモンや形質変化については、田中博士がいくつもの研究結果を報告されている。

煮干しを食べるバッタ

　トノサマバッタは飼育しやすい昆虫であるから、どこの昆虫展示施設でも飼育されている。

　豊島園の昆虫館に行った時、エサとしてイネ科の植物の他にかつおぶしを与えていたので、係員の池田(及川)ひろみさんに理由を聞いた。野外でのバッタの肉食は考えられなかったからだ。しかし、「バッタも動物質が必要なのよ」と教えてもらった。そういえば、バッタは脱皮殻を食べていたなあと思い出した。実際に煮干しやかつおぶしを与えてみると雌はよく食べた。煮干しは多少硬くても、かじって食べたのには驚いた。

＊ソルガム／熱帯、亜熱帯の作物で乾燥に強く、モロコシ、コーリャンと呼ばれる。世界の穀物生産面積ではコムギ、イネ、トウモロコシ、オオムギに次いで第5位。イネやコムギなどが育たない地域でも成長する。

対馬の巨大なトノサマバッタ

　バッタに関してはもう一つ、興味深い話題がある。係員の岡田さんが対馬への出張で採集して来たトノサマバッタが異常に大きいことだった。昆虫園のバッタは雌で体長65mmであるのに対し、対馬のバッタは大きい個体では84mmもあった。岡田係員によると、対馬には大小の2型があるそうだ。

　後に農大で昆虫学会が開かれ参加した際、バッタに関する報告があったので、なぜ対馬産の個体が大きいかを質問した。すると、「対馬産は大陸のものに系統が似ている」との答えだった。岡田係員がこの大きい個体を飼育したところ産卵した。卵は休眠卵であり、孵化した幼虫も大きかったそうだ。また齢数も雄は5齢で、雌は6齢まであったと報告している。

インセクタリウム誌

　これは多摩動物公園昆虫愛好会の機関誌として東京動物園協会が毎月発行していた。昆虫園の出来事や昆虫界の話題が、やさしく解説されている。1964年に第1号が出されたが残念ながら2000年の第443号で終刊となった。しかし、300号までのテーマは総目録にある。ただ、昆虫園内の記録で、初期の号の昆虫園の出来事の報告の執筆者は無記名であるが、各担当者が執筆していた。目録ではすべて係長名になっているのは、編集部の誤りで、執筆者の名誉のために無記名のままとするべきであった。

佐藤有恒さんの発明

多摩川の河川敷に集まり、バッタ釣りの説明を受ける

　多摩動物公園昆虫愛好会の企画では、よく野外観察会を行った。バッタの観察会では講師に佐藤有恒さんを招いて「バッタを釣る」という企画があった。モデルを使ってバッタを釣るという。佐藤さんは元、教師をしておられたが、体を悪くされ、後に生活が自由な写真家になられたそ

バッタ、釣れるかな?

うだ。著作も多い。

　面白いお話をうかがった。ある日、被写体を求めて川縁を歩いていた時、バッタが地上に休んでいたのを見て、いたずらに石を投げてみた。バッタが驚いて逃げるだろうと予想していた。しかし、バッタは逃げず、逆にその石のそばに近寄って行ったそうだ。

　そこで佐藤さんは、はたと気が付いた。おそらく石を仲間だと思ったのではないかと。そこで、いったい何に反応するのかいろいろなもので試してみた。さまざまな太さや長さの角材をそろえ、色を変えて試された。その結果、黒い色の7cmほどの角材によく反応したそうだ。トノサマバッタは野外でよく飛び跳ねているが、これは仲間への通信手段になっているのだろう。この結果は『インセクタリウム』にも報告され(トノサマバッタをつる1973、②1980、③1981)、後にやさしく子ども向けの本を出されていて(『バッタがつれた!』(1985)さ・え・ら書房刊)、今では多くの図鑑・雑誌や絵本などにも引用され、各地の観察会でもバッタ釣りが行われている。

クルマバッタ

　翅を閉じて止まっていると、トノサマバッタと見間違えるが、飛ぶと、後翅の輪のような模様が目立つバッタである。よく似たクルマバッタモドキも同じような所に棲み、間違えやすい。しかし、背に白いX状の紋があるのがモドキである。

クレソンを食べるカワラバッタ

　砂礫の多い川原に生息し、飛べば後翅の薄青が目立つが、閉じると翅の模様が川原の石に似ていて、見分けにくいバッタである。この種類はイネ科植物も食べるが、岡田係員の観察によればアブラナ科のクレソンもよく食べる。やはり生息場所に多い植物がエサになっているようだ。卵鞘は石の下に産まれ、トノサマバッタのものより小さく、中の卵数も少ないという。

島ごとに種が違う*モリバッタ

　この種は沖縄に行った時、初めて見た。翅が短く、林の中の葉上に止まっていた。これは温室の中の展示によいと思って捕ってはみたが、私は繁殖させる

＊島ごとに種が違う／鹿児島から沖縄にかけて点在する南西諸島は、数多くの島から出来ていて、それぞれの島は気候や地質や歴史的な成り立ちが違い、島により生物の種類がかなり異なる。広く分布している種類でも島ごとに少しずつ形などの特徴が違うことがあり、行動範囲の限定される陸産貝類には、ヤマタカマイマイなど顕著な例がある。

までにはいかなかった。後に大温室が完成した時、だれかが放したものが、その中でポツポツと代を重ねているようだ。

　一見したところヨナグニモリバッタとオキナワモリバッタの後脚の先の方は赤いがイシガキモリバッタは黄色い。オキナワモリバッタは翅が短いなどの点で区別出来よう。より詳しくは、山崎柄根博士の論文(P. 303)を参照されたい。長距離を飛翔出来ない種類は島ごとに種分化し、分布が限定されているという大変興味深い例である。ガラパゴスまで行かなくてもよさそうだ。

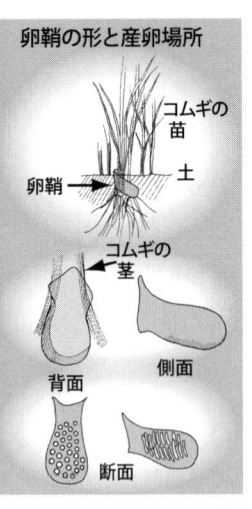

コバネイナゴ*と卵鞘

卵鞘の形と産卵場所

　昔は水田に多く見られ、重大な被害を与える害虫であった。イネの茎や葉にピタリと体を合わせて止まっていて、この様子を一年間通して展示しようと思った。卵は他のバッタと違い、草の根際に産み付けた。これを、湿度を保って定温器に保管し、孵化を待った。1齢幼虫は薄緑色で小さく、よく跳ね、トノサマバッタ用の網の目では逃げ出すこともあり、細かいものを使用する必要があった。

　その頃、農大の後閑教授から、水田で得られたという多くのイナゴの卵鞘をいただいた。なぜこんなに多数得られたのか。お話をうかがうと、田植えの前に田は耕運機で耕されるが、その撹乱の結果、土中の卵鞘が水面に浮いて風に吹かれ、水田の隅に集まったということだった。この卵鞘拾いをイナゴ退治として行っている所もあるそうだ。卵鞘はうっすらと砂粒に包まれ、草間に産み付けられた様子はなく、直接地面に産んだようで、私の観察結果と異なり、興味深く思った。

ナキイナゴ

　ススキに止まり、地味な声で「シャ・シャ・シャ・・・」と鳴く。後脚を翅にこすって音を出すので面白い(トノサマバッタも同様にしてよく鳴く)。この小さいバッタも常に展示に加えたい種類であったが、短期間の展示に終わった。

オンブバッタ

　オンブバッタは名のように雄が雌の背に止まっていることが多い。これは他

＊コバネイナゴ／日本から台湾にまで分布、卵越冬。成虫期は7〜12月頃、他種よりも卵鞘の泡が細かく、堅いため乾燥に強い。

のバッタでも同様だが、雄が雌を確保しておくためと解釈されている。アカトンボが尾つながりで飛ぶのと同じだろう。このバッタは名前が有名なので、常に展示しておきたかった。

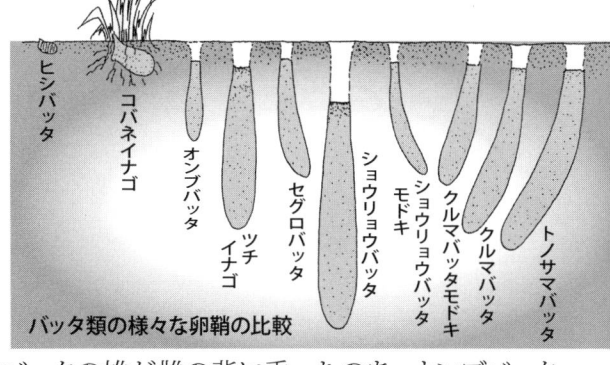

バッタ類の様々な卵鞘の比較（ヒシバッタ、コバネイナゴ、オンブバッタ、ツチイナゴ、セグロバッタ、ショウリョウバッタ、ショウリョウバッタモドキ、クルマバッタモドキ、クルマバッタ、トノサマバッタ）

　それは、来館者にトノサマバッタの雄が雌の背に乗ったのを、オンブバッタと間違われるのが常であったから、尚更強く思っていたのだ。
　オンブバッタはイネ科のみならず広い食性を持ち、飼育しやすかった。エサは園内のどこでも採れるオオバコでよい結果を得た。1齢幼虫は緑色でほっそりしイナゴの幼虫よりさらに弱々しく、飼育ケースには目の細かい布を使った。
　後にオーストラリアで見たオンブバッタは、後翅がきれいな赤であったことが印象に残っている。

ショウリョウバッタ

　展示映えする日本で最大の種。雄は飛翔する時、「キチキチ・・・」と明瞭に発音するので、キチキチバッタとして知られている。このバッタの発音について調べてみたが、すでに『動物及び植物』という昔の雑誌に報告済みであった。
　成虫の後脚をそろえて持つと屈伸運動をするので、ハタオリバッタとも称される。卵鞘も最大で、春は幼虫をよく見かけるが、大半が天敵のエサとなるためか、夏になると数が少なくなる。大量に確保するには卵や幼虫から飼育を始めねばならない。

ショウリョウバッタモドキ

　このバッタは体が細長く薄緑色のきれいな色をしていて、イネ科植物の葉に体軸を並行に触角も肢もそろえて止まっていると、みごとな保護色となっていて見逃しやすい。ショウリョウバッタに似ているが、静止姿勢が異なり、長い後脚は体にピタリと付けている。個体数は少ない。

成虫越冬*のツチイナゴ

　バッタの中では少し変わった一生を過ごす。多くのバッタは卵で越冬するが、ツチイナゴは冬の枯野を歩くと成虫を発見する。これははっきりした現象で、

---

*成虫越冬／日本には季節の変化があるため、日本に棲む昆虫は生活史の中で越冬する段階が決まっているものが多く、卵で越冬するものを卵越冬、幼虫で越冬するものを幼虫越冬、成虫で越冬するものを成虫越冬などと呼ぶ。逆に、南国に分布している昆虫を日本で飼育する場合は、冬眠という掛けがねがないので、日照や温度管理をし、1年中飼育し続けなくてはならない。

ツチイナゴ

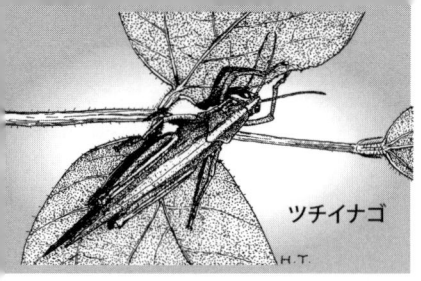

1年中成虫を展示したかったが、成虫の性成熟の制御が出来ず、時期をずらしての展示が出来なかった。おそらく日長をしっかりと制御する装置が出来れば可能だろう。

しかし、これ以上の研究は進めていない。岡田係員はより深い観察結果を得ている(1978)。

ナツアカネの飼育

バッタ類を飼育しているケースで、空いている上部を利用して、周りに網を張り、ナツアカネを飼育した。1970年の10月から71年の9月までのほぼ1年間の飼育記録が残っている。卵は成熟した雌の腹部を、水を入れた空き瓶に漬けると簡単に得られ、野外から得た雌の産卵数は1匹50〜200個。

卵は初めは白いが1日たてば褐色になる。白いままの卵は受精していないから、取り除いておかないとカビが生える。

卵は25℃で、約80日で孵化した。この間、低温処理はしなかった。

幼虫は、写真水洗用のバットを利用し、1容器に20匹ほど飼育した。エサはミジンコ、アカムシ、イトミミズなどで、90〜120日でほとんどが羽化した。

成虫は網室に放した。成虫のエサはショウジョウバエ。

ショウジョウバエの幼虫のエサ用に、リンゴのクズを入れた紙コップを、網室の天井から数カ所吊るし、羽化した成虫がトンボのエサとなるようにした。

ナツアカネの羽化直後は黄色く、10〜15日で赤くなり始めた。室内でトンボを長期間飛ばしながら飼育をしたが交尾せず、残念ながら、飼育下で次世代を得ることは出来なかった。

水生動物の飼育

バッタの温室は太陽光が入るため、水生生物の飼育にも都合がよい。バッタの展示コーナーを少し小規模にしてメダカ、イモリ、トウキョウサンショウウオ、ドジョウ、オタマジャクシ各種、ザリガニ、モエビ、ヒドラ、ミジンコ、ミズカマキリ、タガメ、アメンボ、タイコウチ、ゲンゴロウ各種、ミズスマシ、ハグロトンボ、コミズムシ、マツモムシ、コマツモムシなどを飼育した。水生昆虫の生態的棲み分けを展示してみた(『動物園水族館雑誌』[*]1981)。

---

[*]動物園水族館雑誌／日本動物園水族館協会加盟園館の飼育技術者を対象にした技術図書を販売し一般にも販売する。出版元は、日本動物園水族館協会。
http://www.jaza.jp/book2_1.html

トウキョウサンショウウオ

　当時は動物園の近くの小さな流れでも、八王子の里山でも見られた。

　飼っていると産卵し、卵はバナナ形のジェリー状の卵嚢に包まれ、数個の卵が入っていた。

　孵化した幼生には3対の鰓(エラ)が顔の後ろから生える。これをイトミミズで飼育した。エラがなくなる頃には陸も必要であった。丹後にも似たような種類がいて、アベサンショウウオの名で知られるが、少なくなったそうだ。

ミズスマシの飼育

　ミズスマシはよく知られている昆虫だが、近年はめっきりその姿が少なくなった。そこで、なんとか増やすことが出来ないかと思い、飼育してみた。

　ミズスマシは水面に浮かび、たえずクルクル回りながら泳いでいる。

　波の動きから周囲の様子を察しているようで、水面に昆虫が落ちて、波紋を触角で感じると、その源に寄って行き、虫を食べる。

　水槽で飼育していると、水面に浮く水草の表面に葉脈に沿って卵を並べて産み付ける。孵った幼虫はとても小さいので、ミジンコの混じった水を園内の池から汲んで来て与えた。

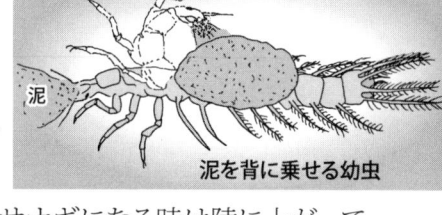

　幼虫はゲンゴロウの幼虫をうんと小さくしたような形態で体の横に葉状突起があって、それで波打つように泳ぐ。大きくなって、サナギになる時は陸に上がって、泥を背に乗せ、付近の壁や葉の上でうずくまるようにして唾液を使い、泥マユを作る。唾液の蛋白質は糊にもなるのだ。この習性はとても面白い。マユの中で成虫になると、マユの壁に穴を開けて外に出る。

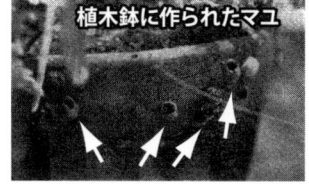

プラナリア・ヒドラ

　水生動物を飼うと、池から汲んでくる水やエサの中に混じっていて、ヒドラやプラナリアがよく発生した。これらは面白いので別の容器に分けて飼育展示した。

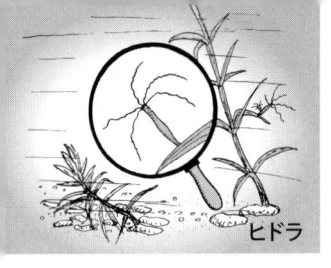

しかし、一時的によく増えても、長期間の展示は難しかった。特に水関係の生物展示は、水質や食べ物、天敵の細かい管理などが大変で、化学的にも十分に配慮が必要であったからだ。

ヒドラ

オオアメンボ*

大きい水槽があったので飼育した。雄は中脚を広げると13cmもあり、1匹でも水槽が一杯に感じられる。雌はやや小さい。このオオアメンボは津久井の渓流で得た。雑誌『アニマ』のウィルコックスの論文で「アメンボが波で求愛信号を送る」という記事を見て興味を持った。

3月になるとオオアメンボの行動が見られ、雄は雌を見つけると、広げた中脚を振動させる。すると、雌はクルッと雄の方に向き直る。これで交尾が成立することもあるが、必ずしも至らないこともあった。卵は水面に浮かべた木片の水際に産み付けた。4月での卵期間は19日であった。幼虫はショウジョウバエを水面に落として与えると、捕えて体液を吸う。6月には成虫になった。

タイコウチ・ミズカマキリ

タイコウチの名はその泳ぎ方からきているのだそうだ。太鼓を打つように前脚を動かしながら、中脚と後脚で水をかいて泳ぐ。前脚は捕獲脚で、カマのようになっているからそのように見える。

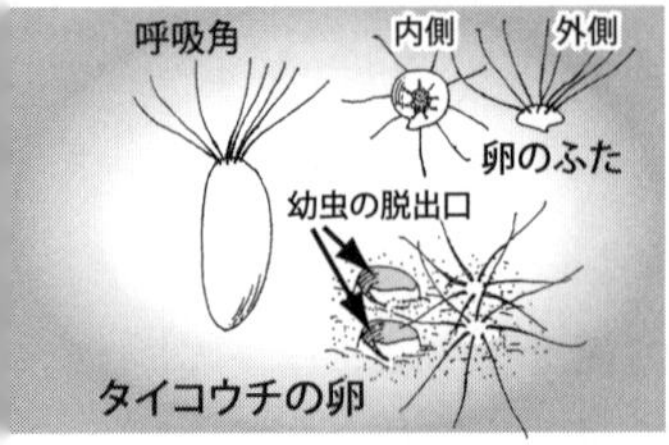

呼吸角　内側　外側
卵のふた
幼虫の脱出口
タイコウチの卵

水生昆虫は卵の形態が面白い。タイコウチやミズカマキリは産卵する時、水辺の土に産み付ける。その卵には呼吸角と呼ばれる糸のようなものがタイコウチでは7本から10本ほど、ミズカマキリでは2本付いていて、地上に出ている。卵塊として産み付けられるから、その呼吸角の集まりが白いコケのように見える。また、雌の産卵姿勢も面白い。尻に長い2本の呼吸管が付いていて、産卵には邪魔になるから、元の方を上に折り、尻の先にある短い産卵管を地面に突き立てて産卵する。その時、体は立ち上がったような姿勢になる。大変御苦労な姿勢だ。

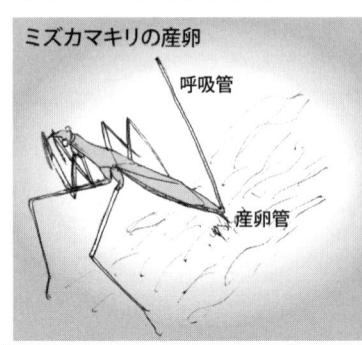

ミズカマキリの産卵
呼吸管
産卵管

*オオアメンボ／細長いストローのような口で獲物の体液を吸うアメンボの仲間は、水面で暮らすカメムシ類。休んだり隠れたりする場所があって、水面に油や汚れがなく、洗剤なども混じらない場所でなければ生きられないので水質の指標生物とされる。都市部には生息しないように思われるが、本来は身近な昆虫。まだ都市部の水辺で見られる内に生息環境を残すことが重要。

卵が孵化する時も興味深い。幼虫の脱出口は缶切りで缶のふたを開けるようにきれいに切り取られるが、切り跡は巴形であるところが面白い。

天国のチョウ

　チョウの温室では、本藤係員と福井係員が担当していた頃、いろいろなチョウの飼育状況を見せてもらった。アゲハは幼虫が食べるミカンの葉の量が多く、1匹を育て上げるのにおよそ1枝分の葉(中くらいのミカンの葉が20枚ほど)が要る。小さい幼虫には新芽が必要で、1年中展示するには相当の数のミカンの苗木を栽培しておかねばならない。そのため、冬にも新芽を萌芽させる必要から、畑はビニールハウスとなった。チョウは成虫が羽化して温室内を飛んで、初めて1匹として認められるから、多数の幼虫を飼育しておく必要があり、大変なことであったようだ。幼虫飼育で一番の敵は菌やウイルスであるという。そこで、飼育器具や環境はいつも清潔を心がけているということだった。他の園でも事情は同じようで、ある園では容器の洗浄作業を止め、使い捨てのプラスチック容器を使って、病気の感染を防いでいた。

　チョウが花の咲いている温室内を飛んでいる様子は、だれが見ても心和むようだ。ある時、親子の来園者が話しているのを係員が聞いたそうだ。「お母さん、天国ってこんなところなんだろうね、花が咲いてチョウが飛び・・・」

　この話は、今では飼育係員の間では伝説となっていて、ここで働く者の強い心の支えとなっている。

『虫の知らせ』誌

　手元に1978年発行、13頁の小冊子『虫の知らせ』第1号がある。これは当時、矢島係長の自宅で時々開かれた生き物の談話会の記録誌で、56回分の主な話者のテーマと参加人数が記録してある。私も数回参加させてもらった。興味深い会で会の名を「いんせくとぴあ」と称していた。つまり「昆虫理想郷」。

　話者の中には気象庁の定点観測船に乗っておられた板倉博氏の「富士山頂で採集した昆虫」などという珍しいテーマもあった。参加者の中には著名な写真家も含まれていて、美しい写真、珍しい写真なども見せていただいた。

　余談だが、ワイフとはこの会で知り合った（笑）。

3. 昆虫の観察と実験展示コーナー

「昆虫の話題」のコーナーでは、ニュースに登場した昆虫のさまざまな習性を実験展示していた。展示物は子どもから大人まで、誰でも分かりやすくしたいと思っていたので、新聞雑誌などにもよく目を通しておき、基礎的勉強も続けておかなくてはならない。私はいろいろな昆虫の生態にも関心を持ち、記録しておいた。

展示ボックスは5つずつ、上下2段に並んでいて、比較展示をして見せることも出来る。

前任者は一例として「人の目、虫の目」というテーマで展示していた。

ブラックライトを生花に当てたケース(虫の目)と、白色蛍光灯を当てたケース(人の目)を並べ、花の色彩や蜜標[*]の見え方の違いを見せていた。しかし、あまり蜜標の違いが分からなかった。

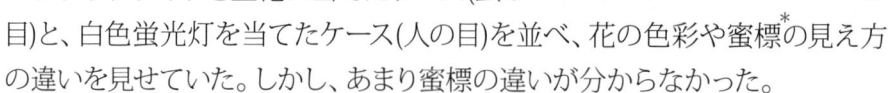

このコーナーを任されることになって、私は生きた昆虫を利用した何か新しい行動の実験展示が出来ないかと工夫してきた。動物趨性[**]学(どうぶつすうせいがく)、行動学などのいくつかの実験書も再度読み返してみた。小山長雄の『昆虫の実験』、カルムスの『昆虫を使った簡単な実験』などの本は、大いに参考になった。八木教授の『昆虫学本論』や大学院での授業ノートもパラパラとめくってみた。しかし、昆虫の行動の多くは瞬時に終わってしまう。絶えず流れる来園者の足を止めて、昆虫の行動を見せるのはなかなか難しい。うまく表現出来ないことも多かった。見る人々が何かを仕掛けた時、昆虫の何らかの反応が見られると面白かろうが、実験材料の昆虫も種類を選び、絶えずよい状態に置かなければならない。何かよい材料はないか、郊外や園内を探し歩いて探した。

水の基礎的知識のおさらい

展示には基礎的知識のおさらいをする必要があった。生き物がこの地球上で生活するには、どうしてもさまざまな環境要因を知っておくべきだと思った。最も大切なものは水だ。水は生き物の基であり、化学物質の媒体だから、体内、体外共に必要である。水は昆虫を飼育する場合も忘れてはいけない。

---

*蜜標／蜜への標識。花びらの紫外線を吸収する場所が昆虫を蜜のありかに誘導する。
**趨性(すうせい)／ある方向におもむく傾向のこと。植物を壁面などに植えると、日光の差す方向へ自然に曲がって伸びることを向日趨性という。生命の源から発する遺伝子などの方向への働きを引き起こす働き。猫や小鳥の毛づくろいや身づくろいなどを動物趨生と呼ぶ。

水についてのおさらいの列挙

- 動物の体水分は体壁の他、呼吸、排泄などによって失われる。
- 生物は体中の水分濃度のバランスを保つ必要がある。
- 地球の表面の4分の3は水で覆われ、気象を左右している。
- 熱の保持体である。水は常体において、他の液体や固体より大きな熱容量(比熱)を持ち、潜熱を持つ。潜熱とは温度を変えることなく、個体、液体、気体の三相を変える際に必要な熱量(0℃の氷1gを1gの水に変えるには8cal*、100℃で1gの水を水蒸気にするには136cal要する)。
- 0℃から100℃の間では液体、0℃以下では個体(氷)、100℃以上では気体(水蒸気)。水の膨脹率は4℃で最大。
- 伝導率は金属に比べ貧弱だが、アルコールよりも大。
- 空気の500倍もその温度を変えることなく熱を吸収するので、空気に比べ比較的温度が保たれやすい(熱されにくく、冷えにくい)。
- 水温が高いほど酸素の含有量が少なくなる。魚を飼う時、水槽の中に泡を送り込むのは酸素を含ませるためであることはよく知られている。
- 水面より深くなるほど、酸素の含有量は少なくなる。
- 動いている水は、そうでない水より酸素の含有量が多い。温度や他の条件が同じなら、渓流の水は湖の水より酸素が多いだろう。
- 塩分を含む水は、そうでない水より酸素の含有量は少ない。
- 透明性があり、可視光線を通すが、深海では長い波長を吸収し、青く見える。
- 粘性は温度により変わる。25℃の水は0℃の水の半分。
- 水には粘性があるので、水中を動くものが速く動くには流線型がよい。
- 単位容積内の分子数は他の物質より多く、圧縮が困難。
- ものを溶かしやすく、液体では空気のように広がらず、集まって膜を作る。
- 表面張力は75ダインで水銀以外のどの液体よりも大。
- 物の濡れ方には3態がある。すなわち、付着濡れ、拡張濡れ、浸漬濡れ。
 以上の他にも忘れていることがあるかも知れない。

 あちこちを探し回って、ようやくよい材料を探し当てた。比較的うまくいったテーマ、反対によくなかったテーマを次に紹介しよう。

---

*cal/カロリーと読み、熱量などを表現する「エネルギーの単位」のこと。1gの水の温度を1℃上昇させるのに必要な熱量を1calとした。
食物に用いるカロリーの単位はkcal(1kcal=1000cal)。食物でカロリーを含むのは、「炭水化物」「蛋白質」「脂肪」の3種のみ、ビタミンやミネラルはカロリーを含まない。

アメンボはなぜ川下に流されないか

園のはずれにある動物舎の廃水処理池に、多数のアメンボが発生しているのを認めた。廃水場の水が流れて行くにつれ、アメンボも流されるのだが、決して一次貯水槽から下段の池に落ちることはなく、上流に向かって泳ぐ。

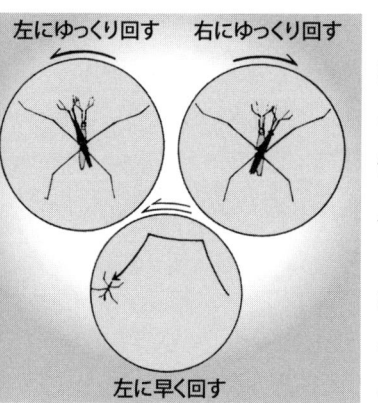

左にゆっくり回す　右にゆっくり回す

左に早く回す

これを見ていて、これは林泉の『動物趣性学』にも紹介してある「典型的な走性の展示が出来るな」と思った。展示ボックス内では水の流れは作れない。そこで、大型シャーレにきれいな水を入れ、アメンボを浮かべ、周りに動く筒をセットし、筒の内側には景色を描いておく。それを動かせばアメンボの動きが見られるはずである。この装置はメダカなどの走性実験に使われる。これはみごとに成功した。筒の動きに沿って、アメンボは左右に姿勢を変えた。そこで早速、ボックスの中に簡単な工作を施し、来園者が筒を回せるように、ハンドルを設置し「アメンボの運動視反応」とした(1978)。

この実験は教室内でも簡単な方法で見せられる。アメンボを浮かべた容器の周りで、絵本を広げて景色とし、絵本を容器の周りで左右に動かせばよい。アメンボが姿勢を変えるのをすぐに見ることが出来る。この時、アメンボを驚かさないように、人の動きはそっとすることだ。後に作ったアメンボの絵本にもこのアイデアを紹介しておいた。後の展示ではハンドルをやめて小形モーターを使い、ボタンで操作するようにした。

この頃、ある本を読んでいたら、偶然、元園長の林寿朗さんもアメンボを使って卒業論文を書かれていることを知った。それもテーマは走性であるという。彼は、アメンボの走光性は、ふだんは日光を好み、正の走光性であるが、温度が15℃位に下がると負に変わるという(『甦れ小さな生きものたち／上』サンケイ新聞社会部編)。

林園長とは生前、『インセクタリウム』という動物園が発行する会誌の編集

会議でお会いしていたが、当時このことを聞いていなかったことは心残りであった。しかし、時々林園長が話される動物園論は壮大な内容で、私にはついて行けない所も多かった。ただ、「展示物には光と動きが大切だよ」という言葉が印象に残っている(『山鳩』1986)。

アメンボの影

　水面に浮かんだアメンボの脚の先端を見ていると、水面がやや窪んでいる。これは水の表面現象で、メニスカスと呼ばれる。この現象の展示にはボードワン博士の論文が日高敏隆教授[*]によって雑誌『アニマ』などに紹介された記事を参考にした。

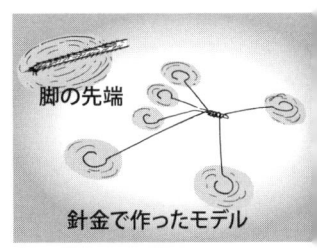

　この脚先のふれた水面の様子は太陽光のもとで見ると水底に円い影を落とし、間接的にアメンボの動きを知ることが出来る。そこで、太陽の代わりに電球を設置し、大きいシャーレの水に浮かべたアメンボの影を下の画面に映し出せるような装置を作って展示した。題して「アメンボの影」。アメンボが動けば6つの丸い影が4つになったり、3つになったりする。ただ、この展示も水の動きがないと影は静止したままとなる。また、毎日水を換え、水面をきれいにしておかないと、アメンボは動きづらくなる。後に日高教授が園に見えた時、この展示をご覧になって「よく見えるかい?」と質問された。影の展示は難しい(1975)。

オナガウジ[**]の呼吸

　オナガウジと呼ばれるウジはハナアブの仲間の幼虫である。よく汚い水たまりに見られ、長い尾をもったウジで、田舎の肥溜めにはたいてい見られたものだ。尾の先には気門が開口し、これを水面に出して呼吸している。

　この呼吸管は水深の違いで伸縮する。これはウィグルスワース[***]の『昆虫の生活』の本にも紹介されている。その様子を見て欲しいと思い、水深を変えたコップに幼虫を1匹ずつ入れ、展示した。ここで問題なのは、足のない泳ぐ幼虫を、水底に落ち着かせるための工夫だ。そこで、エサとして

---

[*]日高敏隆教授／この当時は東京農工大学教授。昔パリ大学のボードワン教授宅に下宿していた。
[**]オナガウジ／アシブトハナアブなどの幼虫を展示していた。
[***]ウィグルスワース／昆虫の変態にかかわるホルモンの存在を最初に提唱したイギリスの科学者。

ラット用の固形飼料を乗せた小さな布切れを沈めた。幼虫期間が短く、常に多くの幼虫を予備飼育しておくことが困難だったので、この展示は短期間に終わった。花粉を食べるというハナアブの成虫の飼育法がまだ十分に解決していなかったからだ。後に「花粉は漢方の店にあるのじゃないか?」と聞いたが、買うまでには至らなかった(1978)。

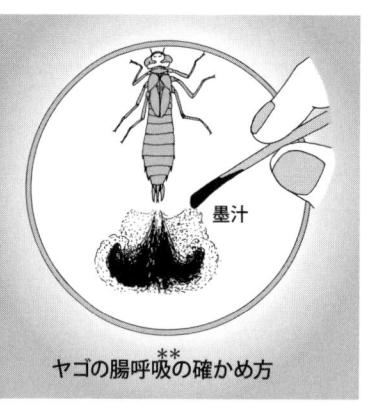

ヤゴの呼吸

よく知られているように、イトトンボやカワトンボ*と違い、トンボやヤンマの幼虫(ヤゴ)は直腸の中のエラで呼吸する。

そのため、直腸に水を出し入れしている様子を、水の動きから見たら面白いと思い、ヤゴを入れた大きいシャーレにオガクズなどを入れて、水の動きが分かるようにした。

しかし、水温が低い時はヤゴの活動が鈍くなるので、展示効果があまりなかったようだ。

ヤゴの腸呼吸の確かめ方**

ゲンゴロウの呼吸

ゲンゴロウは、さや翅の下に空気を貯めて、アクアラングのように、水中での呼吸に使う。空気の入れ替えは尾端を水面に出して行うが、この様子を展示したいと思い、水槽での展示と共に図示した。しかし、このコーナーはゲンゴロウの水槽展示というだけの感じになった。

メダカハネカクシと遊ぶ

小さなアリほどの大きさの昆虫。ハネカクシの仲間で、畑などの草の生えない場所で見つかる。歩き回りながら、時々尻を上げ下げしている。たまり水などに落ちると、尻を水面に付けて粘液を出し、粘液が水面に広がる力を利用してスーッと水面を走るように動く。ちょうど小さな石鹸ボートのようだ。確かめるためには水を張った水面に落とすだけでよい。これはホールでの実験教室で行った。

メダカハネカクシと石鹸ボート***

---

*イトトンボやカワトンボ／ヤゴの尾端にしっぽのようなエラ(気管エラ)を持ち、水中の酸素をとり入れる。
**腸呼吸／直腸の周りに集まる気管エラで、水の中から酸素をとり入れ呼吸すること。
***石鹸ボート／石鹸が水面に広がる力を動力にして進む船のおもちゃ。

ゴキブリの集合フェロモン

　これは石井象二郎博士の論文からヒントを得、チャバネゴキブリを使って、割合よく展示することが出来た。これは、ゴキブリの糞の付いた紙と付いていない紙を、飼育容器の中に入れておけば、ゴキブリが糞の付いている紙に集まる状態が見せられた。棲みかとなる紙は、画用紙を用いた。新しい紙の方は、毎日取り替えることで、明らかな違いが見えて、効果を上げた。

　これはゴキブリ退治法*に応用出来る。つまり台所はきれいにすることだ。ただ、ゴキブリの展示はいつも評判がよくない。展示場の前ではよく女性の悲鳴が聞こえた(1972)。

アワフキムシの泡の実験

　昆虫の実験書に紹介された実験であるが、「食草に食紅を溶かした水を吸わせると、アワフキムシの幼虫が出す泡も赤くなる」という現象の実験展示である。確かに泡はピンク色に染まり、泡は食草の維管束から水分を吸収した排泄物であることが分かる。しかし、この実験はアワフキムシの幼虫のあらわれる初夏の頃に限られ、植物の状態を常によく保つのが困難であり、虫を移動して好きな時に泡を作らせるのが、意外に困難であった。アワフキムシは切り花より、根の付いた植物を好んだ。これは考えてみれば当たり前だった。アワフキムシが新鮮な植物を好むことはいうまでもないだろう。食紅を地面にまいても、粒子の粗い染料が根から吸収されるはずもない。やはり切り花しか方法はないのだ。

ボウフラの影に対する反応

　これはボウフラの浮き沈みしている容器に急に影を落とせば、ボウフラは外敵が来たとみて水底に沈む習性を見せる実験だ。容器の上に電球を下げ、来園者がボタンを押すと、光が消えるように配線しておく。光が消えるとボウフラがあわてて水底に沈む様子が見られる。

　この装置に下から光が当たるようにしておき、ボウフラが混乱するようにもした。これらの実験ではボウフラを絶えず十分に用意しておくのが大変で、ボウフラはエビオスで飼育したが、成虫に産卵させるには、たびたび自分の血を与えなければならないことに躊躇した。ボウフラを必要な時に見つけることは意外に困難であった(1975)。

＊ゴキブリ退治法／ゴキブリは暗所、糞のある場所に集まるので、きれいに掃除しておく。

ヤゴの光に対する定位

　これは、ヤゴが光の来る方向を上として姿勢をとる習性だ。水を入れた腰高シャーレの中に1匹のヤゴを入れ、シャーレの上と下に電球を設置する。上から光を当てておき、来園者がボタンを押すと上の光が消え、下から光が当たるように配線しておく。光が下から当たると、ヤゴは逆さになる。来園者が多い時は、スイッチを何回も押されるので、電球の熱のために水温が上がり、ヤゴが弱って困った。熱の出ない光が望まれた。まだ白色LED*は発明されていなかったのだ(1979)。

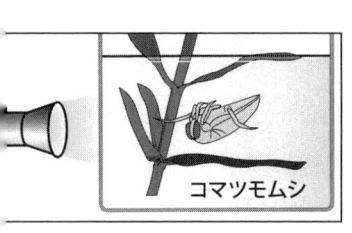

昆虫の光に対する定位

　この実験も前述のヤゴと同様で、多くの昆虫は光の来る方向に向かって姿勢をとる。昆虫の展示ケースの左右から光を向け、スイッチで光る方向が変わるようにセットしておき、光の来る方向に昆虫が向く様子を見せる。ただ、その材料となる昆虫の種類が問題だ。ケースの中で、よく反応してくれる種類でないと困る。いろいろと選んでみたところ、園内でも裏の池で常時採取出来るコマツモムシの反応がよいことが分かった。この虫はマツモムシが水面で静止するのと違って、いつも水中で背を下にして遊泳している。容器の左右から光が当たるように光源を設置し、片方から光を当てておき、来園者がボタンを押すと反対の方向から光が当たるようにしておく。コマツモムシは光の来る方向に対して敏感に頭を向ける。この装置も光源には熱の少ないものが望まれた。このことで苦労していたら、後に駒谷係員が熱の少ないLEDライトを見つけてくれて解決出来た。

コマツモムシ

光を避ける虫・集まる虫

　前記と類似のテーマで、同じ光源のセット。光を避ける習性のある昆虫を置き、「虫によっては光の来る方向に対して反応が異なる例を見せたい」と思ったが、光を避けたり向かったり機敏に反応する昆虫は見つけられなかった。

　例えばバッタは光の来る方向に頭部を向けたが、やや反応が遅かった。この実験でもコマツモムシは、「光の来る方向にすぐに姿勢をとる」よい実験材料だったが、光を避ける習性のある昆虫は見つからなかったのだ(1974)。

＊白色LED／1993年に青色LEDが開発され、それを応用して1996年に白色LEDが開発され、その後多くの改良が加わり、省エネ用照明光源として現在に至る。

ツマキチョウの鱗粉

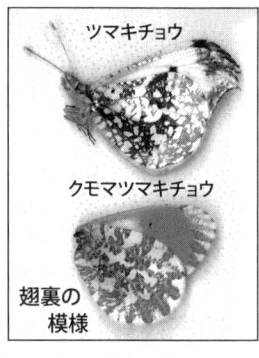

　翅の裏側に、薄緑色に見える斑紋がある。しかし顕微鏡で見ると、黄色と黒の鱗粉しかない。緑色は「これらの色が混じり合って見える色」であると、大学院時代に八木教授に教わったことを思い出した。そこで、これを顕微鏡で見せたり、実際に色を混ぜ合わせて再現する実験をした。子どもたちに黒の単色でツマキチョウの翅の裏面をコピーした紙を渡し、「黄色の色鉛筆で斑紋の部分を塗って、緑色に見えるか？」という実験である。これはとてもうまくいき、納得してもらうことが出来た。

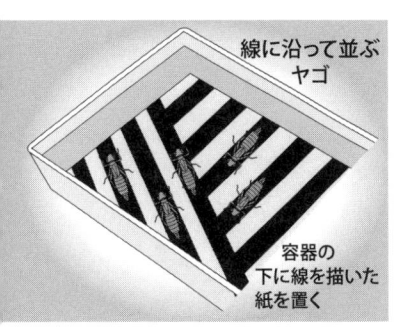

昆虫の形態視反応

　この実験はドイツのティシュラーの形態視反応の論文からヒントを得た。多くの昆虫は描かれた線に沿って行動する性質がある。容器や背景に線を描いて、昆虫を放すだけであるが、イナゴやヤゴは線に体軸を沿わせて静止する。テントウムシも線に沿って歩く。この習性を利用した展示をした。

ゴキブリの学習実験

　この展示では、暗くした場所に電極をセットし、弱い電流を流しておく。ゴキブリは通常暗い所に潜むが、電極にふれ、刺激を受けると、明るい所に飛び出す。暗い所に入るたびに刺激が続くと、暗い所に入らなくなるというものだ。しかし、これは電流の強さや配線の方法に工夫が必要で、ゴキブリが感電死することもあって長くは続けられなかった。

テントウムシ[*]の遊園地

　今までテントウムシのさまざまな走性を利用した実験展示装置を工夫し、展示してきた。テントウムシが歩いている様子は楽しい。まるで遊園地の乗り物のように、容器の中に線を描いたハイウェイやらせんの道、軽く動くシーソーを設置しておく。

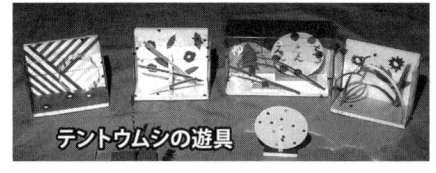

＊テントウムシ／和名は太陽（天道）に向かって飛ぶ虫の意。赤や黄に黒、あるいは黄に白の水玉模様のものが多い。種類によって食性が異なり、肉食性の種は生物農薬として、農作物の無農薬化に活用される。肉食性（農作物の益虫）はアブラムシやカイガラムシなどを食べ、菌食性はうどんこ病菌などを食べる。トマトやナスなど植物を食べる草食性（農作物の害虫）などもいる。

この中にテントウムシを数匹放すと、テントウムシは線に沿って歩き(形態視反応)、シーソー(負の走地性)もする。

私は今までの経験をまとめて、「テントウムシの遊園地」と名付けて展示してみた(1996)。テントウムシの数を多くするか、小さい容器を用いると、面白い場面に出会いやすい。この実験は昆虫教室でも行い、容器は予算の中から既成の透明ケースや色シートを買い、遊園地を作る工作の準備をした。材料のテントウムシがたくさん得られる秋に行い、数匹ずつ持ち帰ってもらった。家庭でのエサにはリンゴを切って与えることを勧めた。この遊園地の実験はいろいろな機会に紹介したところ、とても人気があり、その後あちこちで行われているようだ。

複眼に映る像

トンボの複眼角膜を取り、顕微鏡に設置し、チョウなどの映像が顕微鏡を通して多くの複眼の中に見られるようにしたもの。しかし、展示ボックスのガラス面を通して、顕微鏡を見るのは不便で、常設展示をやめ、教室での観察のみにした。

昆虫の偏光感受[*]

偏光とは光の波の偏りであるが、人の目には感じられない。フォン・フリッシュがミツバチで行った実験から、昆虫は偏光が感受出来る目を持っていることが知られている。これを確かめるには2枚の偏光板を重ねてみると、光の波の方向に合った組織の板を通った光のみが、明るく見える。偏光板は高価であったが自前で買って来た。

偏光板を複眼の桿状体の断面状に偏光の方向に切って貼り合わせた。この時、面白いことに気が付いた。

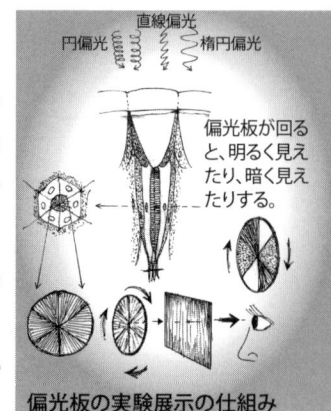

偏光板を貼り合わせるためにセロハンテープを使うと、偏光が変わってしまうことだ。この現象を農大の後閑先生に話したら「セロハンテープには偏光を変える性質があるから、注意をしないと使えない」ということだった。

偏光板で作った人工の桿状体モデルを、モーターで軸を回転し、光の通過具合や明暗が変わる様子を説明図と共に展示したが、はたしてこの意味が、

偏光板の実験展示の仕組み

*偏光感受／人間の目では見えない紫外線や偏光を、昆虫は複眼で感受する。

分かってもらえたのだろうか(1972)。

「目と運動」の展示

　目が左右に付いているのは、歩いたり飛んだりする時、方向を決めるのに都合がよいためで、どちらかの目がふさがれると回転運動をしてしまうことが知られている。そこで、ハエを利用して片方の複眼をペンキで塗ってみた。実験してみると、確かに回転運動を行ったが、このように体を傷つける展示は、どうも受けがよくないらしく、短期間の展示に終わった（1975）。

昆虫の呼吸

　この展示では、吐気の二酸化炭素を苛性カリ液に吸わせ、少なくなった容器の空気を、細いガラスの管の中に入れた水銀の指標の移動によって見せるというものであったが、来園者が見る短時間に、指標の移動を見せるのは困難であり、ただ装置を展示しただけになってしまった。

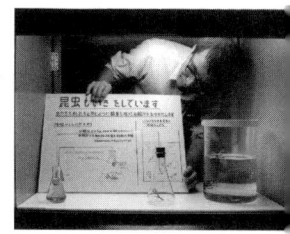

フウセンムシ*の習性

　昔からよく知られている遊び。

　昆虫がたくさんいた頃は、夏の夜、食卓の電灯にフウセンムシ(ミズムシやコミズムシの通称)もやって来て、水の入った茶碗などに落ちると盛んに泳ぎ回り、紙切れを沈めてやると、それにつかまって底に沈んでいようとする。しかし紙が軽いと、空気膜が付いた体の浮力が強いので、紙と一緒に浮かんでしまう。背中が水面に出るとあわてて紙を放し、また水中に潜る。すると紙も沈むので、又つかまって水面に浮かぶ。水の中で浮き沈みする様子が風船のようだと言って、フウセンムシと呼ばれた。

　ミズムシやコミズムシは、春早くから浅い池や水田で見られる。展示では水槽の中に千代紙を切って入れ、コミズムシを園内の池からすくって来て収容し展示した。上野動物園の方から「不忍池で捕れた」と、いくつかの大きいミズムシをいただき、飼育展示することが出来た。

　コミズムシのエサはよく分からなかった。しかし文献には、藻類を食べるとあった。あの細い口でどうやって食べるのかは分からないが、水槽に藻類の混じった緑色の水を少し加えれば、特別なエサを与えなくても繁殖した。予備

＊フウセンムシ／アメンボ、タガメ、タイコウチなどと同じ水生カメムシの仲間。近年の水環境の悪化から生息する場所が激減している。

飼育を日光の当たる温室ですると、よい結果が得られ、クロモの表面にポツポツと産卵した。日当たりのよい水田のような場所に棲む理由も、藻類の発生に頼っているからだろう。

ミノムシの習性

ミノムシにカラフルな巣を作らせる実験。ミノムシを捕って来て、幼虫を巣から出し、細かく切った千代紙や毛糸のクズなどで、新しく巣を作らせるだけだが、出来上がるとなかなか面白い。少し前までは私の住む府中には、近所のサンゴジュやプラタナスの木にたくさんミノムシがいて、材料に困らなかったが、最近はほとんど見かけなくなってしまった。寄生バエが原因らしい。代わって、この頃はサンゴジュハムシ*の被害が目立つ。

昆虫の活動計

これは天秤のような装置で、天秤の一方に軽い虫の飼育容器を取り付け、昆虫が動けば、他方の印字ペンが記録用紙に動きを記録する。この装置は自記温湿度計**を改造した。これもゴキブリなどは動きが少なく、面白くなかった(1974)。

アリジゴクの巣穴

NHKのある番組に出演した時、控え室で粉体工学の三輪茂雄先生と一緒になった。先生はアリジゴクに興味を持たれていて、出演前の空いている時間に「巣穴の物理学」の講義を受けることが出来た。

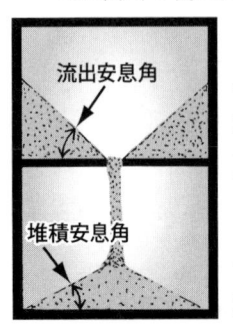

砂時計の上の容器の砂に出来る斜面の角度(これを流出安息角という)と、下の容器に積もる砂の山の斜面の角度(これを堆積安息角という)には違いがあり、流出安息角は堆積安息角より常に大きい。アリジゴクの巣穴は、流出安息角という現象と同じで、アリジゴクの顎(あご)のはさみにはトゲが並び、ふるいと同じ原理だということなど、非常に興味深い内容であった。

そこで、アクリルで作った断面が見える砂時計型の容器に砂を入れ、上の砂の斜面と下の山が見えるようにし、比較用にアリジゴクの実際の巣を展示した。

---

*サンゴジュハムシ／北海道、本州、四国、九州、沖縄諸島に分布し、庭木や公園の植栽、街路樹の害虫として駆除の対象になる。年一回発生し、幼虫、成虫共に葉を食害する。卵越冬し、幼虫は4月頃に現れて葉を食害する。

**自記温湿度計／データをすぐ見られる温度・湿度の変化を記録紙に書いていく自記記録計。

アリジゴクは、ふだんは大あごで巣穴の砂が崩れないように支えているが、アリが巣穴に落ちて、大あごの感覚器官に砂粒の変化が感じられると、「あごを外して砂を崩し、アリを落としたり砂を放り上げたりして捕える」ということだ。この話は面白く、後に『インセクタリウム』に書いてもらった(1986)。

ショウジョウバエの飼育法

ショウジョウバエは、生物学では古くから実験材料として飼われてきた昆虫である。この虫の捕獲法、エサにリンゴを使ったり、イースト、砂糖、寒天などで人工飼料を作ったりして飼育する方法と、ショウジョウバエの成虫の雌雄のスライド標本などを展示した。

セミの発音機構

セミは腹部の基部にあるV字形の太い筋肉が、背部に接着する振動板を動かして発音する。その音を腹部内に発達した気嚢に共鳴させて拡大する。すると、種類による腹部環節の動かし方の違いから音色にも違いが生ずる。

この仕組みはちょうどセミの鳴き声おもちゃ(セミカチ[*])の発音原理か、または糸電話の振動紙の原理に似ているので、セミの腹部解剖図と共にこのおもちゃを展示し、ボタンを押せば、モーターで動くようにしておいた。すなわち、糸が筋肉、紙が振動板、筒が共鳴器にあたる(1974)。

アリの飼育法

昔からよく知られている石膏または砂による衝立型の薄い飼育容器と、平面型の容器を並べて置いた。さらに砂を使って空き瓶を利用した簡単な容器の中に巣を作らせたり、衝立型の石膏に巣穴型を彫刻した器などにアリの家族を収容したりして展示した。緑化フェア(P. 141)の展示では、石膏の巣をピラミッド型にして目を引き付けるように工夫して展示した。

カブトムシの飼育・幼虫の出す糞の量

大谷剛博士が多摩動物公園の解説員をされた頃、面白い研究成果があった。それはカブトムシが幼虫時代に排泄する糞を、すべて集めて名刺大の紙の裏に

---

[*]セミカチ／裏側の金属製板バネを指で曲げると、カチカチと音が出るセミの形をしたブリキのおもちゃ。現在では駄菓子屋やインターネットで買える。

貼り付けて一覧にしたものだ。とてもみごとで、合計の糞粒の数は1万個にならんとする量であった。これを幼虫と共に展示した。彼は後に兵庫の博物館に移ったが、標本は昆虫園に寄贈してもらい、今も残っている(1989)。

カブトムシの幼虫の糞

カブトムシの幼虫の雌雄判別法

　幼虫を飼育展示していると、よく「幼虫のうちから雌雄の区別が出来ますか？」と質問を受けたので、『インセクタリウム』に判別法の記事を書いておいた(1988)。

　幼虫の雌雄の区別は難しいことではない。図のように幼虫の腹部を腹面から見て、雄は第9節の中央に皮膚を通してV字形のマークが見える。これは成虫になった時のペニスになる部分で、内部は輸精管が接続している。雌にはこのような紋は見えない。

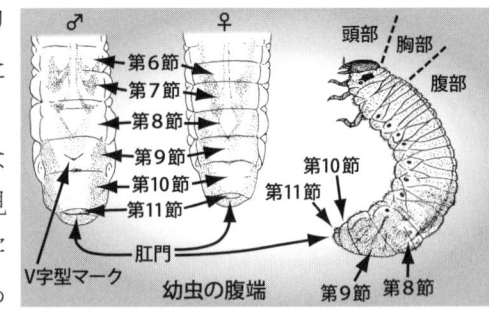

　カブトムシの飼育はやさしそうで、難しいところも多い。その最も重要な点は病気の発生で、特に同じ腐葉土を長年使っていると発生しやすいようである。

コガネムシの飼育法

　コガネムシの幼虫を、幼虫がよく見えるように格子型に仕切った容器に個別に収容し、小さく切ったニンジンをエサにして飼育する様子を展示した。これは、農大の後閑教授に教わった方法である(1966)。

ハチの巣の寄贈

　1974年の6月、相模原市の大島正隆氏から直径50cm以上もあるスズメバチの巣が寄贈された。これは大島氏の故郷の新潟県十日町のお宅の、屋根裏に作られたものだそうで、おそらくオオスズメバチの巣であろう。この標本はありがたく展示した。

ハチの巣はなぜ六角形か

アシナガバチやミツバチの巣房は横断面が六角形をしている。この形は材料が最も少なくて、面積の広い形であるとされ、ハチがどのようにしてこのような形の巣を作るのか、多くの人が疑問を持っていた。研究者の解釈では左右の触角を物差しにして巣の大きさや壁との距離を計っているとされている。

触角にワックスを塗り付けて、その影響を調べる実験も知られている。

私は、もしその触角に長さの違いがあれば、不規則な巣になるであろうと考えた。ちょうど初夏の頃、コアシナガバチが灌木の木陰に巣を作り始めているのを見つけ、巣に止まっているすべてのハチの片方の触角を切ってみた。両方切ると、エサが捕れないだろうと思われたからだ。

その結果、巣は三角形や四角形の不規則な形になり、私の思ったとおりであった。(1983)。

しかし、この実験は不完全であった。触角の完全な個体を後になって見つけたからだ。

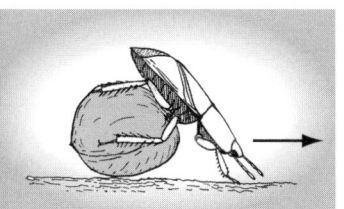

いびつな形の巣

ツチカメムシのエサ運び

1980年の5月頃、地上を這って何かを運んでいる黒い昆虫を見つけた。一瞬、甲虫のフンコロガシかと思ったが、よく見たらツチカメムシであった。桜の実の果肉のなくなった種を運んでいるのであった。じっと見ていると、コンクリートの継ぎ目の土の中に潜っていった(1981)。

地上生活をしているツチカメムシは何を食べているのか、カメムシ[*]を研究している立川君に聞くと、シードフィーダーだと言った。つまり種食い虫だそうだ。種に穴を開けて、吸汁するという。あの硬い種によく口器を差し込むことが出来るものだと思った。きれいなアカスジキンカメムシも生の落花生で飼育出来るそうだ。

アシナガバチ類の貯蜜

ミツバチと違い、アシナガバチは一般的には貯蜜の習性はないと思っていた。しかし、1986〜87年にキアシナガバチやキボシアシナガバチの巣を見つけてよく観察していたら、巣部屋の壁に点々と液体が付いているのを認めた。

---

*カメムシ／悪臭を放つことで知られ、「クサムシ」や「屁こき虫」という通称がある。この仲間は、農業上の害虫として駆除対象になることが多い。

これをなめてみた*ところ、甘いことに気が付いた。このことから、アシナガバチ類も貯蜜行動をすることが分かった(1986、1987)。

しかし、この習性はすでに文献に出ていた。

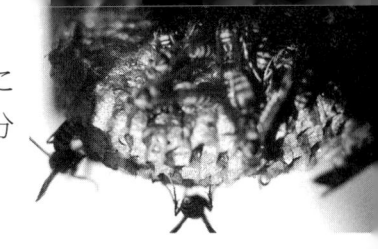

セミの幼虫の展示

アブラゼミの幼虫3匹が植栽業者から手に入った。そこで、知られているジャガイモでの飼育を試みた。プラスチック水槽に土を入れ、ジャガイモを半分ほど埋めて、そのそばに指で穴を開けて幼虫を入れた。幼虫は暗い方へ隠れてしまいがちなので、アリの展示に使うような薄い衝立形の容器を作り、セミの幼虫を入れ直したところ、根茎や新しく生えた根の汁を吸っている様子を観察出来た。ただ、ジャガイモの状態を良好に保つことが困難で、時々入れ替える必要があった。

幼虫はよく場所を移動しており、1カ所に定着していないようであった。これはジャガイモの状態がよくなかったからかもしれない。幼虫は後に3匹とも死んでしまい、長くは続けられなかった(1983)。

アオバアリガタハネカクシ

この昆虫の発生と被害があちこちで大きく報じられた時、屋上の誘蛾灯に集まっていたものを集めて、時の話題の昆虫として展示した。

この虫を採集している時、うっかり腕の下でつぶしてしまった。その体液で皮膚に水ぶくれが出来た。自ら被害を実証してしまった。

ゴケグモ

セアカゴケグモ**

「人家近くに棲み、つかむとかみつき、ひどい害をなす」という、この外来の小さなクモの話題が関西方面で賑やかであった1995年の秋、東京医科歯科大の篠永哲博士からハイイロゴケグモとセアカゴケグモの2種類各1匹の雌成体と幼体1匹をいただくことが出来、飼育することにした。

小さなケース内でもふつうの円網を張った。この巣を展示しておいた。

＊なめてみた／経験のない人がハチの巣に近づいて観察したり、なめたりすることは無謀。真似をしないこと。多くの植物や昆虫は人間にとって毒性が高く、知らないものを口に入れてはいけない。
＊＊セアカゴケグモ／オーストラリア原産。毒性は神経毒。2005年、特定外来生物の第一次指定(飼養、保管、運搬、輸入などについて規制するとともに、必要に応じて国や自治体が防除を行う)。

これは持ち込み腹であったらしく、次の年の初めにハイイロゴケグモはコンペイトウのような小突起のある直径が8㎜ほどの卵嚢を2個、セアカゴケグモは直径8㎜ほどの丸い卵嚢を1個作った。卵は孵化し、多数の幼虫は個別にプラスチック瓶で飼育した。エサはショウジョウバエを与え、多数が成虫まで育ったが、ゴケグモの名のとおり、交配は難しく、雄と雌を不用意に一緒にすると、雄は食べられてしまって、次代を得ることは出来なくなった。交配は慎重になるべく自然な状態で行う必要があった。飼育経過は折にふれて『インセクタリウム』に報告しておいた(1996)。

　その後、カブト、クワガタなどの外来昆虫が盛んに輸入され話題になった頃、環境省から、ゴケグモの飼育や生態について聞かれた。私はおよその経過を話しておいた。

　繁殖場所は僅かな空間があればよいし、1個の卵嚢から出て来る子の数は100匹近いから、一度野外で繁殖すれば退治は困難であろうと思われる。その後、ゴケグモの持つ毒性から、有害動物に指定された。近年、再びあちこちで見つかりつつある。旺盛な繁殖力と目立たない棲み家によるのだろう。

トビズムカデ

　トビズムカデが手に入った。ゴキブリなどの小昆虫をエサにして飼育展示していたところ産卵した。交配済みだったようだ。卵は丸く、黄色で15個を数えた。親は体を「の」の字形にして卵を抱き、なめたり場所を変えたりして、飲まず食わずで大切に守っていた。試みに卵の1個を取り、離れた所に置いてみた。その卵はカビが生えて、死んでしまった。親が守っていたものは、すべて孵化した。幼虫たちは、母親の体の上や周りで過ごしていたが、順次、分散した。その後の飼育は続けなかった(1973)。

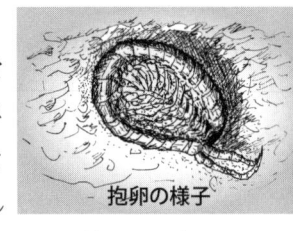

抱卵の様子

エゾアカヤマアリ

　このアリは本州中部以北、北海道に分布し、カラマツ林などで落ち葉を集めて、日当たりのよい林床に、数十㎝ほどの高さにこんもりと盛り上げた塚を作る。

　人が腰掛けるのにちょうどよい場所だと思って、うっかり

展示容器

＊持ち込み腹／飼育下で、雌雄を交配させたのではなく、野外で交配済みであった個体のこと。

エゾアカヤマアリ
働きアリ

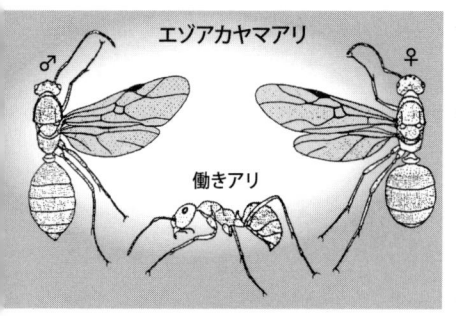

座ると、アリたちの猛攻撃を受け、とんでもないことになる。北海道の石狩浜には昔、長さ1kmに及ぶ巣群があったそうだが、分断されたという。昆虫園でも、このアリを展示したいと思っていた。

長野に行った時、この巣を探した。高原の林間のあちこちに松葉の塚が見られた。その一つを係員の手を借りて、スコップで巣山部分を掘り上げ、大きいポリ容器の中に収容した。容器の上部内縁には脂を塗り、アリが逃走出来ないようにしておいた。アリたちは、盛んに尻を曲げて蟻酸を吹きかけて来る。蟻酸が傷口にかかると痛いので、素早く作業した。この種類のアリは、一つの巣にたくさんの女王アリがいるので、巣を大きく採集したため、一緒に女王アリも得られたようで、展示を数年間続けることが出来た。

展示にはアクリルでケースを自作したが、湿り気があるとアクリル製品は歪みを生じ、僅かな隙間からアリが脱出することがあった。脱出防止用の脂には、いつの間にか泥が付けられていて、そこを乗り越えて脱出したのだった。そこで業者に、しっかりした鉄製の歪まないものを作ってもらった。

エサは虫の死体や蜂蜜、リンゴなどで、水も与えた。玉川大学からいただいたミツバチ幼虫の粉末を与えたところ、よく食べた。

巣はカラマツの針葉が使われている。駒谷係員が展示ケースにライトを取り付けたところ、光の当たる方に枯れ葉を積み上げたり、幼虫やマユを塚の上部に運んだりして、保温する様子が見られた。

アリ塚にはいろいろな蟻客(ぎきゃく)*が知られているが、筒を被ったヤツボシツツハムシの幼虫が見られた。一緒に持ち込んだようだ。このハムシはアリの塚に棲む甲虫として知られ、このグループを研究していた農大の1年先輩の竹中英雄さんの報告(1982)によると、「アリが卵を巣中に運ぶ」という。このハムシとアリの利害関係は詳しく調べないで終わった。

やがて、新しい女王アリや雄アリが多数誕生し、巣上を歩き回るのが見られたが、交配はしないで、だんだんと巣は衰退していった。アリの累代飼育はどの種類も難しいと思った。

＊蟻客／好蟻性昆虫、あるいは好蟻性動物と呼ばれ、アリやアリの巣に守られ、エサを食べたりアリを捕食したりする生き物。

ヒメホソアシナガバチの長い巣

　八王子の西村維武氏から、青梅産のとても長いアシナガバチの巣の寄贈があった。

　調べてみたらヒメホソアシナガバチの巣であることが分かった。私は各部を計測し、全体の長さ49㎝、幅4.8㎝あり、標本室に展示しておいた(1987)。

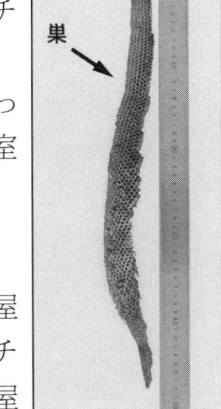

ハチ小屋

　ハチ小屋とはいっても、ミツバチの小屋ではなく、細い竹筒に巣を作るドロバチやツツハナバチの仲間を誘うための小屋で、さまざまな太さの篠竹の束を屋根で覆っただけのものである。これを昆虫園の門の横に設置し、説明しておいた。間もなくさまざまな筒に巣を作るハチが訪れた。竹の太さによって、巣作りをする種類が違い、どの位の太さを好むのかがよく分かる。ツリアブやセイボウなどの寄生蠅や寄生蜂がしばしば訪れて興味深く思った。昆虫園のこの辺りの環境は、ハチにとってもよいようだった(1996/8)。

ニホンミツバチ[*]の飼育状況

　日本でふつうに見られるミツバチは、一般に飼われているセイヨウミツバチと日本在来のニホンミツバチである。セイヨウミツバチの飼育法はよく知られているが、ニホンミツバチの飼育は経験がなかった。

　ハチそのものは野外でよく見かけるが、飼育に関しては、巣板や巣箱から少し違うようで、扱い方から勉強しなければならず、あきらめていた。

　しかし、飼育の実態を一度見てみたいものだと思っていたら、意外な場所で目にすることが出来た。長野での採集旅行の時、泊まった松原湖のたばた旅館の御主人が飼育されていたのだ。

　お話を聞き、設置してある巣箱を見せてもらった。日当たりのよさそうな斜

＊ニホンミツバチ／日本の養蜂業で飼育される蜂は、セイヨウミツバチとニホンミツバチの2種で、蜜の採取が行われている。セイヨウミツバチは養蜂のために移入されたもので、ニホンミツバチは日本に元々いる種(在来種)。木の洞や地中に巣を作り、天敵であるスズメバチを集団で囲み、筋肉を震わせ、熱を生み出して蒸し殺すことで知られる。

面にハチ胴*というものが置いてあった。太い丸太をくり抜いたようなもので、出入り口は下の方に開き、ハチが出入りしていた。このような巣箱を置いておけば、自然にやって来て巣を作るそうだ。蜜は巣を少し削り取り、採取するようだ。巣室はセイヨウミツバチより小さいようだから、セイヨウミツバチのものは転用出来ないかも知れないと思った。

　だが、最近はニホンミツバチの飼育も盛んに行われるようになったから、飼育技術は進んで来たのだろう。私の知識はそこまでで終わってしまった。

カマキリの飼育展示

　現在はいろいろな外国産の生きた昆虫が輸入されている。しかし、1970年頃までは、肉食昆虫以外は輸入を禁じられていた。

　カマキリさえまだ珍しい存在であった。1974年の初め頃、イギリス(ハーウィック**)のG. L. ヒースという方から園あてに1通の手紙が届いた。その内容は・・・

　「私は世界各地のカマキリを集め、飼育し撮影することを趣味にしています。しかし、まだ日本のオオカマキリを飼育したことがないので、送っていただけませんか」とあった。私はかつてカマキリの輸出入について、植物防疫上の問題を防疫所に訊ねていたが、全く問題ないとの返事であったことを思い出し、早速オオカマキリの卵鞘5個を送った。

　6月、ヒースさんからお礼として2種類の卵鞘が送られて来た。そこで、これを恒温器に保存し、孵化を待ったところ6月末に孵化した。アフリカ、マラウィ産の首の長い種は、当時は埼玉大学におられた山崎柄根教授に同定していただいたところ、1種はクビナガカマキリ(ミオマンテス・モナカ)とのことであった。他の1種はハラビロカマキリに似たやや小型の種類であった。私は係員の三枝博幸君に飼育を委ねた。彼は信頼できる飼育のベテランだ。

　ヒースさんとはその後もクリスマスカードや年賀状の交換が続いている。彼は、ハーウィックでは有名なカマキリマニアで、「世界中からカマキリを集

---

*ハチ胴／日本ミツバチの巣板は縦長で、西洋ミツバチ用に製作されている横長の巣枠では合わないといわれ、それぞれの養蜂家が研究し、飼育箱が制作されている。
**ハーウィック／ロンドンに近い港町。

めて飼育している」という新聞記事を、彼を実際に取材した記者から送ってもらった。

1986年の秋頃、作家の松岡正剛さんの事務所から、ハナカマキリとムナビロカレハカマキリをいただいた。「カマキリの取材が済んだ後なので、差し上げてもよい」とのことだった。ランの花弁のような姿のハナカマキリや、枯れ葉のようなムナビロカレハカマキリの、生きた姿を初めて見た時は感激した。私はありがたくいただき、これを慎重に飼育し、繁殖までさせることが出来たのは、嬉しいことであった。

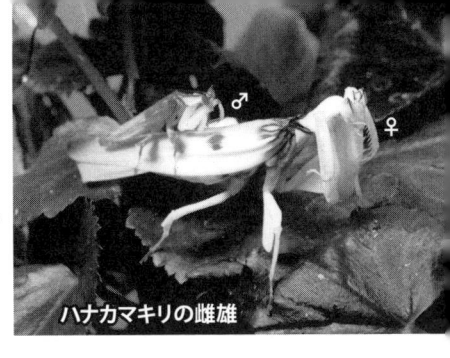

ハナカマキリの雌雄

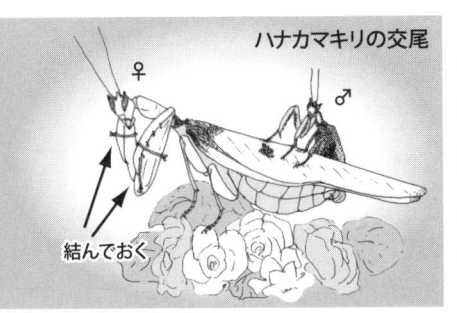

ハナカマキリの交尾
結んでおく

飼育の方法は、どちらの種類も、日本のカマキリとほとんど変わりなかったが、ハナカマキリは雄が7齢(幼虫期間は58日)、雌は8齢(81日)で、雄は雌より小さく、はるかに早く成虫になる。雌との交配を考えて、雄はエサを控えめにして調整し、雌と同時期に成虫になるよう配慮した。また、交配の時には雄が雌に食べられないよう、あらかじめ雌に十分エサを与えておいたり、雌の前脚のカマの部分を糸で結んでみたりした。しかし、糸はすぐにかみ切られ、何匹か失敗した。そこで糸の代わりにエナメル線*を使った。交配が成功し、数匹の雌が産卵した。卵鞘はナメクジ型で日本のコカマキリのものに似ていた。

25～30℃に設定しておいたら、34～53日で孵化した。1齢幼虫は赤色で、頭や脚の先が黒く、きれいな色彩であった。私には、欧米の長手袋をはめた貴夫人のように見えた。2齢以後は白色に変わったが、その色調はさまざまで、美しいピンク色のものもある。写真家の海野和男さんがみえた時、このことを聞いたら環境によるのではないかと言っておられた。

ムナビロカレハカマキリは雌雄とも8齢まであった。幼虫は日本のハラビロカマキリのように腹部を背上に持ち上げ、成虫も木の枝にぶら下がって止まる性質があった。雄は93日、雌は110日で羽化した。展示には「カマキリの世界」と題して展示した。この飼育展示経過は『インセクタリウム』に、折にふれて報告

*エナメル線／小学校での簡単な電気工作などにも使われ、「エナメルワニス」と呼ばれる塗料を焼き付けた細い銅線のこと。絶縁、耐熱性に優れ、電気機器のコイルの巻き線などに使われる。

しておいた(1987)ところ、いろいろな人から手紙をいただき、また新聞や雑誌社が取材に来た。

カマキリは展示に彩りを与える種類なので、その後も西山さんにご協力いただき、熱帯地方のいろいろな種類を飼育した。木肌に付くコケにそっくりな色のコケイロカマキリ、うちわのように「平たく丸い腕」がグローブを付けてボクシングをしているように見えるボクサーカマキリ、目玉模様のあるクサカマキリ、ほっそりと小さいホソミカマキリなど、それぞれ卵鞘にも特徴があって面白い。ボクサーカマキリの卵鞘は小柄な身に合わず、オオカマキリの卵鞘くらいの大きさがあり、美しい薄緑色をしている。

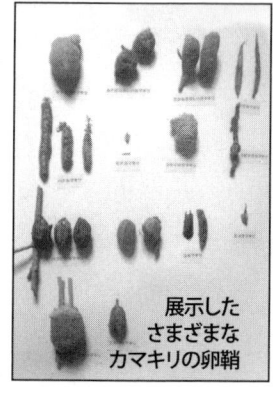

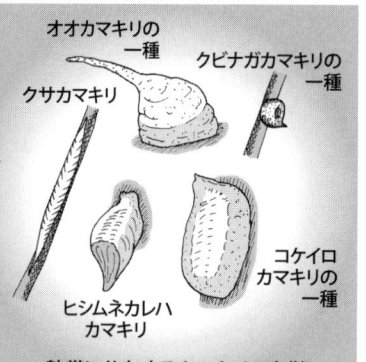

カマキリを飼育して最も困難なことは交配である。多くは雄が雌に食べられてしまう。更に、同じ子孫同士を交配させていると、どうしても次代の孵化率が悪くなった。

展示には「カマキリの世界」と題し、カマキリの保護色のこと、捕獲脚の仕組みと動き、複眼の昼夜による色変わりなどを説明した。カマキリは前脚が捕獲脚になっていて、捕獲時は4本脚で歩くが、前脚が空いている時は歩行にも使う。そのカマキリの前脚の捕獲機構は、三つの関節と、カマの部分のトゲが、互いに合わさって、捕まえた獲物を逃がさないようになっていることに特徴がある。また前脚を前方に伸ばし、中脚と後脚を交互にかいて泳ぐ。いわばカマキリナイズドスイミングだが、日常よく見かける。「カマキリの遊泳」(P.L.ミラー：1972)という論文もある。

目はどうかというと、昆虫は昼夜、すなわち明暗により、複眼の色素細胞(虹彩細胞)の色素が上下に移動し、光の量を調節し、映像を感じやすくなっている。カマキリも同様で、日中は薄緑色をしているが、夜、電灯に飛んで来た個体の複眼を見ると黒い[*]。各個眼の色素が上部に移動し、目の奥の方まで見えるからである。透明なケースに入れて灯火の元に長く置くと、だんだんと昼の目に変わっていくことが観察出来る。

---

[*]複眼を見ると黒い／カマキリの複眼は大きく、昆虫の複眼の色素細胞(虹彩細胞)の色素が上下に移動し、光の量を調節する様子が見やすくてよく分かる。

シロモンオオサシガメとベニモンオオサシガメ

　サシガメは飼育しやすく、生理生態実験によく用いられる昆虫である。多摩動物園には、コガネムシの天敵として東南アジアで飼われていたものが導入されて、昔から飼われていた。

　シンシナティ動物園*内昆虫園のランディ・モーガンさんがみえて、昆虫館を案内した時、ベニモンオオサシガメをご覧になって、「我が園には同じ種類で白い紋のものがいる」と言われた。私は非常に興味を持ち、「是非卵を送って欲しい」と伝えた。彼は帰国後、いくつかの卵を送って来てくださった。これを生駒係員に託したところ、孵って育ち成虫になった。係員が成虫の姿がベニモンもシロモンもよく似ているので、同じ種類かどうか交配実験をしたところ、雑種が生まれた。紋の色はベニモンより薄いようだが明らかに明るい赤であった。おそらく同種の色彩変異であろうと思われる(1992)。

　シンシナティ動物園には当園でもボランティアをしておられた本田さんが向こうでもボランティアをしておられるようで、その繋がりから、ランディさんは当園のことをよく御存知であった。後にモーガン夫人もお一人で来日された折、園内を案内した。その後、モーガン夫人からランディさんのユーモラスな写真の載った新聞を送っていただいた。

4. 展示昆虫の採集旅行

　昔は展示昆虫の収集のため、係員は毎月のように手分けして近郊へ出かけていたものだ。数人が係専用のジープに乗り、近郊へ日帰りで出かけ、展示昆虫の補給をしていた。このことは採集を兼ねて、係員自身にも自然観察のよい機会であっただろう。さらに一泊採集といって、房総や山梨などのやや遠くまで出かけたこともある。また、年に一度は沖縄や離島方面にも出かけた。どの場合でも、捕った昆虫を生かして持ち帰ることには苦労した。

　飼育展示技術が向上し、展示種類の変更が少なくなり、あまり出かけなくなってきたのは残念だった。

　私は夏休みに丹後に帰った時、懐かしい竹の川の堤防でキリギリスなどを採集して持って来た。ただ、新幹線の静かな車内で「ギース！」と鳴かれるのには閉口した。乗客は鳴き声のする棚の方を見てなにかささやいていた。

＊シンシナティ動物園／アメリカ合衆国内の動物園としては、2番目に古い1875年に開園された動物園で、アメリカ合衆国オハイオ州シンシナティにある。

長野・山梨方面

　長野や山梨方面では池沼や放棄水田に、ゲンゴロウやガムシ、タイコウチ、ミズカマキリなどの水生昆虫が多かった。さらにエゾアカヤマアリなどもよく目に付いたので、これを主として採集した。

キシャヤスデ*

　長野方面へ採集旅行した時には、高原のあちこちにキシャヤスデが見られた。このヤスデは何年かおきに大発生するようで、私たちの行った時が、ちょうどその発生の年にあたっていたようだ。このヤスデは、知られているように大発生すると、線路の上でも大挙して歩き、車輪にひかれ、その体液で車輪が空回りしてしまうという話がある。展示用に必要な数だけ採集した。

房総方面

　房総方面にはマツムシ、キリギリス、カヤキリなどの鳴く虫も多く、毎年開く「秋の鳴く虫展」に足りない展示昆虫の補てんのために採集に行った。
　夜は「ジーン」と大声で鳴くカヤキリを探して回った。そんな折、ふと暗い海を見ると、夜光虫の美しい光が波が岩に当たるたびに青白く輝いていた。

八丈島＝発光生物の島・奥山先生

　羽田先生の著書によると、昆虫の「発光キノコバエ」ばかりではなく、キノコにも発光するものがある。
　フェニックスに寄生するヤコウタケは「グリーンペペ」と呼ばれる。シイの木に寄生する「シイノトモシビタケ」という名前も詩情豊かだ。

グリーンペペ

　初めて島を訪れるにあたっては、八丈島支庁の高野雅昭氏に島を案内していただいたり、小学校の奥山英虎先生に会わせていただいたりした。
　熱心に、教育用標本の作製をされている最中の奥山先生にお会いし、先生から発光キノコバエが発見された時の経緯をうかがった。
　それは発光生物学で有名な羽田先生と、小学生たちとの「夜の観察会」の時のことだ。菊池君という児童が、偶然シイの木の洞内の天井にいる「光る昆虫」を見つけた。この虫を羽田先生に見せると、キノコバエの1種ニッポンヒラタキ

＊キシャヤスデ／体液に毒を持つ、典型的な不快害虫。土中での幼虫期間が長く、8年目に成虫になり、地表に出て集団見合いのために大挙してはい回る。幼虫は体重の何十倍もの落葉を食べて土に変える。ヤスデの糞は栄養分に富み、樹の成長に役立ち、土の中を動き回ることによって、土の中の空気や水の通りをよくする。森林にとっては有益で重要な土壌生物である。

ノコバエの幼虫であることが確認された。

　私は後年になって再度この島を訪れた時、町役場の山下氏に案内していただいてこの虫を確認出来た。ただ、シイの木は育つと鬱蒼としてきて、屋敷内では切られてしまうことが多いと聞き、発光生物の未来が心配になった。そして、ぜひとも発光生物の研究機関が欲しいものだと思い続けていた。

　他の節足動物ではサソリモドキが興味深い。かつての石垣島では、山の中で石を持ち上げた時、必ずといってよいほど1匹ずつ石の下にいるのを見た。うっかり刺激を与えると、尻からツーンと鼻にくる酸性の強い匂いを出した。成分は主に酢酸であるという(山崎、中嶋、伏谷『天然の毒』(講談社)1985)。

　この動物は八丈島でも見られた。聞くところによると、どうやら植栽などと共に人為的にもたらされたものが、増えていったらしい。サソリモドキのいない石の下には、多数のサツマゴキブリを認め、びっくりした。これも人為的なものだという。図鑑によると八丈島の種類はアマミサソリモドキで、日本にはタイワンサソリモドキとアマミサソリモドキの生息が知られている。

　大きいゲジも見られた。カマクラオオゲジであった。これは洞窟の天井や道の切り通しの水抜き穴に、よく見られた。夜は「グーイ・グーイ」と鳴くクチキコオロギの声が、あちこちから聞こえた。

　夜間に見た発光キノコ「グリーンペペ」の青白い光は妖精のように思えた。フェニックス畑に落ちた枯れ葉に発生する。私は試みに、フェニックスの枯れ葉の1枝を持ち帰って、しばらく暗く湿った場所に置いておいたところ、4個の子実体(キノコ)が発生した。心待ちにしていた発光現象は、傘が開いた数日間のみであった。これを通年にわたって発光状態にして展示するのは至難の業であろう。このキノコの人工栽培技術の向上や研究が待たれた。

　ところが近年インターネットによると、八丈島には発光生物の研究施設[*]が出来て、観光施設の一つとされているようだ。私が思い抱いてきた施設が出来たというニュースを見て、ほっとして嬉しく思った。

沖縄・石垣島・西表島

　初めて沖縄に行くことになり、現地に詳しい琉球大学の東精二教授を紹介していただき、いくつかの採集ポイントを教わった。大学時代の後輩の渡辺

---

[*]発光生物の研究施設／八丈町・NPO法人八丈島観光レクリエーション研究会が後援する研究集会では、国内外の著名な発光生物研究者が一同に会し、その最新の研究成果を分かりやすく紹介している。

ヘビに注意を促すポスター

リュウキュウイノシシ

賢一君が石垣島で高校の先生をしているので、採集地の案内をしていただいた。彼はトンボが好きで、住み付いてしまったのだ。そして、西表島の琉球大学熱帯生物圏研究センターの金城正勝先生には、行くたびに大変お世話になった。

西表のヤマネコ研究センター*は時々訪ねてみた。自動車事故に会うヤマネコも多いそうだ。

ハブやその他の毒ヘビが多いという内容のポスターには驚いた。

イリオモテヤマネコ

夏に行った時は、クサゼミの声はもうわずかであったが、クマゼミの声はとても賑やかであった。静かな神社を訪れた時、「チェン・チェン・・・」と鳴く大きな声が森に響き、びっくりした。それはオオシマゼミであった。川沿いを歩くと、そこではベッコウチョウトンボの群れを見た。渓流のコナカハグロトンボも珍しく思った。

オオゴマダラ

金色に輝くサナギ

天然記念物のハスノハギリのある公園では日陰を白く大きい翅に黒い点々のあるオオゴマダラがゆっくりと飛んでいた。これは昆虫園でも一年中飛ばしてみたいものだと思った。渡辺君には、食草のホウライカガミを教えてもらい、いくつかの株をまとめて昆虫園に発送した。成虫もいくつか採集し、宿で就寝前に給蜜をして生かしておいて持ち帰った。

オオゴマダラ

オオゴマダラのサナギは金色で、とても美しい。しかし、ジャングルでは木漏れ日にまぎれて見えなくなり、保護色の効果があると説明されている。

この金属光沢はどのようにして発色するのか、分からなかったが、その機構がおぼろげながら分かったのはずっと後のことであった。国際基督教大学の加藤

オオゴマダラアゲハ

*ヤマネコ研究センター／正式名称は西表野生生物保護センター。1995年設置。イリオモテヤマネコの保護増殖事業・調査研究の実施・普及啓発などの業務を統合的に推進するための拠点施設。

教授によると、幾層にもなる表皮が反射する構造色であるらしいとのことであった。しかし羽化する時に、表皮の層状構造の部分は溶かされ、半透明のただの抜け殻となってしまうのだ。

オオゴマダラを展示し始めると、当時の係員はオオゴマダラが非常に興味深い行動を見せてくれることに気が付いた。「温室に入って来る人の頭に集まる」というのだ。頭に集まる理由は、整髪料に含まれるある種の成分にひかれるようだ。これは後の「チョウの指先展示」(P.186)の項を参照。三枝係員はオオゴマダラが紅梅の花に好んで集まることも報告している(1996)。オオゴマダラの飛翔はゆっくりしているが、これは有毒であるから、天敵に襲われない自信があるらしい。この色模様によく似たオオゴマダラアゲハが知られているが、こちらは無毒である。

井頭公園の上西さんはジゴペタラムというランにオオゴマダラが集まると報告している(2000)。

他のチョウ類

当時、沖縄の山野にはアメリカセンダングサが多く、その花には多数のチョウがよく訪れていた。カバマダラ類、シロチョウ類などが主のようであった。屋敷林の付近ではナガサキアゲハが飛び、道端のセンダングサの花には多数のリュウキュウアサギマダラやスジグロカバマダラ、アオタテハモドキ、シロチョウ類が訪れて乱舞していた。採集品は生かしたまま持って帰らなければならなかったので、宿では何十匹ものチョウの給蜜で忙しかった。後になって、宅配便を利用すれば、2日で送れることが分かり、採集品はすぐ送り、身軽になって動くことが出来た。

当時の沖縄の景色や動植物は私にとって、見るもの聞くものすべてがとても新鮮な経験であった。

虫の声・鳥の声

本州では秋でも、沖縄では空港を降りると、すぐにイワサキゼミの「ギー・チュンチュン…」という賑やかな声が待っていた。まだ夏であったのだ。夜は、「ホー・ホー」と鳴くアオバズクの声。草むらには光るホタル。リュウキュウクツワムシは鳴き始めに「ジキジキジキ」と前奏曲を入れてから「ガチャ・ガチャ…」

＊宅配便を利用／現在は、生き物は送れない。

と鳴くのが面白い。リュウキュウサワマツムシも鳴き始めが「チン・チン・チン」、続けて「チンチロリン」と鳴き、本土のものと少し違った音色で興味深かった。

朝は周辺を散歩すると、アオバズクのしわざか、カミキリやクワガタの頭胸部が落ちていた。大きいフトヤスデ、サソリモドキ、オオコウモリ、キノボリトカゲ、緑色のカナヘビなどに出会えて嬉しかった。

石垣島での民宿は美しい川平湾を望める同じ所に決めていたので、主人とは馴染みになった。夜はナキヤモリが天井を這い回り、虫を捕っていた。時々「コッコッコッ」と甲高い声で鳴いた。夜は付近の草間をのぞくと、陸生ホタルの幼虫の光が星空のように輝いて見えた。

オモト岳では朽ち木を探し、大きなオオゴキブリを見つけた時、ハブも出て来て退散したこともあった。タクシーの運転手は「ハブは売れるよ」と笑った。

ヤエヤマアオガエル

渓流で時々聞かれる「トラトラトラトラトラトラトララ・・・」という甲高い声の主はぜひとも突き止めたいと思った。これは後にヤエヤマアオガエルであることを知った。もう1種類、メダカのように泳ぐオタマジャクシを道路の水たまりの中で見た時、どんな成体になるのか知りたくなった。後年、三枝君たちがこれらを捕って大切に持って帰り、正体を確かめることが出来た。

何年か後、島を訪れる機会があったが、初めの頃に見られたチョウの乱舞が見られなくなっていた。時期が違ったのか？

クロトゲアリ＝日本のツムギアリ

沖縄以南に棲むというこのアリは、よく知られたツムギアリに似て、樹上に葉や枝を糸でつづってまとめ、巣を作る。高橋良一(台北大学紀要)の黒トゲアリの論文(1937)を見て、生態に興味を持っていた。「日本でもツムギアリが見られる」というわけなので、園でも展示したく思っていた。

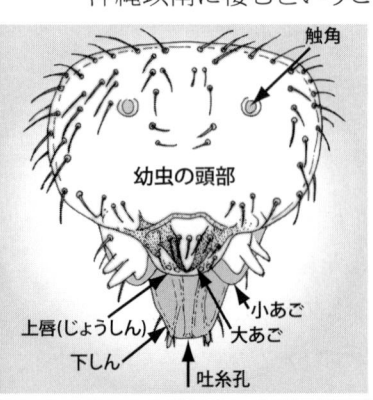

昆虫園運営委員の久保快哉さんを通して琉球大学の東清二先生に協力を依頼した。先生には大きいプラスチック瓶をお送りして採集

幼虫の頭部
触角
上唇(じょうしん)
下しん
小あご
大あご
吐糸孔

*ツムギアリ／東南アジアに広く生息し、しがみつく力やあごの力が強く、うっかり巣にふれるとかむので注意。生葉を幼虫の出す糸でつづり合わせて巣とする。

巣の展示

をお願いし、私も出張する機会を得、実際に巣を見ることが出来た。巣はいたる所に見られたが、サトウキビ畑近くの、バンジロウの木の枝にある手の届くものを採集した。

巣にふれると一斉にアリたちが襲って来るため、巣の採集には苦労した。うっかり巣を壊すと、幼虫やマユがこぼれ落ちる。東先生は余分な枝を少しずつ切り払い、アリたちをあまり騒がせることなくビンに収容してくださったので、私は無事に持ち帰ることが出来た。

展示にはアクリルケース(80×60×70㎜)を作製して収容した。ケースは加湿にならないよう、直径2.5cmほどの穴を8個開け、網を張って通気口にした。やがて、床に分家を作った。

好蜜性といわれるアリなので、蜂蜜やリンゴ、水を与えたが、蛋白質も必要と思われ、虫の死体やミツバチの幼虫粉末を与えたところ、よく巣に運んだ。

糸を吐く幼虫

巣作りは、糸を吐き始めた幼虫を働きアリがくわえて歩き回り、付近の葉をつづって作る。幼虫の背は、あごの幅に合った凸形になり、働きアリがくわえやすいようになっている。この形態はどのような進化をたどって来たのだろう。

巣作りの場所は葉の混み合った場所が選ばれ、ゴミはケースの一隅に捨てられていた。

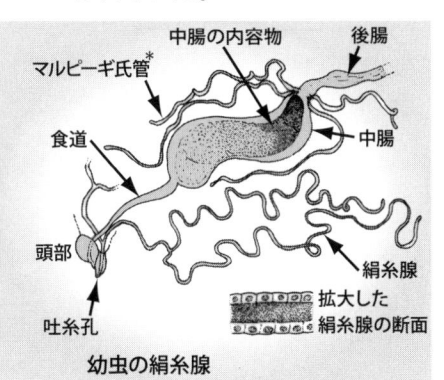

幼虫の絹糸腺／マルピーギ氏管＊／食道／頭部／吐糸孔／中腸の内容物／後腸／中腸／絹糸腺／拡大した絹糸腺の断面

観察を続けると、幼虫の吐き出す糸の量がとても多く、気になった。そこで幼虫の体を解剖した。すると絹糸腺がカイコのようにとても長いことが分かった。

巣が大きくなったと思われた頃、巣の上には新しい女王アリと雄アリが多数見られるようになった。しかし、アリの交配はこの種でも難しかった。

＊マルピーギ氏管／節足動物のうちの昆虫類・クモ類・多足類にのみ見られ、体液から水や代謝産物などを排出する器官。

巣には蟻客がいることが多いが、この種にも小さなガが寄生していた。高橋の論文によるとバトラケドラという体長6mmのガで、アリの巣にマユがたくさん付いていた。どうやら一緒に持ち込んだらしい。このガの詳しい生態は観察していない(1985)。後に、木の上のアリの巣が面白いと、新聞社も記事にしてくれた。

ツダナナフシ(ヤエヤマツダナナフシ)

成虫、卵、食草

初めてこの虫を知ったのは台北大学紀要、牧(まき)の「筋肉系の論文(1935)」であった。

解剖図を見て、一度見たいと思っていたこの昆虫を、金城先生のお陰で、西表島で見ることが出来た。浜辺に生えているアダンに棲むというので、その食痕を探し、そのトゲトゲの葉縁の先をそっと持ち、重なっている所を開いてみると、その隙間に潜んでいたのだ。ボリュームがあり、鈍い光沢がある緑色のナナフシで、翅は短くて飛ばない。これを見つけて、喜んでつかむと、メンソレータムみたいな匂いの白い液を前胸部から噴き出した。この主な成分はアクチニヂン*というそうだ。

この種は単為生殖**であり、交配しなくても卵は発生する。1匹採集すれば産卵し、アダンがあれば増やすことが出来る。卵は木の実のようで、金城先生によると、「海水に浮くから、流されて分布を広げたものであろう」という。多摩に研修に来ていた伊丹市昆虫館の後北峰之君がこれを実験し、アダンやツダナナフシの分布を想定した論文を書いた(1998)。

単為生殖の理由は後で知った。これはボルバキアというウイルスが雌の卵巣を経由して子孫を残すためで、「雄に寄生してしまうと子孫を残せないから雄を残さないように制御しているのだ」という。後に、恒温器が壊れて、温度が上がりすぎた時、雄が生まれたことを、係員の菊池君が確かめた。雄は小型で、長く飛翔可能な翅を持っていた。温度が高いとボルバキアが死滅してしまうらしい。

並木のオキナワナナフシ(通称アマミナナフシ)

これも沖縄で自然のものを見ることが出来た。街路に植えられているハイビスカス、ニシキアカリファなどの並木に止まっていた。雌は太っているが、

---

*アクチニヂン／昆虫毒の一種、蛋白質分解酵素。
**単為生殖／有性生殖をする生き物が、雌だけで子を作ること。

雄は細い。多くの植物を食べるので飼育しやすく、園では古くから飼育されてきた種類である。

ナナフシ類は植物の種に似た卵を産み落とし、種類によって卵の形態が異なり、およその種類が区別出来る。

新宿駅でナナフシの展示

昆虫園宣伝のために、新宿駅西口の改札口を出た所の柱の周囲を利用して、「ナナフシってどんな虫?」と題して生きた実物の展示を行った。内容は擬態、保護色、脚の自切、3点歩行などを取り上げ解説した。やはり実物は多くの人の興味をひき付けるようで、立ち止まって見る人が多かった。毎日、帰り際に新宿まで足を延ばして給餌した(1997)。

地表を歩くトゲナナフシ

体のあちこちにトゲの生えている黒っぽいトゲナナフシを見た。シダなどの他、多くの植物種を食べて、八丈島では温室の害虫として知られている。体の色からも想像されるとおり、地面に近い所に棲んでいることが多い。よく似た黒くて大きい種類がマレーシアのジャングルでも地表を歩いていたなあと思い出した。

初めて見た野生のサソリ

これは2cmほどの茶色いヤエヤマサソリである。マエセ岳で、はがれかかった木の皮の下に数匹がかたまっているのを認めた。私が沖縄の地で初めて見た生きたサソリであった。毒は弱いといわれるが、あまり気持ちのよいものではない。日本にはもう1種マダラサソリが知られているが、幸か不幸か沖縄では出会ったことがなかった。

オオムカデ[*]

沖縄でも石の下や朽ち木を壊すと、たまに這い出して来る。本州のオオムカデより大きいようだが、見つけたムカデ類の正確な名はまだ調べていない。

ヤエヤマフトヤスデ

日本の大きいヤスデ。渡辺君に石垣島を案内してもらった時初めて見た。

---

[*]オオムカデ／血球溶解作用(溶血性)がある毒を持ち、落ち葉・石・コケの下などの湿った場所に生息。北海道南部から沖縄にかけて分布。トビズオオムカデやアカズオオムカデ、アオズオオムカデのことをさし、沖縄にはハブオオムカデ、タイワンオオムカデが分布するとされる。屋内に侵入することもあり、かまれた箇所は大きく腫れてピリピリした激しい痛みがある。

湿った林の中の樹幹や、道路の側溝に見られた。黒味を帯びた、赤茶色の帯のある皮膚に赤い脚を持っているからよく目立った。

マンネンヒツヤスデ

東京医科歯科大の篠永教授に1匹、寄贈していただいた。昔の万年筆ほどもある大きな黒いヤスデだ。今では時々標本商が扱っているが、生きた実物を見るのは初めてであった。ニューギニア産という。係員は落ち葉をエサに飼育していた。エサをよく食べ、糞も大きい。繁殖はしなかったようだ。手荒く扱うと体側からクレオソートのような嫌な臭いの汁*を出す。

5. 秋の鳴く虫展
新宿駅での広告展示

毎年恒例の展示で、ホールに秋の鳴く虫を大々的に集めて展示していた。

これを広く見ていただくために、私は新宿駅に実物を展示し、宣伝することを提案して採用された。再び京王電鉄に了解を得て、改札口を出た所の柱の周りに台を置き、スズムシの飼育ケースやパンフレットを置いた。しかし、これは駅員にとっては迷惑であったようだ。

乗客が駅員にいろいろと虫について質問した。

エサがないとか、虫の死体があるとか、いちいち言って来たそうだ。私は通勤帰りに新宿まで足を伸ばして、多摩動物公園の腕章を巻いて手入れをし、府中へ帰宅していた。

私が行かれない時は、他の係員に頼むのだが、新宿まで回り道をするのは無理な場合もあって、手入れが出来ない日があった。駅側から、「安全運行が第一である」と、2年ほどで断られてしまった。

*クレオソートのような嫌な臭いの汁／昆虫毒の一種、蛋白質分解酵素。クレオソートは、コールタールを蒸留・精製して得る石炭クレオソートのこと。かつては、3%の濃度に薄めた水溶液（クレゾール石鹸液）を消毒薬として、医療機関や教育機関などで使用していた。近年では取り扱いの難しさや強い臭いなどから、身近で使用されなくなり、臭いも知られなくなった。

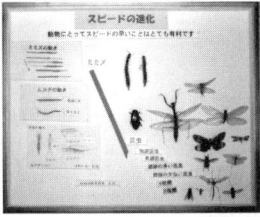

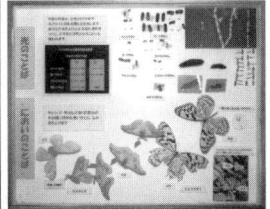

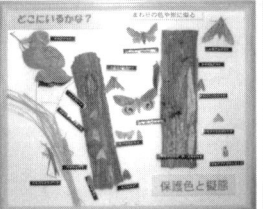

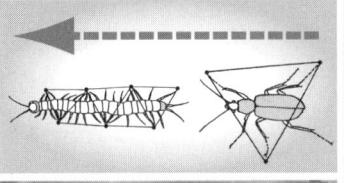

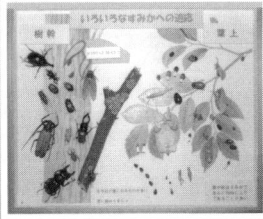

IV. 標本室の展示構成の工夫
1975～1984
昭和50～59年

Ⅳ. 標本室の展示構成の工夫

標本室の展示を任された時、今までの分類標本以外に、何か昆虫の特徴を示す展示法がないか工夫した。そこで、「昆虫とはどんな動物か」に焦点を当てた。この展示は本館改築に際し、少し内容を変えたが、大筋については変えていない。

1. 昆虫とはどんな動物か

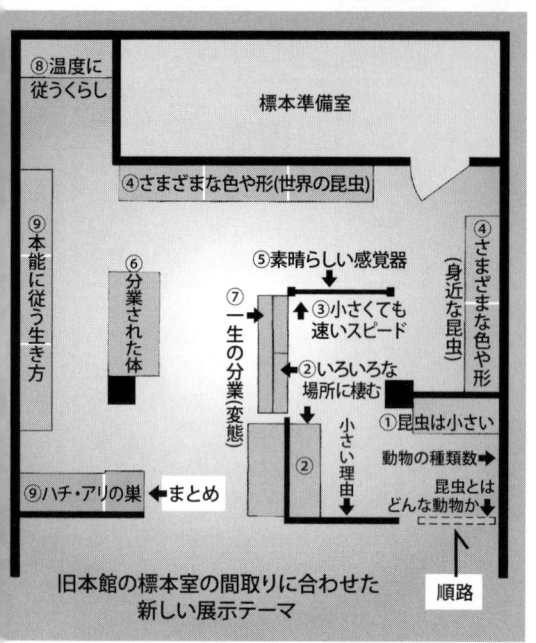

旧本館では標本室の間取りを利用し、左図のような内容にしてみた(1982)。

昆虫の種類は多い

現在まで知られている昆虫の種類は、全動物の4分の3を占め、ある人の計算では180万種あるといわれ、もっと多いと見積もる人もいる。植物の数は約30万種、植物を食べる昆虫種はおよそ6割といわれるから、単純に計算すると、1種類の植物が少なくとも3種の昆虫を養っていることになる。とにかく昆虫は種類の多い動物群である。

富樫一次博士はクリ園の昆虫をすべて調べられたところ300種を数え、このうち直接クリを食べるのは150種であったそうだ。まず、この多様な形態や色彩を持つ昆虫標本を展示する。

①昆虫は体が小さい／大きくなれない理由

昆虫は人に比べるとはるかに小さい。平均的な大きさは体長1〜2cm、重さも1gを超えるものは少ない。大きな昆虫を標本箱にまとめてみた。

＊富樫一次博士／ハバチ研究の第一人者として内外に知られ、2006年3月まで、石川県白山市ふれあい昆虫館の館長をされた(75歳で退任)。

展示① 昆虫は小さい／大きい昆虫の標本

アンティマクスオオアゲハ　開張25cm
ナンベイオオヤガ
オオムラサキ
タイワンタガメ
フタモンベッコウ
オオセンチコガネ

小さいチョウ
ホリイコシジミ(沖縄)

この他、開張30cmのヨナグニサン(雌)、開張22cmのアレクサンドラトリバネアゲハ(雌)、全長15cmのヘラクレスオオカブト(雄)、全長30cmのケンタウルスオオトビナナフシ(雌)などは大きな昆虫の例である。

石炭紀には開張70cmのメガネウラというトンボの化石がある。現在考えられている「昆虫が大きくなれない理由」とは・・・

外骨格であること

皮膚は薄くて硬いクチクラに覆われ、ちょうど水を入れたゴム風船のようである。成長して大きくなると体重は3乗倍となるが、皮膚(表面積)は2乗倍にしかならない。体が重くなれば皮膚を厚くしなければならない。皮膚の伸びる大きさは決まっていて、成長するためには皮膚を柔らかくして脱皮しなければならない。すると皮膚が破れてしまうだろう。皮膚を厚く硬くすると、重くなって運動にも差し支えるであろう。

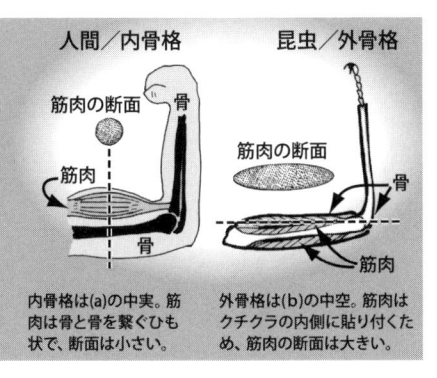

身長と体重の関係
身長を平面、体重は立体で考えると分かりやすい
身長3→2→1
体重27→8→1
身長 $\frac{1}{3}$、体重 $\frac{1}{27}$

外骨格は中空なので強い

昆虫をはじめ節足動物の体や脚は円筒かドーム状である。これは材料が同じであれば、薄くても強い構造である。

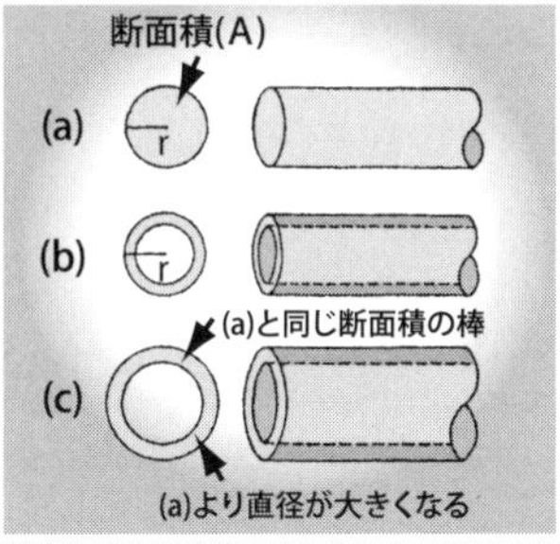

右図のように直径の同じ中実*の棒(a)と中空の棒(b)を曲げるとすれば中実(a)の方が強いが、(a)と同じ断面積の中空の棒(c)ならば、直径の大きい(c)の方が丈夫である。

人間／内骨格
筋肉の断面
筋肉
骨
内骨格は(a)の中実。筋肉は骨と骨を繋ぐひも状で、断面は小さい。

昆虫／外骨格
筋肉の断面
骨
筋肉
外骨格は(b)の中空。筋肉はクチクラの内側に貼り付くため、筋肉の断面は大きい。

断面積(A)
(a)
(b)
(c) (a)と同じ断面積の棒
　　(a)より直径が大きくなる

*中実／中実とは、中空(真ん中の部分がくりぬかれている)ではない棒のこと。

皮膚はベニヤ板のような構造

皮膚の組織は薄い層状構造で、組織の方向は層によって異なる。これは、薄くても丈夫なベニヤ板のような構造である。

気管呼吸である

昆虫の循環系は開放血管系で、血液は酸素を運ばず、もっぱら栄養分やホルモンなどを運び、体の中を自由に流れる。1本の背脈管と体の各所にある隔膜と拍動器がその流れの方向を決めている。しかし、組織は十分な量の酸素が早く必要なので、酸素は体の両側に開いている気門から、空気を取り入れ、気管によって体の隅々まで直接酸素を届けている。酸素は体の運動によって送られる他、自然な拡散にも頼っているので、体をあまり大きくは出来ないのである。

活発な運動をする昆虫の気管は、ところどころに気管の拡大部(気嚢)を、持っている。スズメバチの腹の気門と気管分布の模型と、節の動きを模型にした。

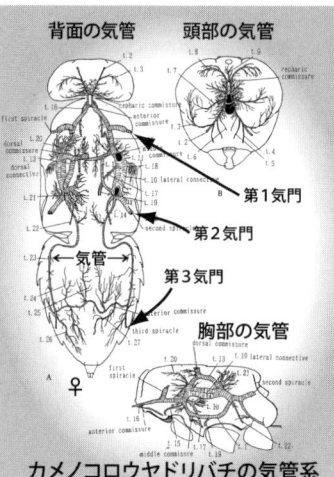

カメノコロウヤドリバチの気管系

小さい世界とはどんな世界か

昆虫は人間に比べると、身長にしておよそ100分の1から200分の1、体重にすれば100万分の1の世界である。人間がもしもこんな世界に入れば、動きは大いに影響され、驚異に満ちるのであろう・・・と思い、↑こんな模型を、新設昆虫館の導入部に作ってもらった。

おそらく重力より分子間の影響が大きくなり、雨や風が怖い世界であろう。すなわち空気や水の粘性や表面張力などを強く感じるに違いない。微風に飛ばされ、空気に粘り気を感じ、薄い皮膚は干からびるだろう。火、光、静電気などの影響も考え、解決しなくてはくらせない。

逆に、小さくて軽いと、空中に飛び出すには都合がよいだろう。

② 昆虫はいろいろな所に棲む

体が小さいと、食べ物も少なくてよい。生活空間も狭くてよい。いろいろな

＊開放血管系／静脈を持つ閉鎖血管系に対し、動脈の末端と静脈との間が毛細血管によってつながっていない血管系のこと。昆虫などの節足動物や軟体動物などの血液は、動脈の末端が開いていて、流れ出た血液は組織の間を流れ、心臓に戻る。

生活空間に棲める適応性がある。しかし個体による適応性ではなく、種を変えて適応しているのだ。このため種類が増えたともいえるだろう。実際、昆虫は深い海を除いて、あらゆる所に適応して棲んでいる。広くて深い海の中は空気呼吸をする小さな昆虫の生活には向かなかったのだろう。海産の種数*は多くない。

陸上では砂漠から高山や極地まで、よく適応している。しかし、変温動物であるために種類が多いのは、やはり平均気温の高い熱帯雨林である。地中の微細な種類を除けば、同じ種類の数が多いのは、極地近くの草原や池沼に棲むカやハエであるという。

アメリカの飛行機での調査や、ヒマラヤの雪渓に落ちた昆虫を調べた結果を見ると、大空には風によって巻き上げられた昆虫も多く知られ、島影も見えない海上に飛ぶ小さなウンカもいる。

棲みかとしての水の世界

既述のように水は空気とは異なる性質を持つから、陸の生物として進化した昆虫はこれらの物理化学現象を克服しなければならない。

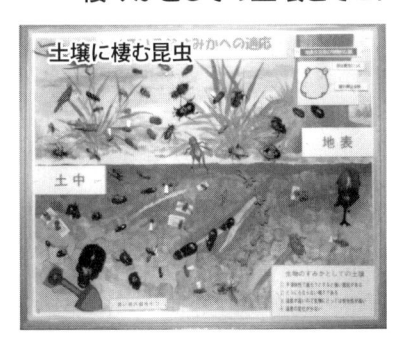

棲みかとしての土壌とそこに棲む生物の特徴

では、土壌中に棲む昆虫はどうか。

- 土壌は半固体性で、進もうとしても強い抵抗がある。
- 体を小さくするか、細くする。
- 平たくする。
- 強い掘穴脚を持つ・脚を短くするかなくす。

＊海産の種数／ウミアメンボの仲間やユスリカの仲間が知られている。

- 移動能力が小さい。しかし、前進、後退を自由にするものもいる。
- 翅がないものもいる。
- 土中とはどうにもならない暗さである。明かりをつけても遠くに届かない。
- 目が退化しているものがある。
- 色彩が地味。雌雄の形態差が少ない。
- 雌が多い。
- 繁殖期間がはっきりしない。
- 湿度が高い。
- 温度の変化が少ない。

　このように生物にとっては都合のよいこともあり、繁殖を土中で行うものもいる。
　これらの代表例の標本を展示した。

海を渡る昆虫*の標本の展示

　長距離移動するウンカやオオカバマダラなどの標本を展示した。これは潮岬南方500kmの海上で得られた標本を展示した(気象庁の観測船員の板倉さんの寄贈による)。種類としてはふつうに見られるものである。

いろいろな棲みかへの適応と標本

　昆虫は小さくてもその運動能力のおかげで、この自然界のあらゆる所に適応して棲んでいる。
　天、地、水、陸などの棲みかを背景にし、それぞれに棲む昆虫の標本を配置した。

*海を渡る昆虫／一般的には、山や海を、イチモンジセセリが移動する様子が観察されたり、アサギマダラが2500kmも飛翔したり、ウンカやトンボなどの昆虫の移動が知られている。

③ 小さくても速いスピード

昆虫は節足動物の中でも優れた運動器官をもち、スピードは速い。

④ さまざまな色や形の昆虫標本

形態や色彩の面白い標本を置き、昆虫の多様性がわかりやすいように展示した。

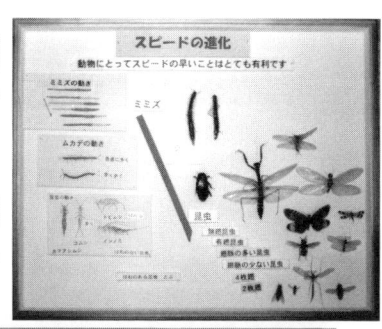

日本の昆虫・世界の昆虫

世界の代表的な5区の動物区(旧北区、エチオピア区、インドオーストラリア区、新北区、新熱帯区)の標本を、分かりやすく展示した。

雌雄嵌合体

当園で誕生したナガサキアゲハの雌雄嵌合体(しゆうかんごうたい＝性モザイク)などの標本の展示(左図)。

昆虫の性は性染色体で決定される。もし、その染色体に異常があれば、その細胞から出来た部分は異なる性となる。これが雌雄嵌合体が現れる原因である。体の半分に見られる場合は、見てすぐ分かり、とても珍しく思われる。

⑤ 分業された昆虫の体

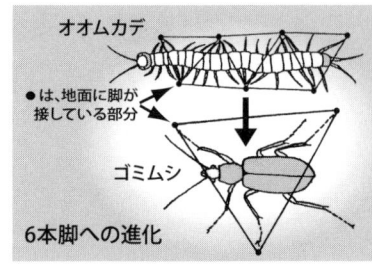

　昆虫は体が節の積み重ねのような構造をしているから、ミミズやムカデのような体節動物※の、21体節から成る祖先から進化してきたのだろう。これは歩行の仕方が3点歩行である(右図)から、祖先種が3の倍数であることは理解出来る。各節には脚(付属肢)が1対ずつ生え、役割によって効果的にまとまりが出来た。

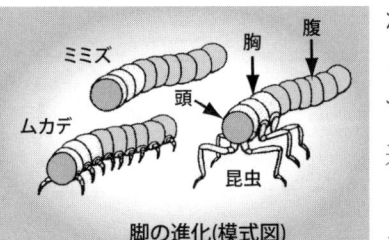

　こうして体は左図のように3つの部分に分業されるように進化してきた。

昆虫の体の各部分の役割：21節が頭・胸・腹に分かれる

頭部→触角や口器を備え、おそらく6つの節がまとまって出来たのだろう(異説あり)。触角や口器は付属肢の変化したもので、一部は消失している。頭部は周りの様子を探ったり、食べものをとったりするセンターである。

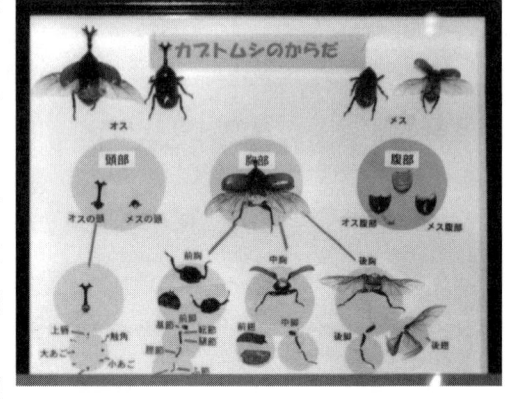

胸部→3つの節のまとまりで出来ている。脚は3対6本から成り、さらに中胸と後胸には1対ずつの翅も出来た。胸部は運動のセンターである。

　脚が3対6本であるのは、ムカデ型の歩き方、3点歩行を引き継いだもので、これを最も経済的な数、すなわち最小の6本までに少なくした結果であろう。

腹部→残りの12の節がまとまって形成されたものだ。各節の脚は消失したり産卵管や交尾器(第7・8節)に変形したり、尾毛(第11節)になって脚とは別の機能を持っている。腹部は栄養をとったり、子孫を残したりすることを重点にしたセンターとなった。

＊体節動物／節足動物や環形動物(ミミズ、ゴカイ、ヒルなど)は、体が節に分かれている。体全体が体節の組み合わせで構成されている動物を体節動物と呼ぶ。

昆虫の体の模型

　頭・胸・腹に分かれた体と4枚の翅、6本の脚について、分かりやすい説明用の模型と標本を展示した。

動く仕組み

　昆虫の体は小さくて、体重が軽いので、飛びながら急に方向を変えることが出来るなど、運動性に優れている。それは動物として都合がよいことで、外骨格のために筋肉は内部にあり、筋肉の接着面を広く出来るから、強い力を出せる仕組みとなっている。

　人の腕の筋肉の付き方と、昆虫の脚の筋肉の付き方を比較すると分かりやすい(P.121)。

昆虫の重さ・長さ

　手元にある大きい昆虫標本の重さ(乾燥標本)や長さを測定してみた。
- ゴライアスオオツノハナムグリ／13.3g
- カブトムシ／1.5g(生体7g)
- ヘラクレスオオカブト／12.5g
- カシクスオオツノハナムグリ／11g
- ミヤマクワガタ／0.7〜0.8g
- ジャイアントトビナナフシ／体長27cm
- テイオウゼミ／翅の先端まで10.5cm、開翅長(雌)21cm

カブトムシの雌雄

昆虫と近い仲間

　節足動物*(カニ、エビ、サソリ、ムカデ、ヤスデ、クモなど)の標本展示。

スピード比べ

　昆虫、ミミズ、ムカデ、クモなど、「ムシ」と呼ばれる動物の中では、昆虫が1番速いことを説明したパネルの展示(P.125)。

風が吹くと

　小さくて体が軽い虫は、しっかりと地面をとらえないと、わずかな風でも飛ばされてしまう。例えば、アリは脚の先にツメと吸盤を持っているから、風に飛ば

---

*節足動物／昆虫、甲殻類、クモ、ムカデなど、硬い殻(外骨格)と関節を持つグループ。陸・海・土中・寄生など、あらゆる場所に進出している。

されず木登りも平気で出来ることを強調し、大きなものもしっかりと持ち運ぶことが出来ることを模型で示した。

　一般に昆虫は強風を嫌い飛翔を止める。しかし、風を利用して分布を広げる昆虫もいて、ウンカやヨコバイは風に乗って中国大陸から日本へやって来る。

　昔、気象庁が、潮岬の南方500kmの海上で定点観測をし、船上では多くの昆虫の移動も確認されていた。船員の板倉さんに、洋上を飛ぶ昆虫をご寄贈いただいたので、展示することが出来た(P.124)。

雨が降ると

　昆虫は体が小さいので、相対的に私たちより表面積が広く、水分も失われやすい。体に水分は欠かせない。しかし、陸の昆虫の体に水滴が直接ふれるのは危険だ。

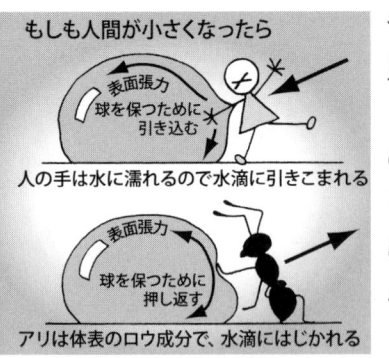

　アリマキや小さなアリが水滴にふれると、その表面張力のため、くっついて逃れられなくなる。ふつう、アリの体表にはロウ成分があるため、水には濡れにくい。しかし、どこかが水に濡れると、抜き差しならない状態になる。

　表面張力とは、水に濡れるものは水中に引き込もうとする。反対に水に濡れないものは、はじこうとする力が働くからだ。万が一、水中に没してしまうと、表面張力の力は強く抜け出せなくなるのだ。

　昆虫には、呼吸のための気門が体の両側に開いているから水は危険だ。体に付いたゴミは、脚で拭ったりなめたりして取る。脚にはそのための掃除器官を持っている。ところが人間は、水を使って手や顔を洗うことが出来る。

　水を使う昆虫もいる。水面で生活するアメンボ*は水との接触を通し、水面を上手に利用して生きている。ゲンゴロウやマツモムシなどの水中でくらす昆虫は、空気の泡を利用してたくみに泳いだり、体の保持をしたりしている。

水と「濡れ」の身近な観察法

　水の濡れ方には、①付着濡れ ②拡張濡れ ③浸漬濡れの三態が知られる。①と②は、自動車のフロントガラスに付く雨粒で観察出来る。

・**付着濡れ(接着濡れ)**・・・雨粒がフロントガラスに付いた状態。

＊アメンボ／水面の表面張力を利用し、細かい毛が密生した脚で水面に浮かび、自由に移動して飛び立つ。しかし、石鹸などの界面活性剤で表面張力が弱まると、水に浮かべず溺れ死ぬ。

- 拡張濡れ・・・その雨粒を、石鹸水を吹き付けてワイパーで拭うことで、水がガラスの表面に広がった状態。
- 浸漬濡れ・・・固体全体が液体に沈み、ちょうど雑巾が水浸しになった状態。

チョウやガの翅は雨に濡れない。翅に水滴を落とす実験で、濡れない様子やその仕組みが観察出来る。

火と昆虫

昆虫にとって火とはまず光、接近したり遠ざかったりするための指標だろうが、火を直接利用することはまず困難であろう。なぜなら、火を保存するためには、ある程度の大きさがなければならず、体の小さな昆虫は火に接近出来ない。ミツバチの巣箱の手入れには煙を用いる。火は大敵なのだ。ただ、焼け跡の枯れ木を、よいエサとする甲虫もいるようだ。

⑥ 昆虫の感覚器

複眼、触角などを図示し、パネル展示をした。
昆虫は複眼の仕組みにより、人間とは違った世界が見えるようだ。複眼で広角度を見ている昆虫は、動くものがよく見えるらしい。色彩も私たちとは違って見えるのだろう。複眼の観察のためにトンボからレンズを取り、顕微鏡で入園者に見てもらう。透過光線を利用することで、周りの景色がトンボのレンズ(複眼)に映り、像が個々のレンズに受け取られていることが見える。

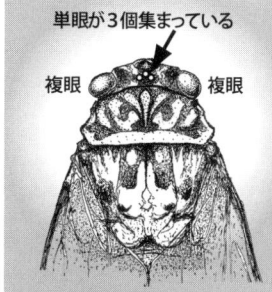

セミの単眼と複眼(ミンミンゼミ)

単眼は複眼の働きを強める器官で、カメラの露出計[*]のような役目をする。ショウジョウバエの単眼を塗りつぶすと反応が遅くなることが知られている。夜行性の昆虫は、夜間に活動が出来るように、暗くなると目の虹彩細胞が移動し、視覚細胞に光を受けやすくする。

光源が近いと、昆虫は光に集まる

昆虫は、光に向かって
等角らせんを描いて飛び続ける

光と昆虫

昆虫は光をコンパスとして、光の来る方向を一定に保ちながら飛ぶ。この仕組みは、太陽や月のように遠くに光源がある場合は、並行光線として感じるであろう。しかし近くに電灯があると、「光を一定方向に見て飛んでいるつもりなのに、等角らせんを描き、自然に

[*] 露出計／光の強度を測定する。写真や映画の撮影時に光の加減を知るために使う。露出計が内蔵されている機械式カメラやデジタルカメラでも、専門性の高い画像を得るためには必要。

光に近づく」と説明されている。らせん運動なら、反対に遠ざかることはないのだろうか。光源にコガネムシなどが来ると、しばらくはブンブン飛び回っているが、そのうち目の感覚器が日中の状態に戻り、どこかに止まってしまう。

ヤゴは水中で太陽光の方を向く。ヤンマのヤゴをビーカーに入れ、周りを暗くして下から光を当てると、ヤゴは逆さになる。

太陽を見つめる昆虫は、目が焼けないのだろうか。複眼はあまりにも小さいから焼けないのだろうか。もっとも、昆虫の目は偏光メガネ*と同じように、偏光を感じることが出来るから、日差しの強い中にいてもまぶしくないようだ。

昆虫の複眼を利用したレンズ遊びで、紙を焦がすことは出来るだろうか。昆虫のレンズではエネルギーの総量不足か。昔、水滴が太陽光を集め、枯れ葉が燃えるという映画を見たが、このようなことは実際に起こるのだろうか。

昆虫の道具使用の例

道具を使う昆虫は、いくつかの種類が知られている。

アリは地面に落ちた蜜などに集まるが、砂粒を落とし、隠すようなことをする。その時、蜜の染み着いた砂粒を運ぶことが知られているが、これをアリの道具使用の例として報告している学者もある。

クロトゲアリやツムギアリは巣を作る時、幼虫をくわえて歩き、幼虫の出す糸を利用して葉をつづり、球状の巣を作る。成虫にとって幼虫は、糸を出す道具のように見える。

頭よりも大きな石をくわえて土を突き固めるジガバチ

ジガバチは巣穴を土でふさぐ時、石をくわえて突き固めて閉じる。これは運動エネルギーが大きい石の方が、効果があることを知っているかのようだ。

静電気の昆虫に対する作用

プラスチックの下敷きなどを使い静電気を起こし、小さいショウジョウバエなどに近づけると、はじき飛ばされたり引き付けられたりする。これはプラスチックケースの上からこすっても同じである。したがって、自然の中でも乾燥している時は、同じようなことが起きるだろう。高圧線や電波塔の近くでは、昆虫たちの行動に影響はあるのだろうか。

---

*偏光メガネ／反射光の眩しさから目を守るためのメガネ。

電線に止まる鳥やトンボ

　鳥やトンボが電線に止まっているのをよく見かけるが、感電しないのだろうか。このことについて、こども電話相談室の時、一緒になった和田忠太先生にお聞きしたところ、「容量の問題だよ」とのことであった。体が大きくなれば危険ということか。電気器具にアース線を忘れないということと同じだなと思った。ただ、＋と－の線にまたがって止まると、危険であることはいうまでもない。

引力と昆虫

　小さい昆虫は高い所から落ちてもけがはしない。これは皮膚が強いこともあるが、空気の浮力抵抗が大きいから、ちょうど、人が落下傘を付けて降りるようなものだろう。

　宇宙のスペースシャトルでの実験で昆虫の飛翔実験があり、重力のない世界では、ミツバチは回転し、チョウは飛べなかったという。

　昆虫ではないが、メダカは、星出さんの宇宙での実験を見ると、皆同じような姿勢で一方向に向いて、正常に見えるような泳ぎ方をしていたが、僅かな重力が与えてあるのだろうか。それとも周りの動きに合わせた習性か？　詳しい環境情報などは、宇宙メダカ研究会[*]などのホームページでも見られる。

⑦ 変態をする（一生の分業）

昆虫の変態の標本展示

　成長するにしたがい体の形態を変えていく現象を変態という。昆虫や多くの節足動物、カエル、イモリなども変態をしながら成長する。しかし、種類によって変態の様子が異なる。

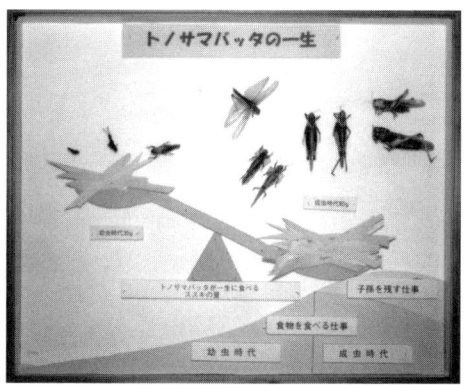

無変態類

　成長する時に、大きさだけ変わり、体の基本形を変えないで、成長するものを無変態という。シミ、トビムシなど。

不完全変態類[**]

　卵から孵ると、昆虫は盛んにエサを食べて成長する。しかし、硬い皮膚はある程度しか伸びないので、脱皮をして

[*]宇宙メダカ研究会／名誉会長にスペースシャトルにおける宇宙メダカ実験の代表研究者、井尻憲一氏、また名誉副会長に同研究者の江口星雄氏を定め、事務局が東京大学アイソトープ総合センター内にある。http://www.geocities.co.jp/Technopolis/7315/
[**]不完全変態類／セミ、カマキリ、トンボ、バッタ、ゴキブリなどが代表的な例。

新しい皮膚に変えて成長する。これを何回か繰り返し、最後に翅の伸びた成虫(ナナフシの仲間などのように翅を持たない種もある)になる。サナギという期間を持たないグループを、不完全変態類という。

　バッタ、カマキリ、ゴキブリ、カメムシなどは、成虫になってもエサを食べる量が多い。

完全変態類

　成虫になる前にサナギという時期を過ごし、それから脱皮をして最後に成虫となる。このグループを完全変態類という。チョウ、ハエ、ハチ、甲虫など。食べるエサの量を成虫と幼虫で比較してみると、幼虫時代に食べる量はとても多いが、成虫になればあまりエサを食べないで、翅を持って飛び回り(翅を持たない種*もある)、あちこちに子孫を残して死ぬ。

　このように、完全変態類は幼虫は食べて成長する時代、成虫は子孫を残す時代と、一生も分業している。分業は「効率的である」といえる。一方、不完全変態類は成虫になっても摂食量は多く、分業の程度は十分でないといえる。

サナギとは何か

　ではサナギとはどういう時代か。なぜサナギの時代を過ごさなければならなかったのか。

　これはいろいろな昆虫の一生を比べてみるとよい。アザミウマ、カイガラムシ、カゲロウ、ハンミョウなどは特に参考になりそうな変態を行う。

　サナギの起源についてはいくつかの説がある。いずれも十分に満足出来ないが、紹介してみよう。

　左図はベルレーゼによる昆虫の胚発生の様子を表した、よく知られた原図である。卵が受精すると発生が進み、節の積み重ねのような構造が現れる。各節には1対の脚が生え、その脚の様子から、原脚期(A)から、多脚期(B)を経て、寡脚期(かきゃくき:C)になってから孵化すると説明された。脚は節によって、さまざまな器官に分化していく。頭部は6節か

*翅を持たない種／完全変態の昆虫の中で、翅を全く持たない種はノミ。アリやアリマキ(アブラムシ)は翅を持たないで一生を終える場合もある。

ら成り(異説あり)、脚部は触角や口器に変化する。胸部は3節から成り、6本の脚は真の脚になる。残りの12の節は腹部となり、歩くための脚はなくなったが、生殖節の7～8節では生殖器官の一部となり、11節目の脚は尾毛となった。これで頭、胸、腹の分化が成立した。

　ところが、昆虫の種類によっては必ずしもCの段階にならなくても孵化するのではないかと考える学者も現れた。

　Aの段階で孵化したのではないかと思われるのが寄生蜂の仲間の幼虫に見られる。ただ、脚が退化したとも考えられる。

　Bの段階で孵化したものが、多くの完全変態類の幼虫であろう。チョウやガのイモムシに見られるように、腹部に多くの脚(腹脚)を持つ。そして、Cの段階がサナギに変態して過ごす時期だと考えた。

　この説では、Cの段階で孵化するのが、「多くの不完全変態類である」とされる。

　もうひとつは、「サナギは幼虫時代の最後の時期を過ごしているのだが、これはちょうどカゲロウの亜成虫の時期なのだ」とする説である。

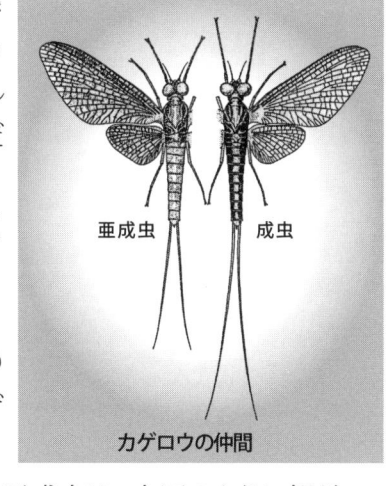

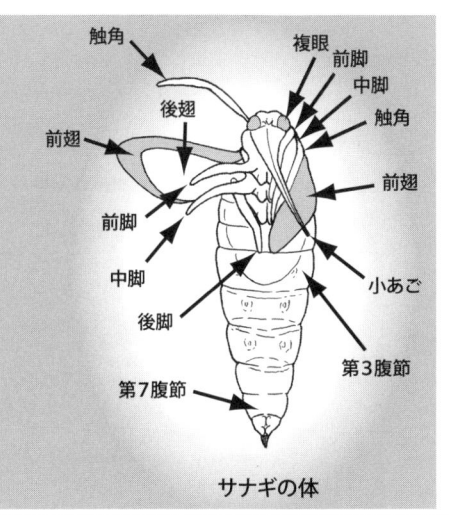

カゲロウの仲間

　カゲロウの亜成虫は、上図のように翅があって飛ぶことも出来る。しかし、もう一度皮を脱いで成虫になる。

　最後は、何も食べずに動くのはエネルギーの無駄なので、この時期を「動かずに過ごすのがサナギである」というものである。

　左図はチョウやガの、サナギになりたての軟らかい時期に、翅や脚をそっとほぐした状態、もはや成虫の体と同じであることが分かる。

サナギの体

⑧ 周りの温度に影響されるくらし

　昆虫は体が小さいので、体温をいつも一定に保つことは不経済である。しかし、体温は活動のためには必要である。そこで、周りの温度が高い時期に活動することになる。これを変温動物、または外温動物と呼ぶ。反対に人間のように常に一定の体温を保っている動物を恒温動物、または内温動物と呼ぶ。昆虫の適温範囲は種類によってかなり差がある。

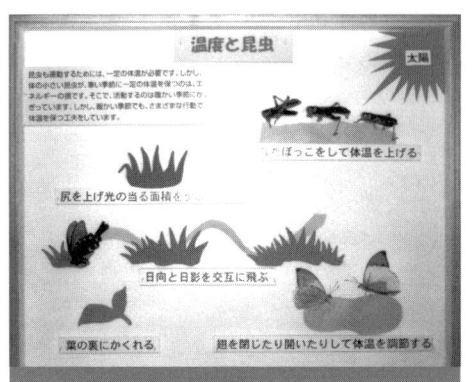

運動して体温を調節する昆虫

　しかし、必ずしも外温ばかりに頼っているわけではなく、自発的に体温を作り出すことが出来たり、場所や姿勢を変えたりして体温を保つ昆虫も出て来た。

　ミツバチは筋肉運動で発熱する。冬でも巣の中は温かいようだから、まるで恒温動物のようだ。ニホンミツバチは天敵のスズメバチがやって来ると、集団で飛びかかり、胸部の筋肉の振動で発熱し、スズメバチを熱死させてしまうことが知られている。ガやバッタなども寒い日は翅を震わせ、一定の体温になると活動を始める。

　チョウは寒い日は翅を広げて太陽の陽を浴び、暑い日は翅を閉じる。翅は熱伝導の他、翅脈の中は血流もあり、体温の調節にも役立っているのだろう。

姿勢を変えて体温を調節する昆虫

　暑い時にトンボが腹部を立てて止まるのは、下げて止まるより日光を浴びる面積が少ないからだとみてよい。なぜなら、棒状寒暖計の「タメ*」の部分の長いもので、光線の方向に直角に当てたり並行にしてみたりすると、温度差があることが分かる。ちなみに私が計った時に、0.5℃の差があった。

休眠や冬眠をする昆虫

　テントウムシは夏の間は夏眠、冬は冬眠をするために、落ち葉の下や木のうろなどに入って活動を休んでしまう。

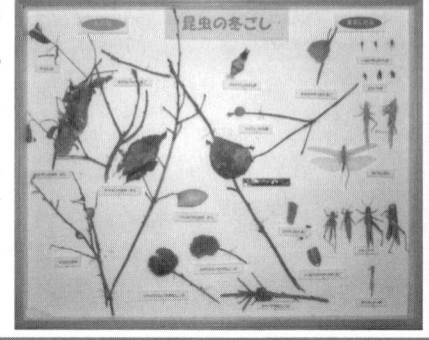

＊タメ／棒状のガラス製温度計の感温液が入っている部分。赤液温度計では球体の物もある。

多くの昆虫は冬の時期を活動しないで過ごす。これを冬眠または休眠という。休眠は体の仕組みや成長を季節に合わせて変化させることで、休眠中は気温が高くなってもすぐには解除されない。昆虫の冬眠は哺乳類の冬眠とは異なり、気温によってすぐに変化出来る状態である。

昆虫は休眠に入る時、寒さや乾燥に適するよう、体の生理的状態を変えている。脂肪をたくわえ、体液が凍結しないようにグリセリンなどの不凍液に変化させている。成虫で越冬するツチイナゴなどは卵巣の成長が休止し、暖かくなって日が長くなると産卵するようになる。

「一定期間の寒さという刺激を受けると、暖かくなれば解除される」という仕組みがあるが、休眠の解除には気温の他に日長*も関与している。

季節と昆虫

季節の変化がある地方では、寒い季節に昆虫は活動出来ない。

冬が来るまでにその到来を予期し、休眠の準備をする必要がある。休眠すれば活動を休止し、生殖活動も中止しなければならない。

冬が来る前の季節変化は気温ばかりではなく、日長にもあらわれるから、この変化を感じ取って準備をするものも多い。アゲハの終齢幼虫は日長時間が１２時間半以下になると、サナギになった時に、休眠蛹**になってしまう。

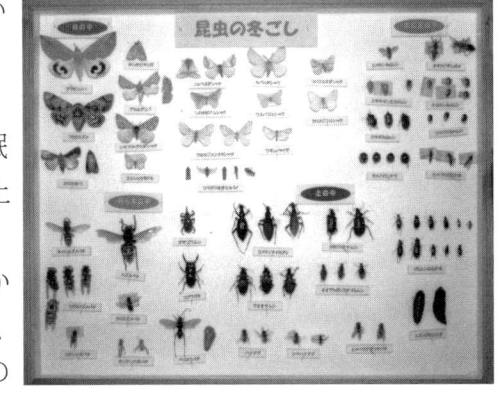

冬に成虫になって活動する昆虫もいる。フユシャク、セッケイカワゲラ、クモガタガガンボなどである。太陽光の熱をうまく利用しているのだろう。

周年展示をするには

一年中成体を昆虫園で展示をするためには、上記のような現象をよく理解しておかなければならない。冬眠を温度管理で打破して発育を再開させたり、照明時間を変えて、休眠させないようにしたりして、一年中、常に成長しているように管理する必要がある。

＊日長／昼の長さのこと。夏至で最長となり、冬至で最短となる。生物は、日長変化を感知して年周期的反応を行い、次世代へと命を繋いでいく。
＊＊休眠蛹／サナギのままで休眠し、一度低い温度にあわないと羽化しないサナギのこと。真夏でも、光の当たらない暗い場所で育てた幼虫は休眠蛹になり、翌春まで羽化しない。

⑨ 本能に従う行動

　昆虫の行動を見ていると、理にかなっているように見える。家の中に入って来たハエを追うと、明るい窓の方に逃げる。アゲハは間違わずにミカンの葉に卵を産む。アリやハチはみごとな巣を作る。このような行動も実験してみると、生まれながらにして出来る本能行動であることが分かってきた。

本能行動の展示

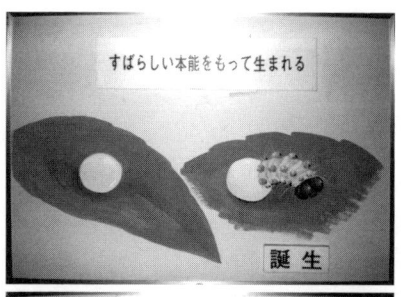

　本能行動は、反射の組み合わせであると解釈する人もいる。反射とは、ある信号刺激に対してある反応しか出来ないことをいう。本能行動は先のことを見通せない。

　パネル展示では、「昆虫の生き方と人の生き方」と題して、誕生から成人(成虫)までの成長段階を、イラストで展示した。

　学習行動の出来る昆虫も多い。脳神経の菌状体の部分の発達しているハチやアリは、学習行動も出来る。学習行動とはある事柄を覚えていることにより、出来る行動である。

　これに対して知能行動は、経験や繰り返しで学習したことにより先を見通す行動であり、人間や他の高等動物は知能によって行動が制御されている。

　つまり、体が完成した状態で準備が出来ていて、外部からの信号刺激に対してのみ現れる行動を本能と呼ぶ。

　また、あらかじめ予測出来る行動を知能行動と呼ぶ。

　人間には豊かな感情があり、天才的なひらめきや思いがけない力を発揮することもある。人の脳には限りない可能性があるのだ。よくも悪くも。

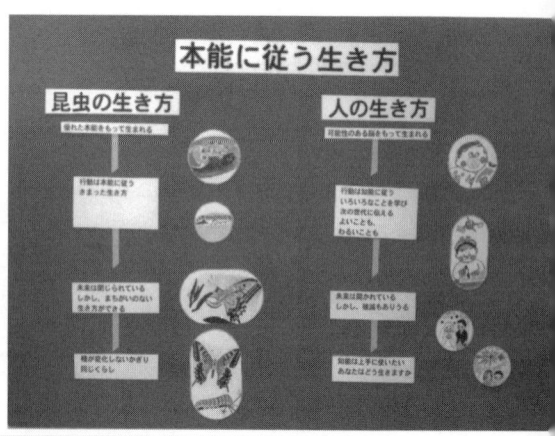

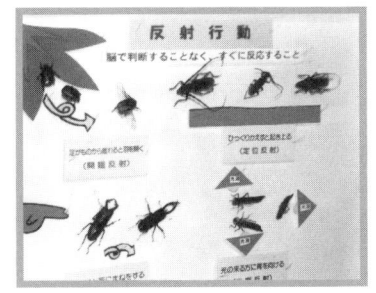

反射・走性行動の説明標本

　反射行動とは、本能の基本となる行動で、例えばひっくり返ったら起き上がる、脚が地面から離れたら翅を広げて飛ぶことなど。走性*とは、ある刺激の元に姿勢をとって行動すること。

ハチやアリの巣と標本

　ハチは花のありかを学習して行動出来る。フンコロガシは糞の球を作って巣に運ぶ。これらのように、高度な学習を出来る昆虫もいる。

　ハチやアリの巣はみごとなもので、本能行動によって作られたもっともすばらしい作品であるといえる。

　以上のように、人間の生活と対比するなどストーリー性を持った展示をしたことで、分類・分布標本だけより、少しは変化に富んだ標本展示になっただろうかと思っている。この展示形式は、後に本館建て替え後も、大筋で変わっていない。

昆虫の身の守り方

　昆虫も外敵から身を守るためには、戦ったり飛んだり跳ねたり、這うなどするが、体の形態や色彩を環境に似せて隠蔽したり、逆にあらわにして敵をあざむいたりするものも多い。

　幼虫、サナギ、成虫と、どの成長段階でも、周囲の景色に溶け込んで見分けにくくなるような、保護色や擬態で身を守っている。

　このような例を標本とモデルで解説した。

＊走性／光走性、重力走性などがあり、刺激源に向かって進む場合を正の走性、反対方向に進むときを負の走性という。カブトムシが光に向かって飛ぶのは正の光走性で、テントウムシが上に向かって進むのは負の重力走性である。

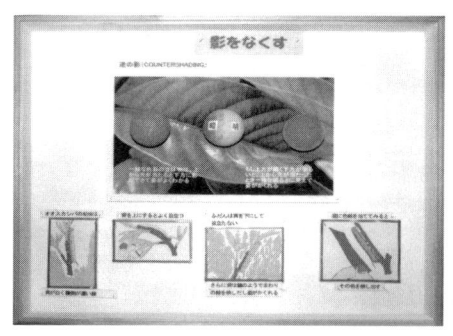

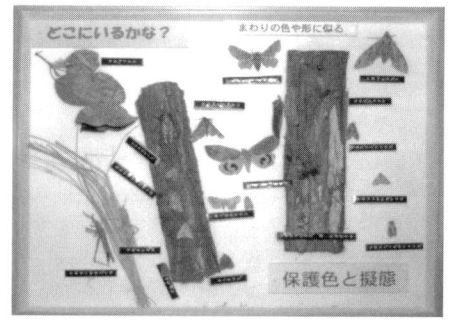

⑩ 短い寿命

　昆虫の一生は、季節の温度に大きく左右されることから、生活史も１年の変化に合わせているものが多く、寿命も短い。乾期と雨期がある地方では、それに合わせた生活をしている。

2. 昆虫を調べる利点

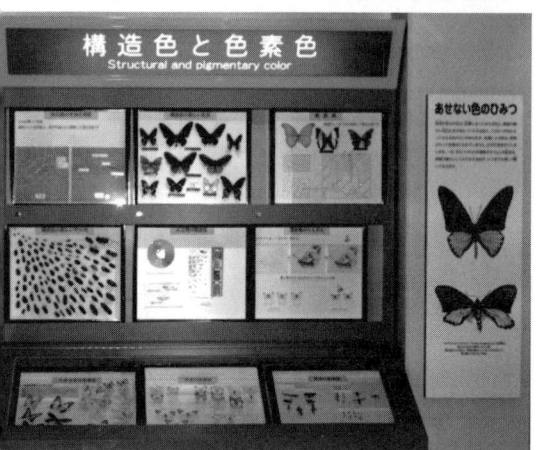

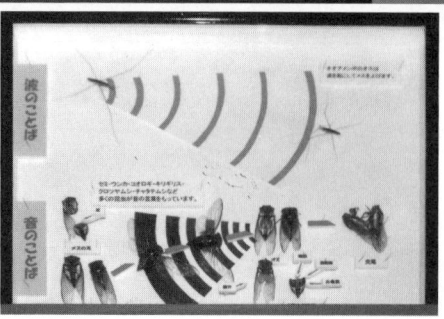

　昆虫は身近な動物であり、研究材料は多い。体の仕組みは、外からでも分かる。

　決まり切った行動は、動物としての基本的な性質を考える上で、よい参考になる。いろいろな所に棲むということは、生物の種類の分かれ方を調べる上で都合がよい。ミツバチやカイコのように人の役に立つものや害虫とされるものなど、人との繋がりを持つ昆虫も多いので、それらを深く知ることはとても大切なことである。

　しかし、なんといっても昆虫のいろいろなことをよく知るということは、同じ動物である人間や他の動物をよく知るということに繋がるのである。

V. 動物園内の大きなニュース
1984〜1988
昭和59〜63年

民族料理と昆虫食

V. 動物園での大きなニュース

1. ヤマダカレハの大発生

幼虫の採集

ブナ科の葉を食べて育つヤマダカレハというガの幼虫は、秋には成虫になって卵越冬する種類で、本州・四国・九州に分布するといわれる。

1984(昭和59)年前後の数年間は園内のクヌギやコナラの木にヤマダカレハの大発生が見られた。この年は園内ばかりでなく、近隣の区域でも発生したようで、報道に大きく取り上げられた。読売新聞によれば東村山からの発生が報じられ、また埼玉県新座市では国指定天然記念物になっている平林寺境内林内でも大発生したという報告書が1987(昭和62)年に、埼玉県新座市平林寺虫害防除調査団から出され、当園の状況も報告を求められた。

日陰に集まる幼虫

当園の誘蛾灯記録によると、よい捕集装置を設置しているわけではなく、ナンキン袋*を置いて虫の隠れ場にしたり、付近に止まっている虫を探したりして記録するだけだが、およその傾向は分かる。1973(昭和48)年から1981(昭和56)年までは0～15匹であった。1982年は記録を取っていない。1983年は73匹、84年は129匹、85年は1356匹、86年は22匹であった。

1984年は8月に入ると、樹の下の地上には大きな糞が目立つようになった。幼虫の体長は10cmを超え、木の葉を食べる量も増え、見上げるとひどい食害のため樹上が透けて明るく見えた。幼虫は日中、樹幹の日陰の部分に集まり、静止している。来園者も、絨毯(じゅうたん)のようにぎっしり付いたケムシに気付き、びっくりしていた。困ったことに、うっかりこの虫にふれると、虫の体に生えている黒い毛の部分が皮膚に刺さって残り、かゆみを感じる。そこで、私たちは来園者が被害にあわれないよう、毎日駆除をしていた。

管理課長の鈴木昭吉さんが、私たちの採取した幼虫の重量を計っていて、この年の総計は1820kgに上った(1985)。1匹が約5gであるから、36億4000万

*ナンキン袋／黄麻など、麻の繊維を編んで作る。古くから穀物、農産物や郵便物を入れたり、土嚢作りなどに使われ、天然繊維なので、総合的な環境負担は低い。

匹となる計算だ。先の平林寺の発生状況も同じであったようである。幸い、翌年から少なくなっていった。これは人手による駆除の効果もあったかも知れないが、おそらく天敵の効果も大きかったであろう。この仲間の天敵として知られる寄生蜂のクロモンアメバチ*の誘蛾灯への飛来数が増えた。平年はほとんど見られなかった種類だが、1986(昭和61)年秋には20匹以上を数えた。それからこのガの発生も順次終息に向かった。

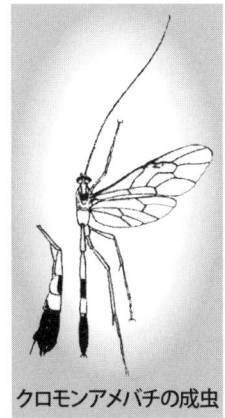

クロモンアメバチの成虫

2. 緑化フェアへの参加

　1984(昭和59)年10月〜11月に東京都が第2回全国都市緑化フェアを日比谷公園を中心に開催することになり、都の施設である多摩動物公園の昆虫園もこれに参加することになった。日比谷公園のほぼ中央に、小さなガラス温室(140㎡)が出来た。

　この中の展示テーマと内容への協力を安部係長に頼まれ、私は「みどりと昆虫」のテーマを元に、次のような5つのテーマを内容とした「生きた昆虫を用いて展示すること」を提案し、採用された。

主題「みどりと昆虫」の展示内容
a. コナラをめぐる虫たち→コナラに集まる昆虫標本。
b. 葉を食べる虫たち→・オオスカシバの幼虫がクチナシを食べる様子。
　　　　　　　　　　・トノサマバッタがススキを食べる様子。
c. 授粉を助ける虫たち→ミツバチの巣の断面、チョウ類の放し飼い。
d. 果実に集まる虫たち→生きたアリ、カブトムシ、クワガタムシ、タテハチョウ
　　　　　　　　　　などのケース。
e. 植物を再び土に戻す虫たち→カブトムシ、クワガタムシの幼虫、シロアリ。

　温室内に約80鉢の草花と熱帯植物を配し、ミツバチ、アリ、シロアリ、バッタ、チョウ、甲虫などを展示した。チョウは園で飼育しているアサギマダラ、リュウキュウアサギマダラ、オオゴマダラ、シロオビアゲハ、ジャコウアゲハなどをチョウ係に放し飼いにしてもらった。

---

*クロモンアメバチ／いしかわレッドデータブック動物編2009によると、石川県のみで準絶滅危惧。栃木県、石川県、岐阜県、愛知県、京都府、愛媛県、福岡県、鹿児島県(奄美大島)、沖縄県にて採集されている。

蜜皿*や花の手入れは時々係員の手を煩わせた。

ミツバチの展示には、ガラスで出来た衝立型の飼育容器を設置し、巣板の断面を展示した。アリの展示用には石膏でピラミッド型の飼育容器を作った。トノサマバッタ用にはアクリルで飼育ケージを制作した。エサのススキは刈り取ったものを毎日持参して交換した。シロアリたちは紙クズや木クズで飼育出来たが、女王アリを見つけられず、働きアリのみの展示であった。ハアリの飛翔シーズンに雌雄を採集し、飼育しておけなかったので無理があった。

ミツバチやチョウなどの生体展示は、都心での展示だからなのか、大層人気があった。安部係長はこの小さな温室を「宝石箱」と言った。

3. ビオトープ・プロジェクト

安部係長が飼育課長に昇進された。彼はアイデアマンで、いろいろな園内プロジェクトのアイデアを提案され、私にはビオトープ・プロジェクトの協力を依頼された。

これは園内自然のよりよい保護と活用の研究である。その頃は普及指導係が炭焼きを園内で進めていたので、この事業も取り込んだ。巨木となり、茂りすぎた木を伐採した際に生ずる木材を、炭焼きに利用していた。出来た炭や木酢液は多摩の名産品として配布していた。私は名のみの長で、何も発展させることは出来なかったので、「ビオトープニュース」というチラシを作って記録した。チームの炭焼き事業がその後、都の職員表彰を受けたことは嬉しい思い出であった。

水生昆虫の飼育

4. 昆虫生態園の再生

その頃、チョウの温室とバッタの温室のあちこちに不具合が生じ、建て直しが検討されていた。幸い宝くじ協会の支援も得、都の予算も付き、再建されることになった。私たち飼育係員と工事課の職員は三十数回も協議を重ね、昆虫のさまざまな生態が見られる温室の条件を検討してきた。チョウの飼育担当者はチョウの飛翔条件を提示した。その主な内容は、陽光が十分に入らないと飛翔しないし、植物も花を咲かせないこと。また夏は暑すぎず、冬は寒か

*蜜皿／チョウのエサ用に蜜を皿に入れ、たくさん穴を開けたふたで閉じるか網を掛けて、チョウが蜜を飲めるようにしてある。蜜というと蜂蜜などを想像するが、濃縮された糖分は、チョウのストロー状の口吻を詰まらせる。薄甘い10％くらいの砂糖水や蜂蜜水などでよい。昆虫園では蜂蜜水を使っていた。

らず、そしていつも僅かな気流も欲しいこと、バッタの飼育係員は今までの繁殖の経験上、太陽光と通気の必要性などを話した。その結果、提案されたのが工事課の瀬谷歩職員の提示した模型であった。

私たちはそのすばらしい出来栄えに圧倒された。私たちの希望していた条件がすべて満たされている上、デザインもみごとであった。私たちが見ても使いようのないような南面の谷間が利用され、これを大きく覆い尽くす温室の全体は、チョウが翅を広げたような形状にまとめられていた。そこに居合わせた係員はこの案に驚嘆し、即座に賛成した。

温室は2年かかって完成した。

チョウの胴部にあたる部分は、私たちが昆虫ユートピアと呼ぶ、チョウの飛翔室で広さは1140㎡ある。南斜面が巧みに利用され、陽光が十分に入って申し分なく、植物は60数種植えられた。通路は上から見下ろしたり、下から見上げたり出来るように、総延長で240m配置された。

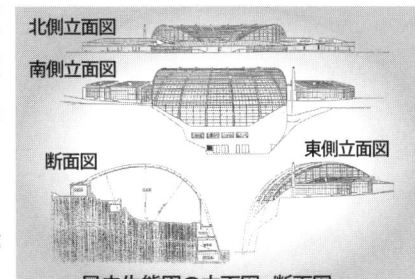

オープン式典には鈴木都知事にも来ていただいた。放チョウを開室の記念行事に加えた。京王線も記念のエンブレムを電車の前に飾ってくれた。内部の様子は、ちょうど南方のどこかの島の一部を切り取って来たような景観であった。

左右の翅にあたる部分はチョウの飼育予備室、エサ用植物の栽培室、バッタや一般昆虫の飼育展示室となっている。左右の翅の中央の丸い模様にあたる部分は四季の花が植えられ、催しなどが出来るようになっている。

生態園の完成後瀬谷氏から、「この中に自分にしか分からない印を残しておいた」という興味深い話を聞いた。そういえば、建築家というものは自分の仕事の記念に何か印を残しておくものだということを思い出した。私はそれをまだ発見していない。大きさも形も分からない。

こうして昆虫園は、年間30万人が訪れる施設となった。この人数は入園者の約30％が昆虫園に入ると計算されたものである。

海外からのお客様も多く、同様の施設を作りたいと、視察には全国の自治体職員も多かった。当時は国内だけでも30を超える昆虫展示施設が作られていたのだ。

　昆虫生態園の中央に植えられていたホウオウボク*はよく生長し、1999年7月には花を咲かせた。そして、細長い鞘の実をたくさん付けた。

5. 企画展「食べられてきた昆虫」

　園内の企画を求められた時、ふと思い付いたのが食べられてきた虫の展示であった。

　「昆虫を食べる」ということはあまり馴染みがなく、好感は持たれないだろうと思ったが、昆虫は良質の蛋白質として食べられ、漢方薬としてもよく取り上げられていたので提案してみた。

　この案は運よく採用された。しかし食べる昆虫について研究している学者は数人をおいて、私はよく知らなかったので、企画展示は東映エージェンシーに依頼した。業者は幾人かの学者に標本や資料の貸出を依頼し、契約した。また、食用昆虫に関する講演会も企画の中に取り入れてくれた。それは次の方々である(所属は開催時のもの)。

　三橋淳博士(農大客員教授)、梅谷献二博士(農林水産技術情報協会)、野中健一博士(三重大学助教授)。

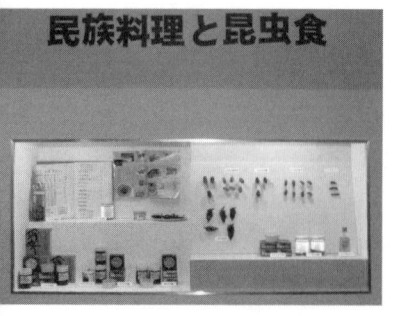

　展示構成は、「食用昆虫を科学する」「人類の歴史と昆虫」「食用昆虫の文献」「世界の食文化と昆虫食」「漢方薬の素材としての昆虫」「民族料理と昆虫食」「食用昆虫の未来」などの項目をあげた。しかしこの分野には私の力がなく、パネルが主で、普及係と業者に任せっぱなしにしてしまった。

　おまけに標本借り出し契約も業者に任せ、標本の持ち主の先生方から「標本の取り扱いが心配だ」との指摘を受けてしまった。

---

*ホウオウボク／樹高は10～15m。マダガスカル島原産、主に熱帯地方で街路樹として植えられ、日本では沖縄県でよく見られる。

VI. 新しい展示昆虫を求めて
オーストラリアへ 1988
昭和63年

VI. 新しい展示昆虫を求めてオーストラリアへ

　新しい温室が建てられることになり、これまでになかった新しい種類の昆虫の飼育展示が企画された。

　昔、昆虫園が建てられるにあたっては、外部の有識者による昆虫園建設協議会が組織されて、さまざまな昆虫園運営上の意見を聞いていた。この会議は昆虫園が出来た後も引き続き昆虫園運営委員会と改称されて毎年開催されてきた。この会議の中でもしばしば取り上げられていたグローワーム(ヒカリキノコバエの仲間)＊やブルドッグアリ(原始的なハリアリの仲間)＊＊も今回の温室での展示候補にあがった。

　そこで、建物もそれに合わせた構造に設計された。ことに、グローワームには暗さ、温度、湿度などを考慮する必要があった。また、外国産の昆虫を輸入するにあたっては、脱出防止にも配慮しなければならない。飼育や工事課の係員たちは、今までの知見をもとに何回も会議を重ねた。その結果、生態園は大きなチョウの飛翔温室を主とし、チョウの飼育室、バッタの飼育展示場、一般の昆虫、グローワームを含めた夜行性昆虫のための暗室、外国産の昆虫展示室などの計画が承認され、先に述べた瀬谷案に決定した。

　改築が決まり、今まで飼育してきたチョウやバッタの飼育個体の一次保存のために、小さな温室が用意され、さらに新しい種類の飼育研究も続けられた。

　そして、外国産の昆虫の採集についての知見の収集や相手国の採集・輸出の許可を得るための交渉が始まった。新しい展示種として、オーストラリアのグローワームとブルドッグアリに焦点を定め、オーストラリア当局と接触を始めた。これまでコアラの輸入に際し、タロンガ動物園と交流があるため、まずタロンガ動物園と交渉せよとの回答であった。そして、シドニーの博物館のホロウェイ採集部長を紹介され、協力していただけることになった。わが国の植物防疫所からも許可を得、採集出張は当時の川鍋係長と私に任された。

　私は、今まで、後のためにと集めておいたグローワームの資料を読み返してみた。オーストラリアでは当時、3種類のグローワームが知られていた。私たちの採集目標は、オーストラリア当局の指示にしたがうより仕方がなかったが、生態はどれもよく似ていたのでどんな種類でも対応出来そうであった。

　＊グローワーム／(Glowworm)はハエ目のヒカリキノコバエ属やホタル科などの甲虫類に属し、生物発光を行う幼虫や幼虫形態のメス成虫に対する一般的な名称。
　＊＊ブルドッグアリ／キバハリアリの英名。大きいものは体長約2.5センチ、大きなあごと尾端の毒針が特徴、うっかりさわれば針で刺されて毒を注入される。

1. グローワームの調査

グローワームの採集と調査の目的は次のように定めた。
①洞窟内における分布と生態
②洞窟内の温度、湿度、光などの環境条件
③洞窟内の岩石、土質
④捕食のための造巣習性(粘糸の張り方)
⑤エサとなる小動物の種類とその発生状況
⑥繁殖の状況
⑦幼虫、成虫の行動
⑧天敵、病気など

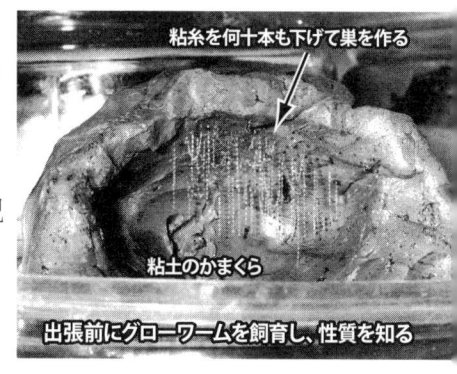

粘糸を何十本も下げて巣を作る
粘土のかまくら
出張前にグローワームを飼育し、性質を知る

　出張に先立ち、内外の多くの人々から情報と援助を得た。ここに感謝しておきたい。植物防疫所の渡辺直氏、写真家の松香宏隆氏、小原嘉明教授、上田恭一郎博士、マッセイ大学のストリンガー博士たちの手紙は参考になった。他にも私の知らないうちに、係長や園長を通して間接的に、お世話になっている人があるかも知れない。

　出張の予定が決まった頃、ホロウェイさんから早々にリチャーズヒカリキノコバエが送られて来た。粘糸は、私が調べていたルミノサ*より短く、蛹化時の姿勢もルミノサと異なっていたが、他の生態や飼育法は変わらなかった。

　そこですぐに、プラスチック容器に粘土で「かまくら」のようなものを作ったり、石膏を洞窟型に流したりして作り、1匹ずつ収容し飼育を始めた。粘土のかまくらは、うまく巣を作るものもあったが、かまくらの上に登って、巣を作れないものもいた。それにこんな容器では場所を取って困った。また、石膏は乾きやすいので、パイプで水を流すようにしたが、かえって水の道が出来、全体に湿り気が及ばず、よくなかった。

　そんなことをしている間に出張となり、ブルドッグアリとグローワームを持ち帰ることになった。

グローワームの飼育室

*ルミノサ／学名＝アラクノカンパ・ルミノサ。土ボタルとも呼ばれるヒカリキノコバエの1種、ニュージーランドとオーストラリアの一部に生息する珍しい昆虫。天井から粘着性のある糸を垂らしてぶら下がる幼虫が、青白い光を出して小さい虫を誘い、糸に絡ませて捕食する。

川鍋係長　G.ホロウェイ採集部長　筆者

出張は1987年12月2日から15日までと決まった。通訳の西浦順次さんにも現地に同行していただき、今後の当園と博物館側の動物授受に関する細かい条件の打ち合わせなどもお願いし、二者間の同意書が作成された。

オーストラリアではシドニーのオーストラリア博物館のG.ホロウェイ採集部長と部下のB.デイさんにお会いし、全面的にお世話になった。ホロウェイさんはいろいろと気遣いしてくださる快い人柄でありがたかった。ボーイスカウトの指導者だということを後で聞いて納得した。彼はヒメバチの専門で、上手に描いた原図を見せてもらった。

日本のヒメバチ研究者の内田登一博士や桃井節也博士の文献が欲しいと聞いたので、内田氏の文献はすべてコピーして送ったが、桃井氏にはその旨、連絡しておいた。

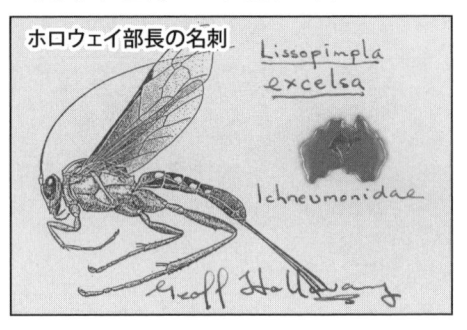

ホロウェイ部長の名刺

ホロウェイさんには館内の展示物も見せてもらった。キバハリアリ*の石膏による人工巣と生体も展示してあった。来館者用の芳名帳にサインをして欲しいと言われた時に、誰か知人の名はないかと思って探したら、K.ウエダさんやS.サカイさんたちのサインがあった。

翌日、ホロウェイ氏の運転する自動車に乗せてもらい、郊外に出た。車を降りて道路を歩くと、すぐにブッシュフライと呼ばれるハエがやって来て汗を吸いに体に止まった。

展示の様子

その多さに驚いた。前を歩く人の背中を見るとハエだらけになっていたのだ。婦人用帽子の縁にハエよけの小さな球がずらりと並べてぶら下げてある意味がよく分かった。

＊キバハリアリ／ブルドッグアリ（P.153）のこと。

グローワームの採集と輸出の許可

　グローとはほのかに光ること、ワームとはウジムシ(幼虫)のこと、つまりウジムシが光っているのである。オーストラリアやニュージーランドの洞窟*に棲み、天井に巣を張って粘液の付いた釣り糸を垂らし、巣の中で光を放って獲物の虫が来るのを待つ。暗い洞窟の中で光に向かって来た小さな虫が、釣り糸に引っ掛かると頭を出して獲物の体液を吸って成長する。ウジムシはやがてサナギになり、羽化した成虫はハエよりも力に似た姿になる。

　私たちの採集目標になったオーストラリアのニューンズに産するグローワームは、ホロウェイさんにアラクノカンパ・リチャーズアエと同定していただいたので、和名をリチャーズヒカリキノコバエと名付けた。

　それとは別に、グローワームが棲む世界的に有名な観光地が知られている。ニュージーランドにあるワイトモ洞窟で、暗い洞窟の天井で光る虫の様子は「あたかも銀河のように美しい」と言われ、訪れる観光客も多く、パンフレットには「土ボタル」と日本語訳がある。これでは甲虫のホタルと間違われそうなので、私は後にニュージーランドヒカリキノコバエと和名を付けた。これらの仲間は、ホタルの仲間ではなく、キノコバエの仲間だからだ。

　このような昆虫を生態園で展示するわけだが、グローワームは20℃以下の温度と、100％近い湿度があれば飼育出来そうで、出張前に行っていた方法でよさそうだということが分かってきた。

　目的地のシドニーの郊外140kmほどのニューンズは、ユーカリ林に囲まれた静かな所で、あちこちにシロアリの塚が見られた。

シロアリの塚

　石炭を採掘していた廃坑に、鉄路を外したトンネルが2つあり、初めのトンネルは短く、グローワームは見られなかった。ホロウェイさんは、「昔、車の往来が少なかった頃には見られた」と言う。次のトンネルは長さ300mほどであったろうか。トンネルの中ほどまで歩くと、ほぼ全暗状態になった。

　この辺りの土質は砂岩で、壁にはツルハシで掘った跡が見えた。懐中電灯**を消し、目が慣れると、天井には天の川のように輝く多くの光る点が見えた。

---

　*洞窟／洞穴(どうけつ、ほらあな)。地中にある、ある程度以上の大きさの空間。
　**懐中電灯／ホタルやヒカリキノコバエなど、光を放つ虫の観察には暗い場所に行くので、足下を照らす懐中電灯が必要になるが、虫の光よりも明るい光は観察の邪魔になる。かつては、赤いセロファンを被せるなどしていたが、近年では、赤い光を放つ懐中電灯がある。

グローワームのトンネル

巣は側面にも作られていた。地上に落ちている光もあった。

巣に付く獲物にはヒメバチも見られた。付近にはノミバエのような種類も飛んでいた。このような昆虫がエサになっているようだ。また、ザトウムシやアシダカグモなどが壁を這っていた。デイさんなどは、これをハントマン・スパイダーと呼んでいた。この洞窟で美しい天の川を見た時、ぜひともこの虫の飼育法を完成しなければならないと心に誓った。

しかし、いったいなぜこのような昆虫が進化したのだろうか。発光する性質の獲得起源はよく分からないが、何かの防衛機能だったのだろう。キノコバエの仲間だから、八丈島の発光するキノコバエの生態から考えると、おそらくキノコ面に糸を吐き胞子を食べる習性があるのだろう。しかし、発光する性質があるため、虫がやって来て糸に引っ掛かることがあり、より蛋白質の多い肉食へ進化したのであろうと思う。キノコバエの幼虫は1匹ずつ管瓶に収容し、約150匹を採集して帰途についた。

ニューンズの帰り道、夕方になると、ユーカリ林の間で、カンガルーが草を食べるのを見た。黒いオウムも飛んでいた。オーストラリア独特の昆虫類やクモ類も見られた。

林の朽ち木を探していると、ゴケグモが這い出して来た。林床にはほっそりした15mmほどのカマキリが歩いていた。後で名前を調べたら、ホソミカマキリの1種のようだった。ユーカリの木のはがれそうな皮の下には小指ほどの大きなコロギスやさらに大きなゴキブリがいた。

採集品はホロウェイさんのサインで輸出を許可され、航空会社から園に向けて発送した。

ホロウェイさんのサイン入り輸出許可証

第2訪問地のタスマニア島では、グローワームの採集許可を公園当局に求めたが得られなかった。しかし、参考のためにハスチングの洞窟を訪ねた。
　洞窟では、時間ごとに女性のガイドが案内し、時間外は扉を閉じてしまう。深い場所に入るには、本格的なケイビング*の用意が必要であった。
　ここでは種類の違うグローワームを見ることが出来た。照明が届かない橋の下で見つけた光の数は5〜6個しかなく、全体にあまり多くはないだろう。これでは採集許可が下りないわけだと思った。
　ここの種類は釣り糸が長く、20cmほどあり、ニュージーランドの種類に似ていた。洞窟内の気温は8〜9℃、湿り気が強く感じられた。後に学名と生態を調べたら、やはりニュージーランド産の種に近いようだった。
　参考のため、公園のコッカリルさんに、この種の飼育環境を聞いた。「グローワームの環境条件は99〜100％の湿度、温度は9℃がよい、天敵はセンチュウや菌だ」と、話してくれた。ほぼ思っていたとおりだった。
　夜、彼が私たちの宿にわざわざ訪ねて来られたので、何事かと思ったが、何のことはない、私がいつも「ミスターコッカリル」と呼ぶので、「日本では誰にでも、いつでもミスターを付けるのか」と、聞かれた。ああそうだった「彼の国では愛称で呼び合うんだ」と気が付いた。ミスター○○というのは、それほど大ごとなのだと思った。
　空港では、輸送手続きをレップインターナショナル社に任せて帰国した。

グローワームの飼育

　園での飼育には、初め粘土でドーム型の飼育装置を作っていたが、場所を取った。ふとしたことからグローワームの飼育に小型のプラスチック容器を使うことを思いついた。容器のふたに粘土を付けて幼虫を放し、湿度を保つために下に水を少し入れて置いて飼育してみた。場所を取らないよう、1匹の巣の大きさを配慮し、10×4×10cmの大きさで、ふたは深さ2cmとし、容器を業者に依頼した。
　これを温度管理した暗室に置いた。

サナギ
新しく考えた飼育ケース

＊ケイビング／アウトドアスポーツとしてよりも、科学的探究心を持って洞窟に入る探検活動のこと。準備の基本は、出て来た時に着替える着替え一式、ヘルメット、ヘッドランプ、磁石その他測量道具、ルーペ、軍手、通信器具、専門分野に合わせた道具などを持ち、水たまりにも入れる耐水性の靴をはき、動きやすく周囲に引っ掛かりにくい服装をする。

これで場所を取らず、1匹ずつ確実に成虫までの飼育が出来て、成果も上々であった。

　エサを与える時は、いちいちふたを取って、巣にショウジョウバエを付けてやらねばならない。巣は繊細なものだから、ふたを取るたびに絡むが、幼虫はすぐに修復し、なんら差し支えない。この容器は多数扱うようになると、少々面倒であった[*]が、時間さえ掛ければ数多く飼育出来るようになった。幼虫の数が増えてくると、精神的にも余裕が出来たので、多数飼える大型の容器も工夫した。いわば大部屋である。このようなことで、1000匹余りに増やすことが出来た。

　展示用には大型の容器を作り、天井は側面からも見えるように斜めにし、粘土を貼り付けた。天井の平らな面に粘土を貼り付けるのは不安であったが、たまたま出入りの文房具業者から、何かの催しに使って余った、四角いプラスチック容器を多数いただき、このふたを大天井に貼って仕切りとし、粘土を貼り付けた。これで、幼虫たちが互いに干渉しあうのが避けられた。湿度を確保するために、容器の下に水を入れて展示装置が完成した。

　生態園は太陽光で明るい空間なので、温室から出て来た人は、すぐに暗い場所に入ることになる。そこで、どうしても目が慣れない。さらに室内は湿度が高く、温度が低いので、ガラス面が結露しやすい。するとまた見えにくくなる。

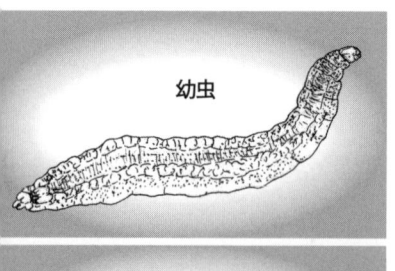

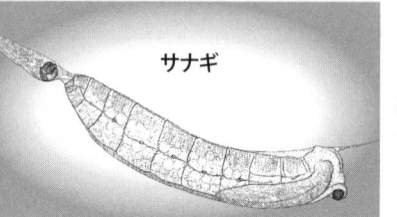

　そこで、本館が改築される時、グローワームの飼育展示室を作ることをお願いした。幸いこの提案は採用され、本館の1階に作られた。

　「湿度が100％近く、温度が20℃以下であること」という冷蔵倉庫のような展示部屋は経験がなく、最初から困難の連続であった。グローワームに営巣させる天井の部分には粘土を貼り付けたが乾燥しやすく、粘土がはがれ落ちて

---

[*]少々面倒であった／低温で暗い部屋で、一個一個のケースにエサを付けるのは、持久力や冷え対策が必要である。

来た。部屋のあちこちに霧を噴霧する装置を設置しても粘土がもたず、たびたび手作業で霧を噴霧しなければならなかった。業者もこのような施設は初めてで困ったようだ。これは今も同じ状況である。

私の退職後も係員の渡辺良平君をはじめ多くの職員たちは展示の努力を重ねたと当時の土居園長から聞いた。渡辺君は見上げて給餌する姿勢を続けたため、首を痛めたそうだ。給餌の方法は考える必要がある。私はショウジョウバエを細い管の口を付けたポリ容器に入れて、容器をペコンと押し、ハエを粘糸に吹き掛けて付けるのがよいのではないかと思っている。

渡辺君たちの努力のお陰で、現在は十分な光が見られるようになり、銀河の天井が再現されるようになった。やっと望みがかなった。彼の努力の結果は『どうぶつと動物園』2010年春号参照。

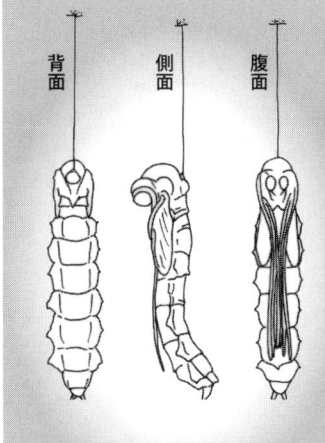

ニュージーランドヒカリキノコバエのサナギの様子

オーストラリアの大学でグローワームを研究しているメリットさんやC.ベーカーさんたちとも文通し、オーストラリアには新たなヒカリキノコバエが生息することが知られた。しっかりした分類が進めば、10種類を超えるそうだ。

これより以前、グローワームのもう一つの種、ニュージーランドヒカリキノコバエ(ア・ルミノサ)を入手する機会があった。農工大の小原嘉明教授がワイカト大学[*]に出張されていることを知り、先生に話すと、同大学のマイヤー・ロホー博士に託され、博士がドイツに向かわれる途中、日本に立ち寄られて届けてくださったものである。採集するにあたっては、小原教授も手伝われたと聞いてありがたく思った。この種の生態の概要は、『インセクタリウム』(1989)にも載せておいたが、リチャーズヒカリキノコバエと違って、背に1本の糸を付けて天井からぶら下がってサナギになる。他の性質はリチャーズと似ていて、飼育法は簡単であったが、飼育開始時の個体数が少なかったためか、私が異動になって昆虫園から離れた後に絶えてしまったそうだ。

多摩のボランティアの方から後に、オーストラリアの学校ではグローワームを使った授業も行われていることを聞いた。

---

[*]ワイカト大学／ニュージーランド北島の、ハミルトン、タウランガ、オークランドに校舎を持つ。

2. ブルドッグアリの採集

オーストラリア出張で、2つめの採集目標のブルドッグアリは、博物館の皆さんの協力で、郊外の林の中で、砂地に一つ巣穴がぽっかりと開いているものを掘り出すことにした。

これはミルメシア・タルサータという全体が褐色で体長が2.5cmもある大型の種類だった。穴に細い枝を差し、アリ道を見逃さないようにして、その周りを直径1mくらいの円形に掘り進む。新しい穴が見つかると、そのたびに枝を差し込み、坑道を見逃さないようにし、巣の中の働きアリや幼虫、マユなどをすべて容器に収容した。

何しろブルドッグアリは、現地の人がブルアントと呼んで怖がる原始的なハリアリの仲間で、見逃して放置すれば刺される。扱う時はピンセットを使う。巣の中から蟻客の金色のアリノスシミや白いダンゴムシも出て来た。

巣の底の辺りにやや大きいと思われるアリがいて、胸に翅の脱落跡を見つけ、女王アリだと分かってほっとした。ホロウェイさんに、「こんな時日本人はバンザイと言うんだろ」と言われたので、みんなで万歳と言って笑い合った。

そしてもう1種、ミルメシア・ニグロシンクタを採集した。この種はピョンピョン跳ねるのが特徴で、小型といっても日本のクロオオアリほどの大きさがあり、ジャンパーと呼ばれる。この種も首尾よく女王アリを採集し、日本に送った。

飼育展示容器は石膏の人工巣で可能であった。帰国し、飼育している時に飛びついて来て、手を刺されてしまったことがあり、ハチに刺されたほどの痛さであった。これらの種の飼育は、慎重にしなければならない。

タルサータは日本のアリよりはるかに大きいから迫力があった。係員の努力で数年間の展示は可能であったが、やはり他のアリと同様に雌雄の交配が難しく、展示は長く続かなかった。

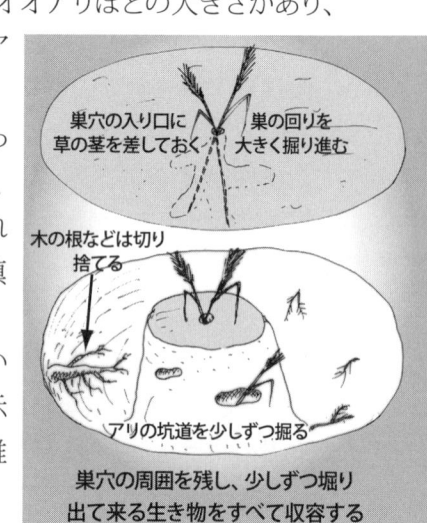

私たちが帰った後、オーストラリアのアリ研究家の大御所であるというT氏が、私たちの採集のことを「荒らして行った」と表現したそうだ。
　オーストラリアでは、いろいろとホロウェイさんにお世話になって、よい結果が得られたことに、感謝したい。
　ずっと後になって、ホロウェイさんが重い病にかかられたとの知らせを受けた。私はお見舞いの手紙と少しばかりの気持ちを送った。
　ホロウェイ夫人からは「お気持ちで花を買いました」とのお手紙をいただいた。その後の連絡は受けていない。当時、男の子を紹介してもらったが、もう立派な大人になっているだろう。この虫の光を見ると、オーストラリアでのことが一層強く思い出される。東京で昆虫学会があった時、酒井博士[*]に尋ねたところ、ホロウェイ氏は亡くなられたらしいとのことだった。

3. 動植物園の見学

　暇をみて、オーストラリアのいくつかの動植物園を垣間見ることが出来た。

オーストラリア博物館

　ここは決して大きい博物館ではないが、要領よく展示されていた。日本の一企業の寄付金もあったようだ。どこの国でも、企業が寄付をするということは珍しいことではないらしい。展示ケースは150×50cmで、標本、模型の他、適度な語数の解説文が付けてあり、図鑑のページをめくるように、どの場面もしっかりまとめられていた。小動物は凍結乾燥で標本にされ、生きているようであり、背景の植物や鉱物は巧妙な作りである。照明は来館者が見る時にスイッチを押すとライトが点灯し、しばらくして消えるようになっている。この方法は省エネルギーの上、さらに標本の退色をも防ぐことが出来る。

タロンガ動物園

　ここは多摩にコアラをいただいたこともあり、オーストラリアに到着すると早々に出かけて行った。しかし、時間が短かったため、小動物のエサのみにつ

---

[*]酒井博士／酒井清六博士、元生物地理学会会長。大阪市立自然史博物館に、世界のハサミムシ類のコレクションとしては量質ともに日本最高級といわれる「酒井清六昆虫類コレクション」がある。

いて、詳しく見た。ハエ、ゴキブリ、コオロギなどが多量に飼育されていた。チンパンジー舎にはアリ塚があり、クルミ割りなどの道具が置いてあって、多摩のものに似ていた。

コアラパーク
この公園ではコアラを抱かせてもらった。コアラの爪は鋭いので、コアラにぬいぐるみを抱かせて、それごと抱くのだ。こうすると、爪にひっかかれるのを防ぐことが出来る。抱き心地は毛の荒いネコのようであった。

タスマニア植物園
ここでは、ミツバチの展示に興味を持った。4枚の巣板を田の字状に立面にくっつけて並べ、その面を観察する仕掛けだ。側面にはハチの出入りする穴があり、ハチは野外へ自由に出入りしていた。

タスマニアのハリモグラ

フェザデール野生動物園
主としてコアラを飼育していた。小鳥舎などが多数並んでいて、よく繁殖しているようだった。

タルーンろくろ細工と野生生物公園
個人経営の公園で、牧場の一部でカンガルーやタスマニアデビルなどを飼っていた。タスマニアデビルには幼獣がいて、抱いて見せてくれた。売店ではろくろによる木製品を売っていた。私たちが帰国した後、なぜかオーストラリアの生物輸出はさらに厳しくなったと聞いた。

ニュージーランドへのお誘いにのれず
ずっと後になって、多摩動物公園のボランティアの人達から「ニュージーランドのワイトモ洞窟へヒカリキノコバエを見に行きませんか」とのお誘いを受けたが、ちょうどその頃ワイフが病気で行くことが出来なかった。ワイフは「行ってらっしゃい」と言ってくれたのだが、私はその気にはなれなかった。

Ⅶ.

南園飼育係長時代
1988〜1991
昭和63年〜平成3年

Ⅶ. 南園飼育係長時代

　人事異動で、南園という区域の係長になった。
　昆虫以外の動物の担当係だ。大型動物の係は南園と北園の2係あって、その係長同士は相手が休みの時、代番をすることになっている。
　南園はアジアの動物、北園はアフリカの動物を飼育している。もっともゾウにはアジアゾウとアフリカゾウがいるので、ゾウ舎は南園と北園にある。アフリカ象は全般に気性が荒く、人によく慣れて、人間や重い荷物を運ぶのはアジア象だといわれる。
　大型の動物については、今までは見ているだけであった。しかし、初めて担当係の長として、大型動物と関わることになり、この係ではいろいろな動物の誕生や死にも出会い、そのたびに新たな知見を得た。悲しいことだがよくないことの方が多く印象に残っている。

サイと寝る

　インドサイが病気になった。係員はあらゆる手を尽くした。時々点滴の手伝いもした。そのため、どうしても夜間も付き合わなければならなくなった。
　サイは微動だにしなかったので、舎内でサイと一緒に藁の上に寝て輸液の交換などをした。しかし、効なく何日かしてサイは亡くなってしまった。

インドゾウの解体

　インドゾウが堀に落ちて亡くなった。大きな体を堀から運び出すことは困難であり、解体してクレーンで運び出すことになった。遺体は科学博物館にもらわれていった。

ラクダの瘤(こぶ)

　当時はラクダを飼っていて、その死にも会い、病院での解体を見た。ラクダの背の、こぶの内部は白い脂肪で出来ていることをあらためて確認した。

ウマにとって
よくない柵の形の作り

ハクチョウにとって
よくない柵の形の作り

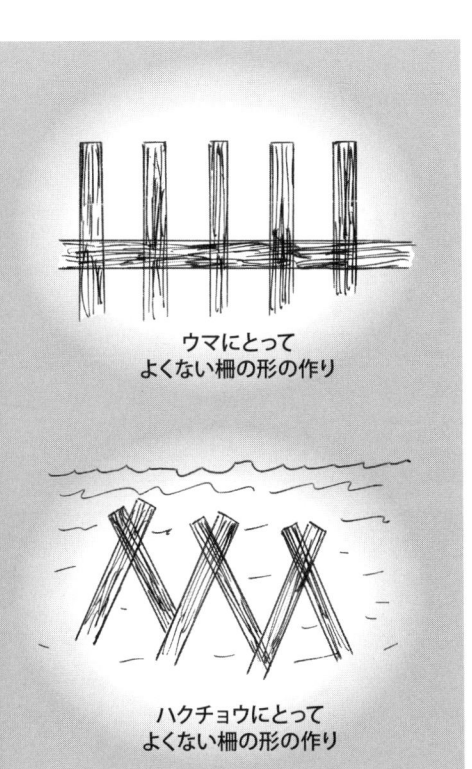

モウコノウマの事故

　モウコノウマが、前脚を柵に挟んでしまったことがあった。係員の協力もあって、私の手で外すことが出来て嬉しかった。

　Y字形やU字形の一端が開いた柵は、動物が脚頸(あしくび)や首を挟んだ時、脚を上げたり、首を下げたりすれば外れるものを、パニックに陥った動物自身にとっては、ことのほか外しにくいことが分かった。

　似たような例を、次のように井の頭の係員に聞いた。

ハクチョウの事故

　井の頭文化園での話。動物舎の柵には一般に気を付けなければいけない点があることを係員から聞いた。

　私の担当時ではなかったが、ハクチョウが水の中に首を突っ込んで水草を漁っていた時、水中の柵が逆V字形になっていて首を挟み、引き抜くことが出来ず、おぼれて死んでしまったことがあるという。こんな時は、頭を下げれば抜けるものを、パニックを起こして頭を上げようとするのだそうだ。

バクの解体

　動物の体の仕組みには驚かされる。バクの解剖を見た時、脚の関節部分が白くピカピカで滑らかで非常に美しいことに驚いた。動物の体の関節が滑らかに動くという仕組みは、実にすばらしい。

シマウマの蹄(ひづめ)の削蹄(さくてい)

　シマウマの蹄が伸びすぎると大変だ。馬とは違い、野生そのものだから、自由に操れない。削蹄師[*]が来て、麻酔してから行わなければならなかった。

　自然の状態ならば、日頃の何げない歩行運動の中で爪は摩耗し、切る必要

＊削蹄師／競走馬などの蹄を管理する装蹄師、牛の蹄を管理する牛削蹄師の資格がある。

がないはずだ。このため、放飼場には有蹄類の爪の摩耗を促進させるため、火山灰がまいてある。この砂のようなザラザラの灰は伊豆大島で、歩いて経験したなあと思い出した。

タヌキの貯め糞

タヌキには面白い習性がある。糞をいつも同じ場所にするのだ。これを貯め糞という。

飼育舎に入ると、いつも糞が一定の場所にあるから、体調を確かめる時にも便利だ。

これは野生でも同じで、糞が見つかれば、その付近を縄張りにしたタヌキがいることが分かる。

最近は大きな古い家屋や、寺社、墓地、公園緑地などの改修*で、住宅街にもタヌキが棲むようになった。

我が府中の団地にもタヌキがやって来て貯め糞をしていた。

都市公園に棲むタヌキ

コウノトリの初の誕生

嬉しい思い出は、やはり動物の繁殖である。多摩ではコウノトリを1972年から飼育していた。1979年には産卵したが孵化せず、1988年になって3羽の孵化を見た。これが国内初の繁殖となり、豊岡でのコウノトリ会議に、当該係長として出席出来た。

小さい頃、山陰線の列車で父の里である丹後から豊岡まで行く途中、円山川近くの田んぼでサギに混じって数羽のコウノトリが見られた。

当時、この大きな白い鳥が絶滅するとは思ってもみなかった。しかし、こんなことで再会するとは。

美味しいコメのブランド名にも使われる「コウノトリ」

＊公園緑地などの改修／それまで隠れていた崖下の穴や、木のうろなどを失うと、隠れるところがなくなり、住宅地の方へ出てくる。たまたま、ネコのエサや生ゴミを見つければ味をしめて、住宅街をうろつくようになる。東京の都心部では珍しいのでエサを与える人々もいて、文京区、豊島区、新宿区などでも見られる。可愛いと思っても、野生動物なのでエサを与えないこと。

豊岡では、稲作を減農薬に切り替え、コウノトリが田んぼで食べるエサが豊富になるように農家が努力し、近隣の町でも繁殖に協力しているため、近年コウノトリが野外に放されてからは、あちこちでコウノトリが見られるようになったと、久美浜在住の西角良乃さん、松本昭代さんなど昔の級友たちに教えられた。
　この頃は峰山の方まで見られるという。彼らの活躍が、現在ではインターネットでも見られる。

動物の名

　動物が繁殖すると、係員はその動物の子どもに名前を付ける。ある年、ライオンが複数生まれた。ライオンの名には、係長や課長の名がこっそりと付けられると聞いたことがある。後年、私の名前の後の半分から、「シゲ」という名を付けられたライオンがいるらしいことを知った。
　「シゲに幸い多かれ」と祈る。

ライオンの赤ちゃん

チーターの外部寄生虫

　園にアフリカのナミビアから、チーターが輸入されて来た時、健康診断の実際を見せてもらった。
　麻酔されたチーターから、獣医が興味深い昆虫を発見した。体表にシラミバエが寄生していたのだ。検査中、このハエはチーターから飛び出し、獣医の頭髪の中に入り込んだという。
　私はこの虫を数匹もらい調べてみた。
　その結果、世界に広く分布するイヌシラミバエであることが分かった。雌成虫を解剖してよく調べると、ツメは体毛をつかみやすいように、鉤型に曲がっている。そして体内には、すでによく成長した幼虫を、ただ1匹持っていた。

産まれた幼虫は「何も食べず、すぐサナギになる」という生活史で、一生を獣に頼っている。

この種類は動物の寄生者としては普通種であるが、寄主*が輸入されたものであり、チーターにはいくつもの吸血跡の古いかさぶたがあったため、これらのことから現地で寄生されたものと推定されたので、動物園水族館雑誌には獣医と連名で報告しておいた(1991)。

チーターは再度検査され、虫や原虫のいないことが確認され、さらに病理検査にも合格し、飼育係へ渡された。

コアラのエサと糞

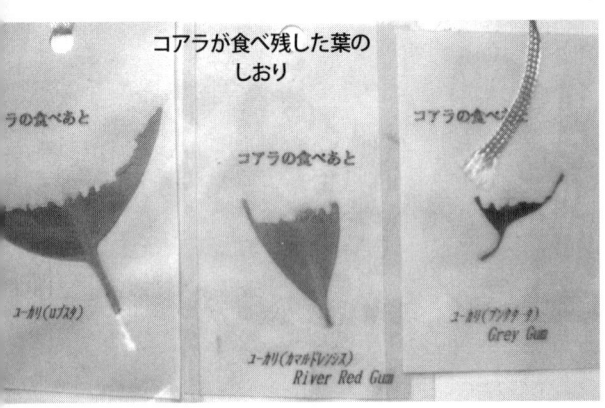

コアラのエサの調達と給餌に興味を持った。

コアラはユーカリの仲間の葉しか食べない。ユーカリは、本来日本にない植物なので、葛西臨海公園など、数カ所で栽培している。

また、コアラは好みが強く、ユーカリはシアンを含むことからか、何でもよいということではないという。さらに葉の食べ方を見ると、先の方だけ食べるのだ。

食べ残しを、普及係がしおりにしていたのでもらった。また、粒状の糞をコーティングしてキーホルダーにしていたので、これも記念にもらった。

もちろん売店には、コアラのぬいぐるみやパペット、キーホルダーやストラップなど、子どもたちに人気の高いお土産もある。

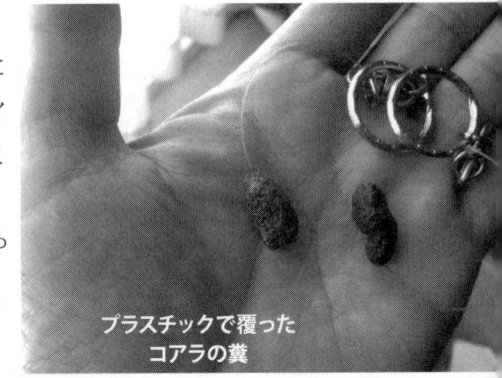

*寄主／寄生者に寄生されるものを、宿主または寄主と呼ぶ。

VIII. 井の頭自然文化園
水生物館長時代 1991〜1995
平成3〜7年

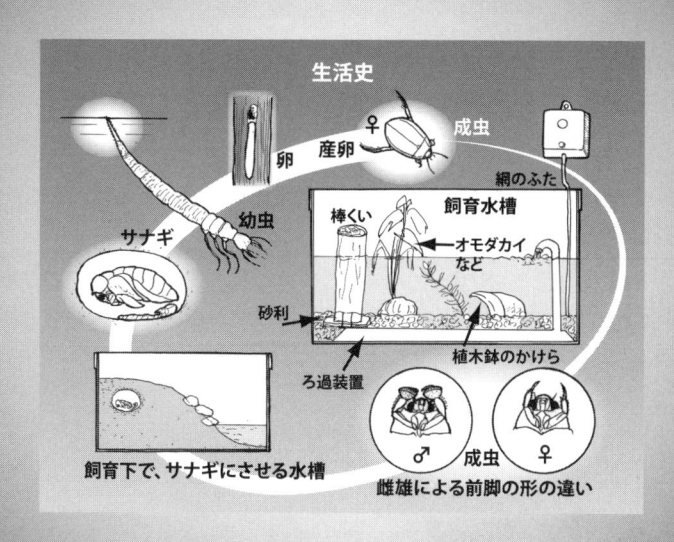

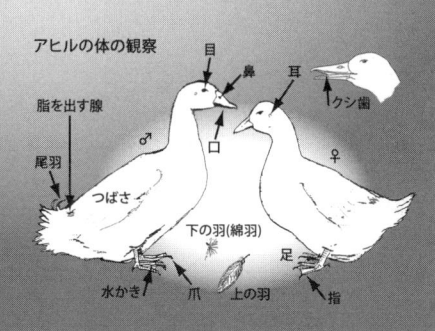

Ⅷ. 井の頭自然文化園水生物館長時代

　1991年4月、東京都武蔵野市の井の頭文化園分園*の水生物館長として異動し、4年間務めた。

　ここには小さな淡水の水族館と、水鳥舎がいくつか並んでいる。ここは小さい施設だが昭和天皇も来園され**、有名になった所である。係員からは多くのことを学んだ。水生物館の館長といっても職階は係長であるから、休みの時は本園の飼育係長と、お互いに代番をすることになっていた。

再びオオサンショウウオに会う

　再びオオサンショウウオに会った。多摩で飼われていたものと同じくらいの大きさで、懐かしく思った。

　ある事件があった。1992年の6月、八王子の警察署から体長80cm近い個体が1匹届けられた。拾得物だが持ち主が現れないので飼育して欲しいという。オオサンショウウオは天然記念物なので、落とし主(?)は名乗ることが出来なかったのだろう。園とて、そう簡単には飼育出来ないので、文化庁、都の教育委員会、武蔵野市教育委員会の三者から飼育許可書(現状変更許可)を得て飼育することになった。

　ところで係員によると、オオサンショウウオにはもう1種類、チュウゴクオオサンショウウオという種類がいるということだが、少数のよく似た標本から、両者の相違点をあげるのは難しく、私にはとても見分けられなかった。

カラスガイ

　大きなカラスガイの標本を見た。手の平よりも大きく、20cmはある。井の頭池で採集されたものだという。

　しかしこの標本は、貝の中側にある歯の形からすると、カラスガイ同様20cm以上に育つ、ヌマガイかタガイのようだと言う人がある。いずれにしても、10年以上かけてゆっくりと大きく成長した貝だと思われる。

　淡水貝類には絶滅危惧種が多い。

＊井の頭文化園分園／市境にあるため、分園の住所は三鷹市。
＊＊昭和天皇も来園され／1917年5月1日、皇室所有の御殿山御料地が東京市に下賜され、井の頭恩賜公園が開園し、1942年に井の頭自然文化園が開園した。

宇宙ゴイ

水生物館の話題として忘れられないのは宇宙ゴイの展示であった。

1992年、アメリカのスペースシャトルが日本の毛利衛さんたちを乗せて、新材料や生物実験をするということであった。

そのテーマの一つはコイを使った宇宙酔いの実験である。コイが材料として適しているのだそうだ。

園では、宇宙ゴイの兄弟5匹を、愛知県弥富町金魚漁業協同組合からもらうことが出来たので、「宇宙ゴイ」と題して1992年11月から1993年10月にかけて展示した。その話題性から取材もされた。ただ、見た目がふつうのコイであるから「兄弟と言われても・・・」と、テレビのアナウンサーが言っていた。

展示終了後、コイは殿ガ谷戸庭園＊へもらわれていった。

ハクチョウの再生計画

「武蔵野の井の頭池を白鳥の湖にしては」という構想は園の思いでもあったという。ハクチョウはよく知られている鳥だが、日本の動物園での飼育数は少ない。そこで、園の川崎泉獣医は、「ハクチョウの集まる所には、必ず怪我や病気の鳥がいるに違いない」と考えて、ハクチョウの飛来地である瓢湖を訪ねた。すると、怪我をして飛べない個体が小屋の中でひしめき合っていた。

そこで、新潟県と当園は手を結び、そういう個体を引き取ることになった。私は近藤係員と同行し、5羽のオオハクチョウを引き取って来た。近藤係員は私と一緒に多摩から異動になって、移って来た人だから心強かった。

1993年5月には、それらのオオハクチョウのつがいから、1羽のヒナが誕生した。ヒナ鳥もここに置こうという考えもあったが、これは瓢湖で怪我をして飛べなくなった親の子である。そこで瓢湖に帰すことになった。ヒナは無事成長し11月には近藤係員と川崎獣医によって瓢湖に届けられた。渡りの季節が来たら親に代わってシベリアへ帰って行って欲しいと願った。

＊殿ガ谷戸庭園／東京都国分寺市にある有料の都立庭園。自然の地形をいかした回遊式庭園で、国の名勝に指定されている。

瓢湖の水禽公園管理事務所の吉川繁男さんは「オオハクチョウの繁殖例は少なく、よく育てられた。そして、子を戻してもらうのは初めてのケース」と喜んでくれたそうだ。テレビ・新聞は物語的だといって、詳しく報道してくれた。

ハクチョウのハジラミなど

　水鳥は、体温が高く41℃ほどあるということだ。これなら冷たい冬の湖面に浮かんでいても平気なわけだと思った。

　オオハクチョウを捕まえた時、体表をよく調べて、寄生虫がいないかどうか調べてみた。これは、ノミを求めて世界中の珍しい動物を探し、研究したというロスチャイルドの話を思い出したからだ。驚いたことに、大きなハジラミ数匹を見つけた。ニワトリなどのハジラミよりはるかに大きく5㎜を超えていた。さらに、これが真っ白で、オオハクチョウの白い羽毛の中の環境に、みごとに適応していたのだ。

　ハジラミ類との出会いはその後も何回かあった。多摩動物公園内で野鳥が死んでいたので、ビニールに入れて運んでいた時、無数のハジラミが這い出して来たのを見た。主が死んで、これは大変だというわけで居候が出て来たのだろう。この他にも、病院＊に運ばれて来る野生動物は、たいてい寄生虫や病気を持っていた。これを見ても野生生物の生活は大変厳しいことがうかがわれた。

フラミンゴ

　分園には4種類のフラミンゴがいた。紅色の美しいベニイロフラミンゴ、大きいヨーロッパフラミンゴ、やや小型のコガタフラミンゴ、チリーフラミンゴなどだ。首と足が長く、ピンク色の集団が一斉に同じ方向を向くものだから、大変ユーモラスで、優雅でもある。

　フラミンゴの嘴は「ヘ」の字形で、ものが食べにくそうだが、首を下げて水面のエサを食べる時は、口元がちょうど水面と並行になって都合がよい。口の周囲にはクシ歯のようなものがあって、水中からエサを濾し取る＊＊ことも出来る。フラミンゴの赤い体色はエサの甲殻類に含まれるカンタキサンチンによるものだという。だから、きれいな色を出すにはエサにアミなどの甲殻類を混ぜてやる必要がある。甲殻類の色素の由来は、植物プランクトンである。

水生昆虫類

　館内には水生昆虫のコーナーがあり、その飼育も手伝った。ミズカマキリや

＊病院／各地の動物園内にある動物病院は、衛生上の理由で非公開施設となっている。園内の動物の診療、交通事故にあって保護された動物など、日本産の野生傷病鳥獣保護を行っている。
＊＊エサを濾し取る／濾過摂食。自分よりはるかに小さいエサをとる必要のある生物が持つ構造。この構造で、フラミンゴは藍藻（らんそう）類を食べて体色を維持しているとされる。

コオイムシの繁殖なども、多摩時代の経験が役に立った。

さらにここは、水生動物の飼育展示が専門であるから、エサの調達、容器など、飼育環境の整備に慣れていたので整えやすかった。

ゲンゴロウ

水生昆虫の代表である。

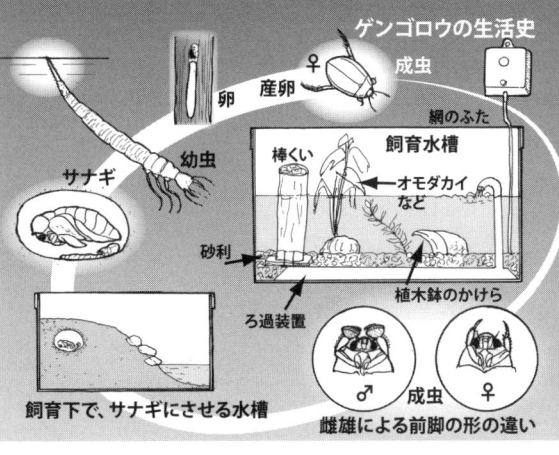

昔は川や沼にふつうに見られたが、この頃は少なくなってしまった。後脚をオールのように使って泳ぎ、水面にお尻の先を出して呼吸する生態はよく知られている。魚やカエルの死体に集まって食べるが、飼育下でエサが足りない時には、煮干しを使用した。コウホネなどの水草を入れておくと、茎を傷つけて、その中に長さ12㎜、幅2㎜もある、大きな卵を産み付ける。

昔は、地域によっては成虫を食べていたらしいが、どんな味がするのだろう。

ミヤコタナゴ*

小ブナに似た魚である。水生物館では「昔からミヤコタナゴの繁殖に力を入れてきた」と聞く。タナゴの仲間はすべて二枚貝のカラスガイ、イシガイ、マツカサガイ**などのエラの中に、長い産卵管を伸ばして、卵を産み付ける。エラの中で守られて、卵は孵化するのだ。しかし、多くの地域で淡水二枚貝が生育する環境が失われ、貝に産卵するミヤコタナゴの絶滅を招いてきた。

オシドリ千羽計画

井の頭は、周囲が緑に囲まれたよい環境なので、かつて日本各地に見られ、姿が美しく、昔からオシドリ夫婦とか瑞鳥(ずいちょう＝めでたい鳥)として親しまれてきたオシドリの繁殖と放鳥に力を入れ、1988年から井の頭池にオシドリを呼び戻す

＊ミヤコタナゴ／1974年に国の天然記念物、1994年に国内希少野生動植物種に指定。関東地方の一部に生息する日本固有種。環境省レッドリストでは絶滅危惧IA類に指定されている。
＊＊カラスガイ、イシガイ、マツカサガイ／淡水の二枚貝、日本産イシガイ類の仲間。カラスガイとマツカサガイが準絶滅危惧に指定されている。

「オシドリ千羽計画」という取り組みをしている。

オシドリの雌は1回に10個ほどの卵を抱く。飼育舎では毎年数十羽が繁殖し、ヒナは、2月頃、井の頭池に放される。

これは本園の「リスの森構想」という取り組みに対する分園での構想だ。高橋源一係員は繁殖に力を注いでいた。巣箱を設置したり、中を掃除したり、浮島を作ったりして園内の係員も総動員して作業を行った。

繁殖時期はカラスの被害にあうことが多く、巣箱周辺にはカラスよけの網を張った。しかし、ヒナはもとより、大きなハクチョウの卵でさえも狙われた。あの大きなハクチョウの卵をカラスはどのように運ぶのか、分からなかったが、卵は壊して持って行くのが観察されたという。

オシドリの習性については、興味深いいくつかの生態を高橋係員から聞いた。オシドリはいわれているように、一生を同じ夫婦でよりそうとは限らないそうだ。また、雌は樹木に登って洞(うろ)などに巣を作る。小さなヒナが高い樹の上から巣立つ時、どのように降りるのか分からなかった。高橋係員の言葉を借りれば、「ゴムまりがはずむようにポーンと飛んで降り、怪我はしない」そうだ。また「オシドリが自分が産んだ以上の数のヒナを連れて泳いでいることもある。これは他の親のヒナが自分のヒナの群れに入っていても、かまわず育てているからである」と教えてくれた。

池に放されたヒナにはネコによる被害もある。外の世界を知らないオシドリを放鳥すると、よく起こることであるが、いろいろな事故によって、怪我をする個体が出る。近所から連絡を受けて、引き取りに行ったこともしばしばあった。私は、当時オシドリ観察パンフレットを作り、来園者の他、近隣住民へも配り、理解を求めていた。

オシドリ観察パンフレット

私のいた頃は、レッドリストについてはあまり関心を持たれていなかった。

日本における環境省のレッドリストは、IUCN*の1966年版カテゴリーを元に1991年版カテゴリーが設定された。

オシドリは現在、東京都では絶滅危惧IB類に指定されている。

＊IUCN／国際自然保護連合(International Union for Conservation of Nature and Natural Resources)の略、1948年に設立され、本部はスイスのグランにある。地球的な規模での、自然資源と環境の保全を図るために活動し、レッドデータブックを発行する他、世界自然遺産の候補となった場所について調査し、世界遺産委員会に報告する国際団体。

那須電機工のカラス追い機の音

　多摩動物公園ではカラスの害が多くあって、皆がいろいろと苦労していた。この中で那須電機工という会社の制作した「カラス追い機」というカラスの悲鳴音発生機があり、効果があったようだ。これはカラスの悲鳴である「ガガーッ、ガーッ・・・」という音を拡声器で聞かせるという器具だ。

　井の頭でもカラスの害が出たので、私はこの音を録音しておいて、実験してみた。手持ち拡声器で録音機の音を空に向けて出すと、たくさんのカラスがやって来て、空を舞った。おそらく、その音源を探しに来て、仲間を助けようとするためであろう。悲鳴の元が分からなかったようで、そのうち、カラスたちは三々五々散って行った。これで同じ効果が確認された。

　ただ都会の中にある園では、多数のカラスたちの騒々しい動きを見て、「何事が起きたのか」と近隣の人々に思われかねないだろうと思い、実験は1回で止めた。この実験をしていて思い付いたが、模型のカラスと併用すれば効果は倍増するかも知れない。先日テレビで、カラスの天敵であるタカの類の「ヒーヨ」という鳴き声を出す方法があることを知った。これならカラスの悪声より静かであろうと思われる。

冬の風物誌

　秋遅くなると、庭園や公園の松などの木々が菰(こも)巻きされる。これは、「マツカレハなどの害虫を誘い込み、春先に活動を開始するまでに取り除いて、中に潜む害虫を焼き殺す」という防除法である。菰の中で、益虫も害虫も冬を越すため、昆虫採集の方法として用いる採集家もいる。

ガン・カモ調査

　井の頭池は、野生のカモ類の多い池である。毎年、正月には環境庁依頼の全国一斉のガン・カモ類の調査があり、これに協力していた。

　水生物館職員が協力して一斉に井の頭池での調査をした1992年の調査記録では、オナガガモが1375羽、オシドリが放鳥も含め94羽、マガモが26羽、カルガモが22羽、コガモが5羽であった。

分園ニュース

　時々に聞く係員の話がとても面白いし、水鳥や魚類の繁殖などによる展示内容の変更も多いので、私は分園内の出来事を載せた「分園ニュース」というチラシを作って文化園内の全係に配布した。このチラシは窓口係員には重宝され、私が次の職域に異動するまで、30数号続けた。

　我が係では喜ばしいことが重なった。高橋源一係員は、オシドリの繁殖事業をはじめ、長年の働きに大いに功績があったとして、都の職員表彰を受けた。

　さらに金井金作係員も、長年の動物園におけるゾウ、ラクダ、サル類、キョン、ガン、カモ類など、多数の動物飼育に関する功績に対して受勲された。

モルモットとのふれあい

　本園ではモルモットやウサギを飼育展示し、ボランティアの協力を得て、子どもたちと小動物がふれあう催しがある。モルモットなどとのふれあいを通して、子どもたちの動物への興味や、かわいがる気持ちを育み、かつ自然に対する科学的な見方の芽生えを助けることなどを趣旨としている。

　モルモットはやさしい動物で、小さい子どもにも扱いやすい。目、耳、足などを観察させて、前足の指が4本、後足の指が3本であること、抱くと温かく、聴診器を胸にあてて、心音がとても速いことなどを聞かせたりした。これは命を感じるためによい動物だ。

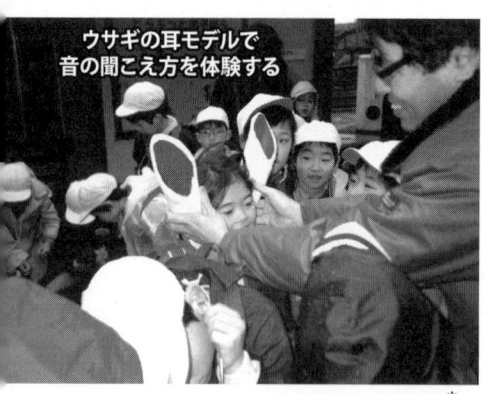

ウサギの耳モデルで音の聞こえ方を体験する

　しかし、子どもの数が多いと、1匹あたりの負担が大きくなる。このために多数を飼育し、休み時間をしっかり取ることにした。

　ウサギは、モルモットのようには抱けない。台の上に乗せたままさわったり観察するだけだが、モルモットとの感触の違いが比べられる。

アヒル*とのふれあい

　鳥は卵生の脊椎動物で、体温は一般に40〜42℃の範囲にあり、多くの哺乳類より数度高い。空を飛ぶという激しい運動に伴う大きなエネルギーを得

*アヒル／家鴨と呼ばれる家禽（かきん）、水鳥。カモ科のマガモを原種とし、生物学的にはマガモと同種だが、家禽化されて体が大きく重く、つばさは小さくなって飛べなくなった。
家禽とは、野生の鳥を品種改良して、肉・卵・羽毛などを利用するために飼育する鳥の総称。近年では、ダチョウ、エミュー、ホロホロチョウなどを家禽として飼育するようになった。

るために体温が高く、新陳代謝を促進させ、外に熱を逃がさないように、羽毛が重要な役割を担っているとされる。

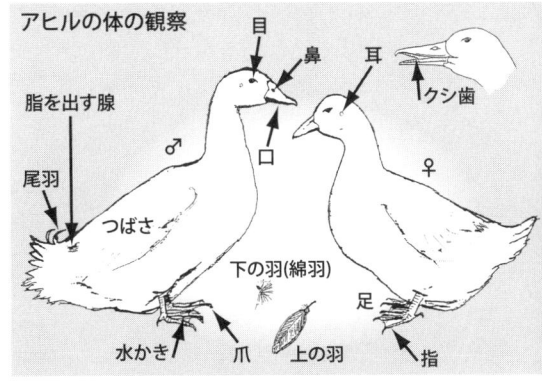

　鳥たちは、前足がつばさに変わり二足歩行を行う姿とともに、他の恒温動物とは違った特徴を持つので、子どもたちが幼いうちに、ぜひ一度、さわらせておきたい動物である。そんな鳥の中で、アヒルは子どもが安全にさわれる身近な種である。体温は、ハクチョウとほぼ同じで約41℃、私には熱いくらいに感じられた。

　水鳥の羽は水に濡れにくいこと、そのための脂を出す腺が尾の根元にあること、足の形、水かきの形、目や耳の位置なども実物を見せて、教えることが出来た。

　また、聴診器を用意し、人間より速い心拍数を聞かせてみたこともあった。

　脂腺から分泌される脂を指でさわると、とてもスベスベしている。ただ、水鳥をさわった後は、そのまま手を水で洗っても、手が濡れない。羽に付いていた撥水性の脂が、手に付いているからだ。石鹸でよく洗う[*]ことを教える必要があった。しかしアヒルをさわらせることは、個体数が少なく負担が大きいように思われて止めてしまった。

オオホシオナガバチとニホンキバチ

　井の頭文化園には大きなラクウショウが何本かある。その枯死した大木は切られ一定の所に積まれてある。気を付けて見ると、木には1cmに満たない穴がたくさん開いていた。これはキバチの穴に違いないと思った。

＊石鹸でよく洗う／水鳥に限らず、生き物にふれたら必ず石鹸で手を洗い感染症などを予防する。帰宅時などに手を石鹸で洗わず、アルコールなどの消毒液で消毒するだけでよいとする風潮があるが、菌を含んだ汚れを排除するために、きちんと石鹸で手を洗う習慣を身につけよう。

初夏の頃、思ったとおり園内には大きなニホンキバチとその寄生蜂オオホシオナガバチが多数飛び始めた。やはりそうだった。こんな都心でも深山に棲むキバチとその寄生蜂がいたのだと思うと嬉しくなった。

　これらのハチは事務所にも入って来た。黄色と黒の縞模様をしているハチだから職員は驚いた。私はこれらのハチは刺さないことを告げて採取した。

　ある日、オオホシオナガバチがこの木で産卵しようとしている場面に出会い、急いで写真を撮った。

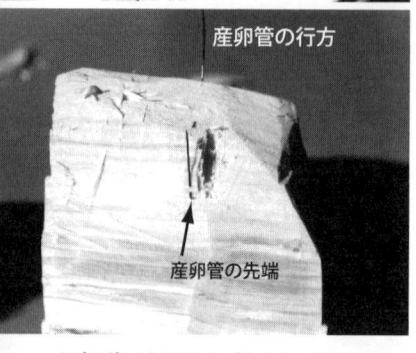

　まるで人の髪の毛のように頼りなさそうな産卵管が、いともたやすく木の中に入っていくのだ。これを見て、九大の安松博士の論文を思い出した。このハチがどこに産卵管を突き刺して卵を産むのかを調べるのに、産卵中のハチの産卵管を切って、その行く末を確かめたというものだ。

　私もこの機会だと思い、同じことをしてみた。しかし、産卵管の先は、キバチの若齢幼虫(1cmほどの大きさ)が潜む坑道のそばに届いてはいるが、幼虫そのものには届いていなかった。数回、調べてみたが確かめられなかった(1999)。

　後年、学会で一緒になった後輩のハチ好きに聞いたら、同じことを研究している学者がいて、しっかりと幼虫に産卵しているという報告があると教えてくれた。

　それにしても、どのようにして外から内部の深い場所に潜む幼虫の存在が分かるのだろう。幼虫が木をかじるかすかな振動を感じているのだろうか。その際の雑音は聞き分けることが出来るのか。もしかすると、産卵管が虫のそばに届いたことを感じたら、産卵管を引き抜いて、再度刺すのだろうか？

　似たような、ウマノオバチの産卵を見た昔の人が、千里眼(せんりがん)[*]として説明したそうだが、それは愚であるとの文献がある。

木材を貫く産卵管

産卵管の行方

産卵管の先端

*千里眼／透視とされることもあるが、その場にいながら千里先を見通す超能力のこと。

IX.

昆虫飼育係長時代
1995〜2001
平成7〜13年

IX. 昆虫飼育係長時代

　1995年、人事異動で再び多摩に戻り、昆虫園の係長となった。
　展示内容にはあまり変わりはなかったが、何か新しいものが欲しかった。
　そんな折、園の会議で「寄贈された2匹のモグラ(アズマモグラ)[*]の飼育展示」が話題に上っていて、昆虫園で引き受けることになった。

1. モグラの飼育と展示

　係員の菊池文一君はそのモグラを引き受け、まず飼育法に力を注いだ。
　ある程度めどが付いたころ、「昆虫を食べる動物」として位置づけ、1999年11月から展示公開した。昆虫園では以前、夜行獣を展示していた時、モグラを飼育したこともあったが、長続きしなかった経緯がある。
　モグラはストレスにひどく弱く、今回提供されたモグラも長く飼育出来なかった。そこで、園内有志によるモグラ捕獲プロジェクト(モグラＰＴ)が結成され、園内各所にモグラ捕獲器を仕掛けて、得られたモグラを飼育したが、やはり、長く生かすことが出来なかった。エサはミミズやドッグフードを与えた。
　ミミズは、フツウミミズ[**]を好んで食べていたが、人工飼育されているシマミミズは好まなかった。シマミミズをさわると出て来る黄色い粘液には忌避効果があるのだろうか。園内のフツウミミズはたちまち枯渇してしまった。
　ドッグフードを与えるとよく食べたが、太り過ぎで死んだ。獣医は死因を脂肪肝だったと言った。いろいろなエサを試し、どうやらモグラのエサにはミールワームがよいことが分かってきた。
　私も「モグラニュース」なるチラシを作って、応援した。

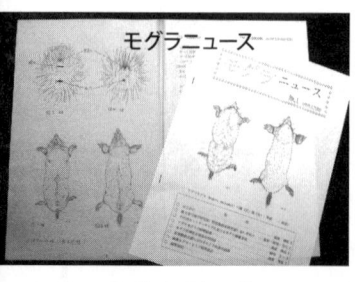

　　　　　　　　　　　モグラはじっくりと観察すると、とても興味深い動物だ。穴の中では実に素早く動く。前にも後ろにも、まるで、どこに何があるか、すべて分かっているようだ。しかし、目は薄い皮膚で覆われていて、明暗は分かるかも知れないが、周りの景色は見えないはずだ。鼻はたえずヒクヒクさせている。
その鼻先と尾に生えている剛毛は大切な接触感覚器だろう。

---

[*]アズマモグラ／日本固有種。主に東日本を中心に生息し、静岡県・長野県・越後平野の一部を除く石川県以北の西日本にも局地的に孤立個体群が分布。絶滅危惧・準絶滅危惧の地域がある。
[**]フツウミミズ／体長約25㎝、本州以南に生息。土壌の中の有機物を食べて排泄するため、土を耕す効果があり、土に空気や水の通りがよくなる。ミミズがたくさんいる畑はよい畑になる。

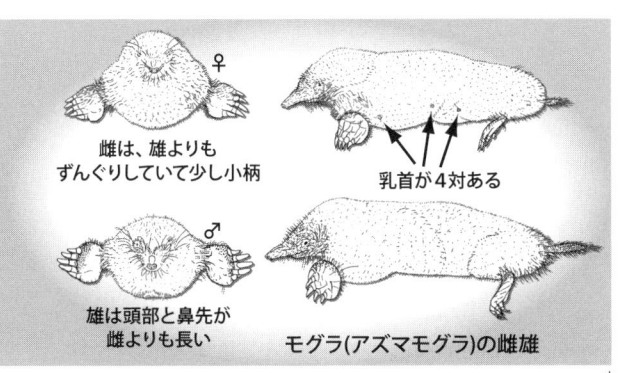

しなやかな体に体毛が密生して立っている様子は、ビロードのようだ。手足は短いが、手の平は丸く大きく後ろに向いていて、爪はしっかりとして長い。これらの特徴はすべて土の中の暮しに適応している。

死んだ個体の毛を剃ってみると、耳介(じかい)＊はないが、穴はあるから音は聞こえるはずだ。解剖してみると、皮下には脂肪体が不規則な斑紋を見せていた。雌雄の差は少ないとされるが、上図くらいの差がある。

解剖後、残った骨格は標本にして、解説員の資料にしてもらった。

モグラの展示が見られるのは珍しいとして、テレビや一般新聞、スポーツ紙、週刊誌などにも取り上げられ有名になった。ある日、その記事を見て、あるゴルフ場の管理人が、どのように捕獲しているのかと、聞きに来られた。

話によれば、「ゴルフ場ではモグラの被害に悩まされている」という。そこで、私は逆に「ゴルフ場ではどのようにして捕獲しておられるか、得られたモグラを生かしたまま提供してもらえないか、出来れば捕獲方法を見せて欲しい」と願ったところ、快く応じてくださった。「実はモグラを捕獲しても殺すのは忍びないので、ぜひもらって欲しい」とのことであった。

そんな約束をしたところ、すぐに捕獲の知らせが入り、私は電車に乗ってもらいに行った。そんなことが日を置かず続いたものだから、私は捕獲現場を見せていただきたいと申し出た。

係の人は快く応じてくださった。そこは、芝生のあちこちにある筋状の掘り跡と盛り土(モグラ塚)が、はっきりと見分けられた。そのため捕獲器の設置場所は決めやすいことが分かった。しかし、ゴルフ場としてはこの惨状に困っていたのだろう。

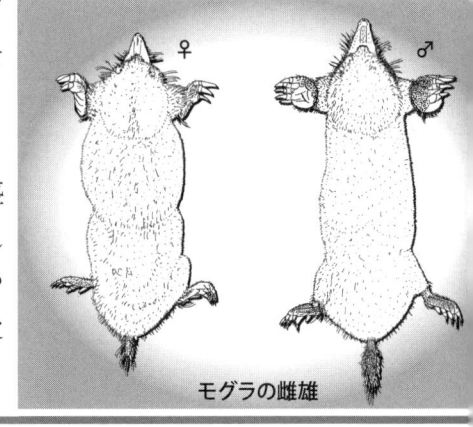

＊耳介／耳殻(じかく)＝動物の耳の、外に張り出て飛び出している部分。

このゴルフ場からは実に多くのモグラの提供を受けた。
　モグラの飼育展示には、金網の筒を張り巡らす都留文化大学の今泉先生による方法が、よく知られている。
　これをモデルにして、菊池係員は金網で内径4.5cmの筒を作り、水槽を棲みかにしてエサ場と連絡させた飼育容器を考えた。
　しかし、モグラには土を掘る場面もないと、面白い生態が分からないし、土を掘らないと爪が伸びすぎてしまい、実際に爪が1cmも伸びた個体もあった。
　そこで右のように、ガラス板を切って合わせ、アリの人工巣のような衝立型の巣を作り、土が掘れる場所を設置した。
　彼の工夫は大きく発展し、後に園内の別の広い場所に移して展示されることになった。
　さらにその後、展示は別の建物に移され、モグラは独立した展示物となった。モグラニュースは3号で終わった。しかし、モグラＰＴのメンバーは捕獲・飼育・展示の研究を続け、報告書を仕上げた。
　この飼育展示の研究は、東京都知事の表彰を受け、菊池君が代表して授賞式に出席した。

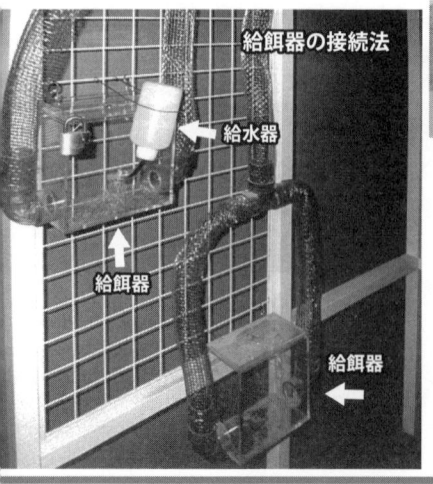

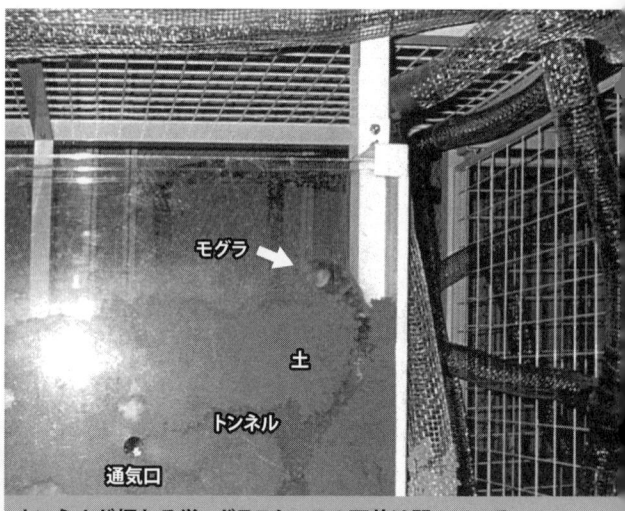

トンネルが掘れる巣、ガラスケースの天井は開いている

2. 昆虫園の新本館

1995年に阪神・淡路大震災があった後、公共の建物は耐震検査が行われていた。昆虫園本館も同様の検査が行われた。あちこちに雨漏りや不具合が見られ、また地震に耐えられないとして再建か改築が必要となった。

私はこの際だと思い、ハキリアリの導入を提案した。これは昆虫園開設以来の夢を実現するチャンスであった。

生態園が出来た時、外国産コーナーで展示の予定であった。しかし、植物防疫所*の係員が施設を検査した結果、植物食で「外来種の昆虫」の飼育展示には不備があることを指摘され、輸入が許可されず展示を断念した経緯があったのだ。

ハキリアリ導入案については、今までの昆虫園運営委員会でも出ており、今回は採用された。

そこで、外来昆虫を導入しても脱出出来ないように、二重の扉の部屋を作ることを提案し、建物は1年がかりで完成した。植物防疫官も来園し、施設や設備を見てもらった結果、「いいでしょう」ということで、輸入が許可されることになった。

ちょうどその頃、昆虫標本商の「ちょうたろう」こと西山保典さんたちがペルーへ行かれるという話を聞き、私も参加させていただくことにした。

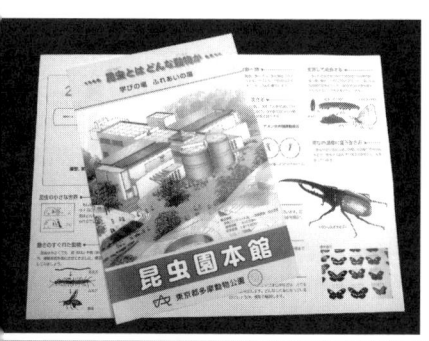

南米は私の憧れの地であったので、自費で行くことにした。西山さんには、外国産のカマキリを調達してもらっていたが、今回のハキリアリでも協力を願った。園は植物防疫所の輸入許可書を取得した。

*植物防疫所／農林水産省消費・安全局植物防疫課植物防疫所。主な業務は、植物防疫法に基づき有用な植物を害する動植物（害虫や病原体）の移入・移出を防ぐための検疫を行っている。貿易以外でも、海外旅行の土産物などにも検疫がある。たとえ免税店で売っていても、日本へは持ちこめないものは多く、調理されたものや真空包装のものは持ち込めないものが多い。

3. ペルー昆虫採集記(ハキリアリ)

南米での昆虫採集や輸出には許可の必要な国もある。ペルーでは国から許可された採集人が同行すれば許可される。

ペルーへは私の他に3人の昆虫愛好家が同行した。西本笑美子さんは、亡き御主人の標本館の管理をされ、藤原和道さんは音の蒐集家。木村泰彦さんはアグリアス(ミイロタテハ)が好きだという。皆初対面で、空港で「よろしく」と挨拶して飛行機に乗った。

北極回りの飛行機で北米のヒューストンまで13時間、そこから乗り継いでペルーのリマまでは6時間もかかった。リマでは西山さんの業者仲間のイバン・カルガリさんたちがワゴン車で出迎えてくれた。

ふつうリマで1泊するそうだが、西山さんは「ここで1泊しないで一気にアンデス山脈を超えてサティポ*まで行こう」と言った。これがどれほど厳しいことか、分からなかったが、皆は同意して車に乗った。車道は整備されているようであってスムーズに進んだ。しかし、アンデスの4000m級の山々を越える時は頭がフラフラした。車の周りは闇でも、大空の薄明かりで深い谷間が広がっていることが分かった。山の上の方には先の尖った葉の植物しか見られなかった。後に聞いたところによると、この植物はイチュというらしい。昆虫の姿もない。山を越え、途中で遅い朝飯をとり、およそ半日でどうやら無事にサティポ村についた。カルガリさんの家には、西山さんも協力したという立派なゲストハウスがあり、私たちはそこに泊まった。

翌日、ここからジャングルの中のシマという採集場に出かけた。

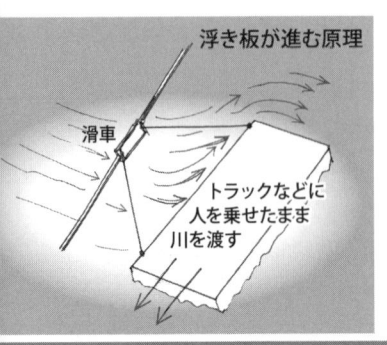

私たち日本から来た5人とイバンさんたち現地の4人を乗せた自動車は町はずれの検問所を無事通過。でこぼこ道を揺られながら約3時間、大きな橋のない川に出た。どのようにして、車ごと渡るのかと思ったら、左図のようなすばらしいアイデアがあった。トラックが1台乗っても沈まないほどの方形の大きい鉄製の浮き板があり、両

*サティポ／アメリカをトランジットで通過してペルーのリマへ行く太平洋横断コースが一般的。しかしサティポは現在、ゲリラが活動することもあるので、一般観光客は行ってはいけないことになっている。

岸に繋いだワイヤーに滑車が付けてある。これにロープが回してあり、浮き板の前後が結ばれている。そうか、ロープの前か後を短くすれば、浮きの横腹は川の流れに対して斜めになって、横腹に流れが当たる。上流からの水の流れは、浮きをどちらかに進める力になるわけだ。水さえ流れていれば、これはよいアイデアだ。いわゆる「船着き場」にはレストランもあって食事が出来た。川を渡り、さらに30分ほど進んだところで車を降りた。イバンさんが近くの村からポーターを数人雇って来て、荷を運んでもらった。ポーターには中学生くらいの子どももいた。車を村に預け、約1時間入ったシマと呼ぶ、採集人たちの青シート屋根の小屋まで行った。

無数のチョウの吸水

この小屋に至るまでのジャングルの道は薄暗く、湿度が高く暑かった。初めてのジャングルは、体験したことのないことばかりで驚きの連続であった。

飛んでいるチョウをよく見たら、翅の透明なスカシジャノメであり感激した。暑さと疲れのため、心臓が爆発しそうに苦しくなって、途中の沢で休んだ。

沢の湿地では、目も覚めるような色のチョウたちが多数集まって吸水し、チョウたちの天国であった。モルフォチョウ*は多く、珍しくもなかった。「青いモルフォがふわりと降りた水辺の小石」と思ったものは、なんと人のウンチであった。おそるおそる網を掛け、青い翅を手中にした。そして、ほどなく屋根に青いシートを張った二階建ての小屋に着いた。十分な広さがある。

小屋の2階

＊モルフォチョウ／大型のとても美しい翅を持つチョウの仲間。翅の表面の鱗粉が光の干渉を起こすため、金属光沢のような青い構造色があらわれる。北アメリカ南部から南アメリカにかけて80種ほどが生息。タテハチョウの仲間なので、動物の死骸や糞尿にも集まり、カブトムシなどを集める腐った果実などのトラップにも集まる。

2泊した小屋

そばの流れには、糞尿トラップが仕掛けてあり、無数のチョウが集まっていた。なんというチョウの多さだ。チョウそっくりなガもいる。いろいろな虫も吸汁に来ている。ここは金属光沢と原色の世界だ。クモもバッタも美しい。
翅の裏に数字の見えるウラモジタテハもいる。

そうか、擬態研究で有名なベイツはこのようなチョウやガを見たからこそ、擬態の論文を書いたのだと納得した。同行のホセ君がヒカリコメツキを採集して来た。夜見たら、前胸の両側が美しく光っていた。この種は肉食であるが、生きた個体の輸入申請をして来なかったので、標本とした。後に幼虫を見たが発光は見ていない。

ハキリアリの巣はあちこちにあった。大きな巣はゴミの山も大きく、高さ50㎝長さと幅1m近くもあるものもあった。

ハキリアリの巣

女王アリを採集するには小さな群れがよい。私は穴が1つだけ開いている場所を選んで、ホセ君に掘ってもらった。

女王アリの標本

ボロ市で買った、プラスチックに封入されたハキリアリの女王を持って行ったので、これをホセ君に見せて、「同じものを見つけてくれ」と言った。

ツルハシで30～50㎝も掘ったであろうか、ホセ君は一握りの菌の塊を掘り出して地面に置いた。その中には1匹の大きいアリが丸まっていた。イバンさんが手に取ってみる。私は「死んでいるのか?」と、聞いたら「生きている」と言った。

しばらくしたら動き出し、確かに女王アリだった。

アリを飼育するためには、絶対に女王アリが必要である。迷路のような巣から、女王アリを探すのは大変なことと思っていたが、ホセ君のお陰であっさりと採取出来てしまった。私は用意したプラスチック容

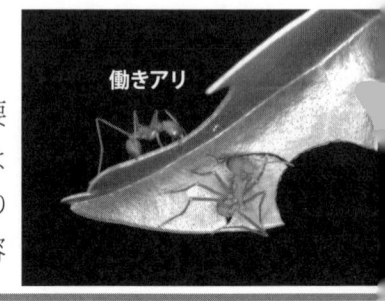

働きアリ

器に入れ、土は日本に持ち込めないためクッションとしてちり紙を入れた。さらに脱出しないように大きいケースに入れて二重にし、植防の規定通りの風体にした。私たちはここで2泊して昆虫を採集した。

多くの収穫を手に再び来た道を戻り、アンデスを越え、飛行機の長旅の後、多摩動物公園に持ち帰ることが出来た。この間の面倒な輸入の手続きは西山さんにお願いした。

園に到着後、担当係の田畑邦衛君や櫻井佑子さんによって飼育展示容器に収められた。こうして、2002年10月に日本で初めてのハキリアリの展示をすることが出来た。

ハキリアリにはいろいろな葉を与えた。どれもよく切っていたが、園内ではネズミモチ[*]が常に調達出来て、よいことが分かった。

葉を給餌すると、アリたちにはすぐ分かるらしく、枝を登って刈り取りに来て、巣に持ち帰る。

葉は巣内に放置される。巣内にはいろいろな大きさの働きアリがいるが、小さなアリが細かくかみ取り、それをお椀型に積み上げる。するとそこに白いカビが発生して、微小な胞子を付ける。アリはそれをかみ取りエサにする。

このような菌の畑は全体として薄緑色のスポンジの塊のようで、空間はそのまま巣部屋となり、あちこちに幼虫や卵が見られる。巣は時間がたつと菌糸がはびこり灰色になる。

採集に集まった人々

移動中に見た鳥の巣

ハキリアリの巣で女王を探す

＊ネズミモチ／低地や低山の日向に生える。公園の植樹や生け垣などに多く使われる。森林内の開けたところや山火事の跡などにも多数見られる。

巣はガラス面を通してよく見える。容器からアリが脱出しないようにする方法は、上縁にタルク(滑石の粉)を塗り付けることを駒谷係員が工夫してくれた。こうすると、アリは滑って登れず、天井が空いていても逃げないから、人が手入れをするのには都合がよかった。

廃棄物は規定に従って、すべて熱消毒してから室外に運び出した。アリの動画の展示装置やアリのカースト標本などを駒谷係員が作り充実してきた。巣はみるみる大きくなっていった。その中から一回り大きな幼虫も出て来た。それらは新しい女王アリや雄アリであった。

雄アリは巣を分けて飼育していた女王アリのいない群れから誕生した。おそらく交尾しない働きアリが産卵したものから出て来たのだろう。この頃から、大きく生長していた菌の巣が、みるみる小さくなってきた。大量に栄養を必要とするのだろう。

係員には、女王アリと雄アリの交配を研究してくれるように頼んだが、難しいようであった。新しい女王アリや雄アリが出ると、やがてその巣は衰退してしまう。やむなく、また西山さんに頼んで、新しい女王のいる巣を採取して送ってもらうことになる。われわれはアリの交配法を研究しなければならない。ミツバチでは人工交配の方法も確立されているから、その技法を学ばなければならないだろう。

ハキリアリの日本での展示は初めてであったので、雑誌『理科教室』から報告文を求められたり、新日本出版社が導入と展示経緯を絵本にしてくれたりした。『キノコを育てるアリ―ハキリアリのふしぎなくらし(ドキュメント地球のなかまたち)』(2007)

X. 定年・嘱託員時代
2001〜2011
平成13〜23年

X. 定年・嘱託員時代

60歳で定年となったが、嘱託員として、また同じ職場で働くことになった。

1. ふれあいコーナーでの遊びの工夫

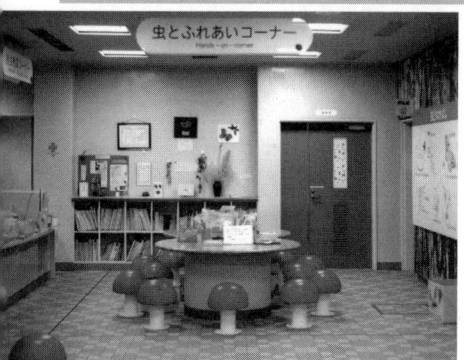

昆虫園本館が改築される時、ハキリアリの展示以外に、もう一つ提案して採用されたのが、順路の最後の場所に設けた「ふれあいや相談コーナー」である。

ここでは、昆虫の質問を受けたり、昆虫教室で行ったやさしい昆虫の実験を見せていた。

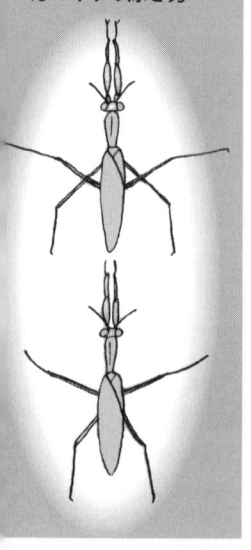

ここを通り過ぎる子どもたちには、興味を引く言葉を投げ掛ける必要がある。

- 「5つ目のある怪物って知ってる?」➡バッタのこと。
- 「ゴミムシの臭いを嗅いでみない?」➡一度嗅げば、一生忘れられないだろう。
- 「カマキリも泳げるんだよ」➡実際に泳がせてみる。
- 「はたおり虫だよ」➡ショウリョウバッタ。
- 「テントウムシがシーソーするよ」

ここには季節ごとに見られる昆虫も展示しておく。

- 「アッ!これ知ってる。バナナムシだ」➡晩秋にはツマグロオオヨコバイ。
- 「この虫臭いんだよ」➡アカスジキンカメムシの越冬幼虫。子どもたちに、自分で発見してもらえればなおいい。子どもの発見に合わせて、小さな実験へと広げることも出来る。

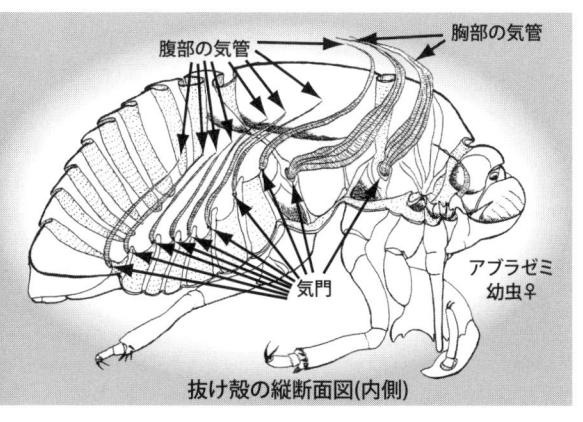

いろいろな質問もある。

・「このセミの抜け殻に付いている白いすじ*は何ですか?」

こういう質問には、抜け殻を丁寧に開いて、内側を実体顕微鏡で見せると、すじが生えている元の気門がすぐ分かるから、その構造や役割を説明する。

この答えには左の図を描き、「この白い糸の正体は気管ですよ・・・」と説明した。案外多くの人が見ているのに、それが気管の抜け殻だと知る人は少ないのかもしれない。

① 10分間昆虫教室

見学者にあまり長い間、足を止めていただくわけにはいかないので、後には「10分間昆虫教室」と題して、希望者に随時、話と実演をした。

アメンボ工作

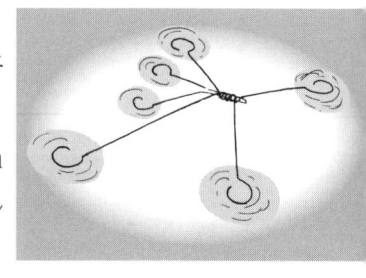

これは「なぜアメンボは水に浮くのか」という、子どもの疑問に答えるための遊びである。

手芸品売り場で28番の針金を買って来て、10cmくらいに切ったものを3本使う。1本を2つ折りにして、残り2本の中央辺りを巻き付け、前方に2本、左右の各2本を斜めの十文字にし、大まかに広げて各先端を円く輪にする。アメンボらしく脚を折り曲げ、平らな面に置いて、脚が水平に保たれるよう調節する。右図のように形作ったら、そっと水面に置くと浮く。

これは小林実さんの考案された生き物の工作で、『水のいきもの、陸のいきもの』国土舎(1971)を参考にした。

うまく考えられていると思う。アメンボの脚は水に濡れにくい毛が生えていること、水に接する面が長いことなどが浮く条件で、針金でも浮くというわけだ。針金アメンボを作って、そっと水面に乗せる。もし、沈んでしまったら、水を拭って、鼻の油を付けて再挑戦。

---

*白いすじ／どの昆虫の脱皮でも、白いすじ(気管)が抜けるのが見られる。

② チョウの指先展示

　生態園でオオゴマダラの飼育展示を始めたのは1980年代である。

　間もなく面白い現象が見られたことを、チョウの飼育をしていた本藤昇係員が教えてくれた。

　それは「チョウ園への入場者の頭に好んで止まる」ということだ。これはすぐに整髪料か香水であろうことは想像出来たが、理由は分からなかった。

　『インセクタリウム』誌の1993年5月号巻頭に、深海浩氏の面白い記事があった。「オオゴマダラが防腐剤のパラベンに誘引される」という。この現象はオオゴマダラの展示場ではどこでも見られ、学者の目にも止まって分析され、防腐剤として使われているＰ－ヒドロキシ安息香酸メチル(パラベン)が原因物質であった(西田他1990；『ケミストリー・イクスプレス』[*])というものだ。

　このことから、パラベンをハンズオン(ふれあい)展示に利用出来ないかと思っていた。整髪料をそのまま使ってもよいが、いろいろな混合物が入っているだろうから、私は使いたくなかった。石島係員は、濾紙にいろいろな整髪料を染み込ませて確かめた。どの製品でも集まるわけではないようだ。

　私は製薬会社からいくつかのサンプル薬品をいただいたが、ブチルパラベンには集まらなかった。

　チョウは相手の模様や色などを見て、引かれるようで、多くの論文がある。

　東京農工大学の日高教授や小原教授らの実験でよく知られているように、モンシロチョウのオスは白い紙の動きにも引かれてやって来る。ある大学生もアオスジアゲハの翅の模様について、同様の卒論研究をしたいと来園し、昆虫園で青い紙のモデルを使って実験観察をしていた。

　私はオオゴマダラでも同じだろうと思い、翅をコピーして切り抜き、細い棒の先に貼り付け、生態園の中で振って、飛んでいるチョウに試してみた。これはうまくいき、飛んで来るのが観察された。そこで、オオゴマダラのコピーを来園者に配ってチョウを呼ぶという遊びをしてもらった。

---

[*]ケミストリー・イクスプレス／ケミストリー・エクスプレス(Chemistry express)、近畿化学協会[編](journal of Kinki Chemical Society, Japan)。

好きなチョウのモデルを作る

これは大変人気があった。

子どもの手にチョウが乗ると、親御さんたちは盛んに写真やムービーで撮っていた。

新聞・雑誌、テレビなどにも取り上げられ、動物園の集客にも貢献したであろうと思われる。

後にチョウのコピーを切り抜き、モデルを作るという作業自体も来園者に楽しんでもらえた。これは栃木県井頭公園「花ちょう遊館」[*]での、上西智子さんたちのチョウモデルを参考とさせていただいた。しかし、このモデルは標本のような翅の開き方なので、自然の飛翔形に直して用いた。

試薬(p－ヒドロキシ安息香酸メチル＝メチルパラベン)はその後、あちこちから手に入れることが出来た。特に上野製薬株式会社からは薬剤の他いろいろな文献資料もいただいた。

この製品は防カビ剤[**]としては欠かせないらしく、化粧品、赤ちゃんの紙おむつ、ウェットティッシュ、歯磨きなどいろいろな物に用いられていて、このことに警鐘を鳴らす学者もいる。

課長、係長も新聞記事を気にして、私に止めるように言って来た。そこで、パラベンの安全性を論じた論文のコピーを提出したが、全く読まなかったようだ。手伝ってもらっていたボランティアの松田さんが、「係長に薬を取り上げられた」と涙ながらに訴えて来られた。

私は自分の指に少し薬を付け、このチョウを巧みに客の手に誘導し、手乗りチョウを観察していただいた。手の上で盛んに汗などを吸っているチョウを見て、子どもたちが大層喜んでいたので、そのまま続けた。

子どもの手に匂いを付けるわけではない。

[*]花ちょう遊館／熱帯生態館と高山植物館(高山館)を合わせた施設。花は高山植物・熱帯植物、ちょうは熱帯・亜熱帯性の鳥・蝶を意味し、熱帯から高山まで地球上のさまざまな気候帯に生息する植物・鳥・爬虫類・蝶を5つのゾーンに分けて展示している。毎週火曜日休業(祝日の場合翌日)。
[**]防カビ剤／記事により、にわかにクローズアップされた。多くの化粧品などに配合されている。

読売新聞はこれを「チョウの指先展示」と紹介してくれた(2000・5/19)。

以後、このパフォーマンスは他の昆虫展示施設でも行われるようになった。後に、パラベンはアサギマダラも誘引することが分かった(『昆虫と自然』2002)。

薬の安全性の論文や討論は、インターネットでも読むことが出来る。ただ、事なかれ主義の管理職がいる動物園では、集客出来ないであろうと思う。

③チョウ飛行機を飛ばそう

翼を持った種の、アルソミトラ(ハネフクベP.193)の形からヒントを得て、発泡スチロールをオオゴマダラの形に切り抜いて薄く切り*、クリップを挟んで重心を調節した。よく飛ぶおもちゃが出来たので、子どもたちに渡したところ、喜んで飛ばして遊んでもらえた。

たくさん用意しておいて、私の暇な時に配って飛ばしてもらった。

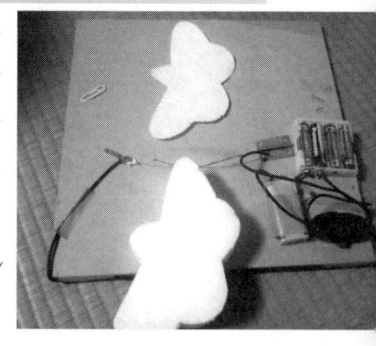

北海道のオオモンシロチョウ

ボランティアの松田さんから、北海道で採集したというモンシロチョウをいただいた。これは近年、大陸から侵入したといわれるオオモンシロチョウのようで、在来のモンシロチョウよりやや大きく感じられた。オオモンシロチョウの幼虫は、群れをなして生活するという。

ランに引かれるチョウ・ミツバチ

ランはあまりチョウの来ない花であるが、栃木県の井頭公園の「花チョウ遊館」の上西智子さんはジゴペタラムというランに、雄のオオゴマダラが集まることを、『昆虫園研究』**誌に報告しておられる。

また、「ミツバチは、キンリョウヘン***というランの花に引きつけられる」という

---

*薄く切り／前翅側を厚めに切る工夫をしたことで、重りのクリップが一つでよい。
**『昆虫園研究』／全国昆虫施設連絡協議会[編]
***キンリョウヘン／小型のシンビジウムの仲間。ニホンミツバチ誘引蘭として園芸店などで販売されている。

こِとも、『昆虫園研究』誌に報告しておられる。

ミツバチが、キンリョウヘンの花に引きつけられるということは、ラン愛好者の間ではよく知られている。

これらの花には特別な刺激物質があるらしい。

④ コオロギが鳴く仕組み

コオロギの雄は両前翅をこすりあわせて発音する。翅の脈にはギザギザのヤスリ器とこすり器があって、それを互いにこすると音が出る。その音を立てた翅と背の間の空間をメガホンのようにして共鳴させて大きな音にする。これはうちわを2枚使って子どもたちに説明した。

コオロギの雄は面白い習性がある。鳴き声は縄張りを主張する役目もしているようで、他の雄が鳴いていると追い払うことがある。

これを確かめるために小型録音機を使い、コオロギの鳴き声を録音しその音を出していたコオロギに聞かせてみたら、他の雄が来たと思ったのだろう、巣穴から飛び出して来た。

⑤ 「セミの鳴き声おもちゃ」を作ろう

これは糸電話に似ているおもちゃで、竹筒に紙を張り、糸を通した先を輪にし、それを竹の棒に塗った松ヤニの部分で回しながらこすると、ジージーと発音する。セミあるいはカエルの鳴き声おもちゃとして、古くから知られるものである。これをふれあいコーナーに材料を用意して、希望者に作ってもらった。竹は園内にたくさん生えている。糸、紙、ヤニの棒、接着剤は容易しておいたが、希望者が多い時には、材料の調達に困った。松ヤニは楽器店で手に入るが、無料配布する材料としては高価なのだ。

ラジオの電話相談でこの音を聞いてもらったところ、

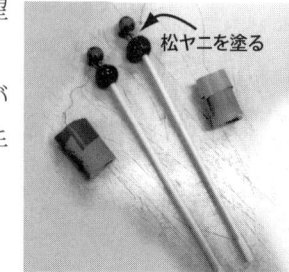

制作法を聞かれ、見本を送った。すると、ありがたいことに、欲しかった松ヤニをたくさん送っていただいた。

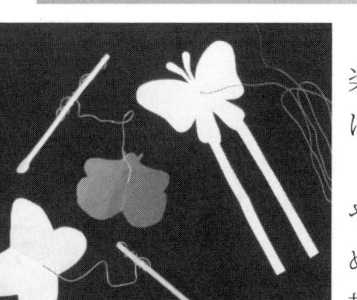

⑥ チョウ凧を作ろう

これは、幼稚園の子どもたちにも出来る簡単で楽しい工作なので、保育士を養成する短大の学生にも紹介した。

折り紙で簡単なチョウ型を切る。その中ほどのやや上にセロハンテープで50cmくらいの糸を止め、糸の反対の端をストローの先に止めて、後ろ翅に20cmほどのしっぽを付ければ出来上がり。

子どもたちがストローを持って校庭や園庭を走れば、チョウ凧は上がる。しっぽがないとくるくる回って楽しい。

⑦ 虫の足跡を取ろう

虫を、スス紙の上に乗せて歩かせ、足跡を取るという実験である。

ポスターやカレンダーの裏など、表面が白くて滑らかな紙に、ロウソクでススを付けて用意しておく。これに来園者の好きな虫を乗せてもらい、足跡が出来たらすぐ定着液のスプレー[*]で固定し、消えないようにする。定着液は画材店で売られている。

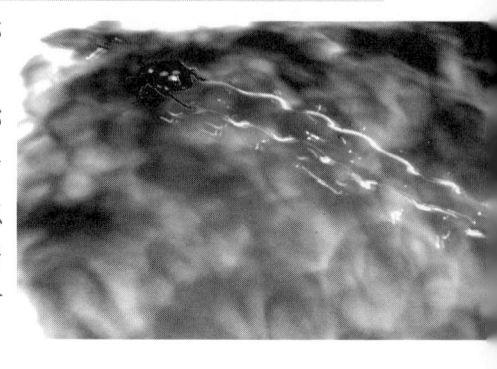

足跡から、虫の歩き方や1歩の距離などを理解してもらうという試みで、出来た足跡の紙は、手にススが付かないようにトレーシングペーパー[**]で覆ってお土産とした。

昆虫教室でも実験し、大変興味を持たれたが、スス紙を子どもたちが作る時に、紙を焦がしてしまうことがあり、注意が必要であった。火を使うことなので、大人がいない場所で、スス紙を作らないようにとも話した。

この実験では、あらかじめスス紙を用意しておくのもよいだろう。

---

*定着液のスプレー／クレパスや、絵の具、スタンプなどが、落ちにくくなるような、各種の定着スプレーがある。
**トレーシングペーパー／図面などの上に掛けて、鉛筆やペンなどの筆記具で複写(トレースあるいはトレス)するための、薄く半透明の紙。画面保護にも使う。

⑧ いろいろな虫と遊ぼう

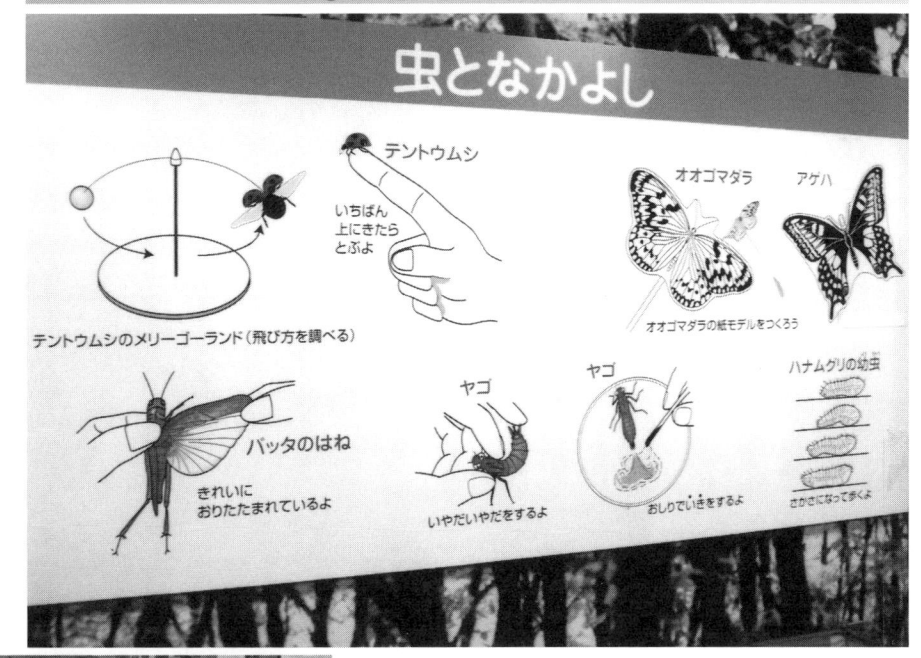

虫となかよし

テントウムシのメリーゴーランド（飛び方を調べる）

テントウムシ
いちばん上にきたらとぶよ

オオゴマダラ　アゲハ
オオゴマダラの紙モデルをつくろう

バッタのはね
きれいにおりたたまれているよ

ヤゴ
いやだいやだをするよ

ヤゴ
おしりでいきをするよ

ハナムグリの幼虫
さかさになっておくよ

季節によって近辺で採集出来る昆虫や、その他の生き物を用意しておき、子どもたちに見たりさわったり*してもらっていた。

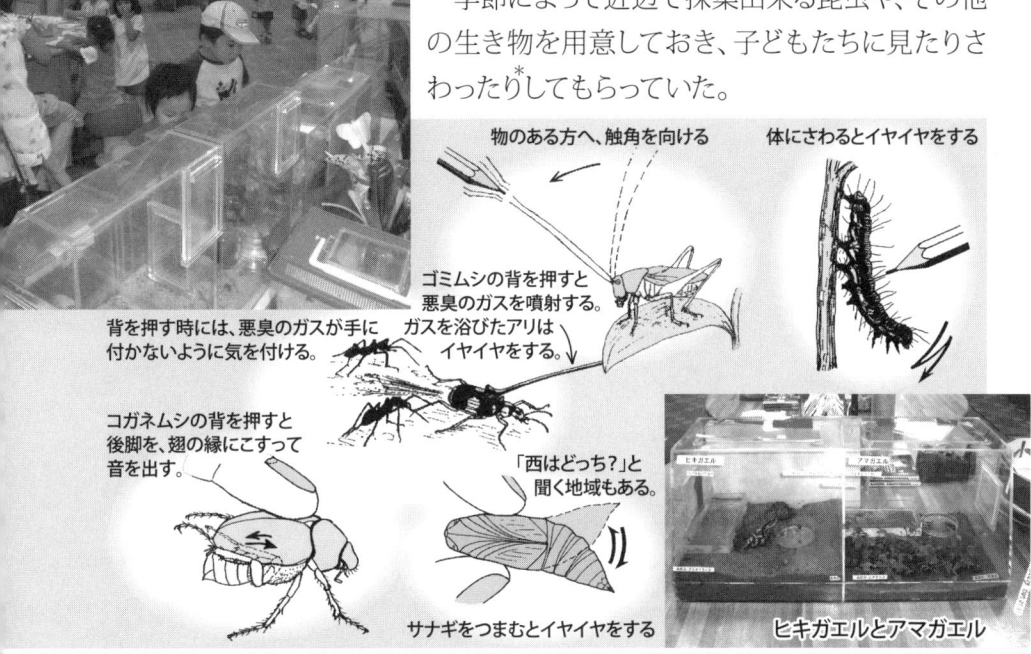

物のある方へ、触角を向ける

体にさわるとイヤイヤをする

ゴミムシの背を押すと悪臭のガスを噴射する。ガスを浴びたアリはイヤイヤをする。

背を押す時には、悪臭のガスが手に付かないように気を付ける。

コガネムシの背を押すと後脚を、翅の縁にこすって音を出す。

「西はどっち？」と聞く地域もある。

サナギをつまむとイヤイヤをする

ヒキガエルとアマガエル

＊さわったり／生き物にさわったら、必ず石鹸で手を洗うこと。生き物には無害でも、人間には害のある目には見えない細菌が付いている可能性がある。また、その逆に人間が、生き物に対して害のあるものを手に付けていることもある。家などで生き物の世話をする時には、世話をする前と後に、石鹸で手を洗うこと。

2. 幼稚園でのお話

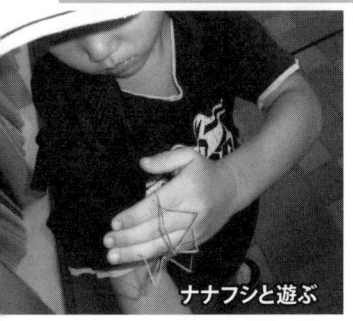

　私の活動に対して、小学校や幼稚園から子どもたちに虫の話をして欲しいという依頼が時々あった。小さい子どもたちに虫の話をするには、いろいろな興味を引く言葉や仕掛けが必要であろうと思って考えた。
　いくつかを紹介しよう。

ナナフシと遊ぶ

持つと口から茶色の汁を出す。

「お醤油を出す」と言う地域もある。

バッタをつかめるかな

　生きたバッタを用意して、実際に会場でつかんでもらう。バッタは危険のない虫であるから、子どもたちがどこをつかんでも、痛い思いをする心配が少ない。
　静かな会場はたちまち大騒ぎとなる。そこで、バッタの体の説明をする。
・跳ねる長い脚が6本あること。
・4枚の扇のようにきれいに折りたたまれた翅を、扇子を広げたり閉じたりして比べる。
・「耳もあるんだよ」と、耳の位置を示す。
・目は5つもあるので、「単眼て、なあに？」などと質問が出るように、子どもたちの様子を見ながら、単眼と複眼などについてもやさしく説明する。

大人でもバッタに翅があることを知らない人も*いる。
バッタの翅を広げて見せる

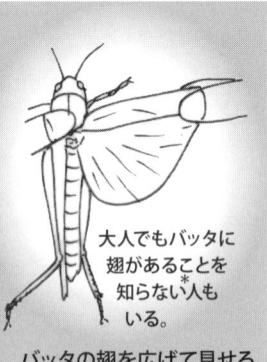

きれいなチョウの翅

　南米産の美しいチョウの標本を子どもたちに見せて、「この翅は何できれいなんだろうね！ これは仲間への目印なんだって。飛んでいるチョウの近くに、同じような模様があると近づいて来るんだよ！ この青い翅のモルフォチョウも、そうなんだって。青い紙や、色紙で作ったモデルに寄って来るんだよ。じゃあ、みんながよく知っている、モンシロ

飛んで来たチョウ

＊翅があることを知らない／バッタは不完全変態の昆虫の仲間、脚が6本、翅が4枚ある。足下の草むらからピョンピョンと飛び跳ねてくる印象が強いので、羽ばたくことが知られにくいのかもしれない。

チョウはどうかな?」と言いながら、モンシロチョウの翅を紙で作ったモデルを配る。

「飛んでいるチョウを見つけたら、モデルさんを振って呼んでみてね」と、振り方などを説明する。

「寄って来るといいね!」とも言いながら。

モンシロチョウ♀

チョウを作って飛ばそう

南国に育つ、ウリ科植物のハネフクベ(一名アルソミトラ)*の種子は、飛ぶ(滑空する)種子として有名である。ハング・グライダーのような形の翼の部分は半透明で薄く、フワッとバランスよく滑空するので、植物園の展示などでもよく見られる。

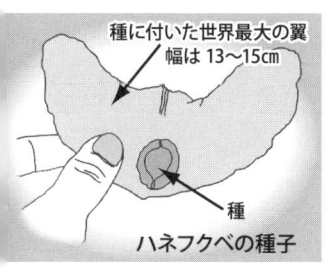

種に付いた世界最大の翼　幅は13〜15cm
種
ハネフクベの種子

- 翼の形を真似して、発泡スチロールで作ったモデルを飛ばす。
- 翼の形ににによく似た形のチョウのモデルを飛ばす。
- これらを子どもたちに配って飛ばしてもらう。
私の話の後で、実際に飛ばす。飛ばし方は「そっと、そっとね!」と伝える。

チョウ凧を作ろう(P.190)

これは、どこへ行っても人気のあるテーマ。

- 幼児が毎日のように手に取る折り紙を、チョウの形に切り抜くことで凧になる。
リボンのような形の方がよく飛ぶので、幼児には分かりやすく作りやすい。しっぽを、忘れずに後ろ翅に貼り付ければ出来上がり。
- 園庭に出て、走って上げてもらう。
- チョウばかりではなく、花やカブトムシでもよい。話をしながら、いろいろな工夫をするように、仕向けた。

小さな世界への案内

昆虫は小さな生き物であるから、園児が想像できるように話をする。

---

*ハネフクベ/原産地、ニューギニア、マレーシア、インドネシア、フィリピン。風が吹かなくても、バランスよく滑空すれば遠いところに到達出来る。室内でも、2mの高さから水平に離すだけで、5mは滑空して飛ぶが、左右の羽の長さが違えば、くるくる回って落ちる。この種の形をコピーし、1906年には人間が乗ることのできるアルソミトラ型グライダーが発明されている。

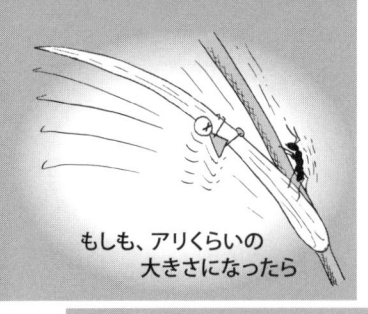

もしも、アリくらいの大きさになったら

「昆虫の世界へ行こう！」と話しかけて、下記のような話をする。
・小さな世界ってどんなかな。
・どんな怖いことがあるかな。
・その時、虫たちはどうやって乗り越えるのかな。

3. 羽ばたきの観察法

昆虫が羽ばたく時には、翅をただ上下に振っているわけではない。

はばたく動作が滑らかに行えるように、8の字を描いて動かしている。

これを調べるために、昆虫の翅の先の動きをスス紙の上に写し取る、右の装置を作った。

虫の羽ばたく線の動きと比較するため、音叉が振動する様子を同時に写し取る仕組みだ。音叉の振動が表す直線に近い線と、虫が羽ばたいた跡を表す線は、あまりにも違うので興味を引き、分かってもらえたと思う。

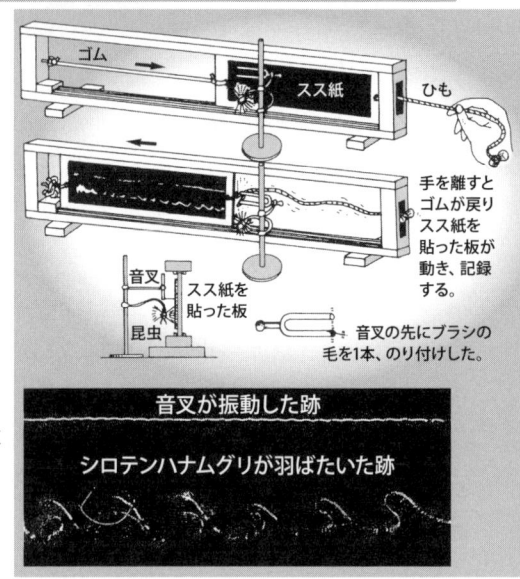

（図中ラベル：ゴム／スス紙／ひも／手を離すとゴムが戻りスス紙を貼った板が動き、記録する。／音叉／スス紙を貼った板／昆虫／音叉の先にブラシの毛を1本、のり付けした。／音叉が振動した跡／シロテンハナムグリが羽ばたいた跡）

ゾートロープ*で羽ばたく様子を見る

円筒の回転台を作ってゾートロープを作った。この原理はパラパラ漫画のようなもので、古くから知られる方法だ。円筒に等間隔に小窓を開けて、中側に少しずつ羽ばたくように、翅の角度を変化をさせたチョウの絵を描き、円筒を回転させて外側の小窓からのぞくと、チョウが羽ばたいているように見える。上から見れば、内側の絵の様子も見られる。この装置は人気があって、よく見てもらうことが出来た。

*ゾートロープ／Zoetrope＝ソエトロープ。回転のぞき絵とも呼ばれる。1834年に発明されたとされる。

XI. 大学の非常勤講師
2003～2011
平成15～23年

XI. 大学の非常勤講師

　園を退職し、嘱託員として勤めていたが、明治大学、東洋大学、和泉短期大学から非常勤講師を頼まれ、空いている日に「生物学」や「保育内容・環境」を講ずることになった。

　動物園では一般の方、主に子ども向けに昆虫の話はしてきたが、大学生に生物学や環境の話をするとなると、学生時代に講義を受けて以来久しいから、昔のノートを取り出したり、参考書を調べたりしてみた。しかし、すでに内容が古いので、近年の学問の発展状況も調べなければならない。新しい参考書を購入したり、他の大学ではどんな内容を教えているのか、大学発行の教科書やインターネットでシラバス*を調べてみた。ところが大学や教授によって内容はさまざまであることが分かった。そこで、内容を私なりに考えて構成してみて、引き受けることにした。

　講義ではなるべく実物を見てもらうことを中心にした。そのためには持っていた動植物の標本では足りず、あらゆる機会を利用して標本や生きた材料、環境などに関連したものを集めた。市場、デパート物産展、ドライフラワー店、花卉店、古物市、博物館売店、浜辺などが資料の収集場所である。デパートなどの物産展はとても便利であった。実際に現地へ出かけなくても、製品を作る様子を実演していることが多いからだ。会場で、いろいろな工業製品や食品の原材料や製造過程を見て、購入したりもらったりして来る。大学の講義用だと言えば、展示している材料も安く分けてもらえることがあった。産地へ直接出かけて購入する費用を考えると、はるかに安い。これで、私の実物主義の講義に役立つものをそろえることが出来た。学生の成績評価には、試験は行わず、自然を実際に自分の目で観察してまとめたレポートを提出させ、採点することにした。作品を見れば、学力は分かるからである。

1. 明治大学

　明治大学では特別講義(4回)を依頼され、これを前・後期の2回行った。テーマは「河川の生物を通して観る河川環境」である。
　内容を次のように組み立ててみた。

---

*シラバス／講義・授業の大まかな学習計画。講義の目的、各回の授業内容、担当する教員の名前などを示す。学生が、講義の選択や授業内容の評価などに使う。教員がお互いの授業内容が重ならないように調整するためにも使う。

- 河川とそこに棲む動物(水生動物の形態特性・呼吸法など)
- 水の汚染と指標動物(生物指標による水質判定法、その長所と短所)
- 河川の健康診断(いろいろな河川のカルテ)
- 汚染の対策と生物の保護(汚染の対策と水生生物の保護を考慮した河川改修)

　講義には出来るだけ標本も持参した。はたして学生たちは、ホタル類をはじめいろいろな水生昆虫類や貝類、魚類などの標本に興味を持ってくれたのだろうか。いささか心配している。

標本の例示

淡水産貝類標本＝シジミガイ、カラスガイ、マツカサガイ、モノアラガイ、サカマキガイ、タニシ、ヒメタニシ、カワニナ、ミヤイリガイなど。

ホタル類標本＝ヘイケボタル、ゲンジボタル、ヒメボタル、マドボタル、スジボタルなど。

魚類、甲殻類標本＝メダカ、アメリカザリガニ、ウチダザリガニ、サワガニ、スジエビ、テナガエビなど。

淡水藻類など植物標本＝キンギョモ、クロモ、カワモ、ウキクサ類など。

　最近は、素人でも河川の健康診断が出来る知識をまとめた冊子や、簡単な水質判定キットが販売されているので、授業でも使ってみた。色の変化による判別法は学生にも分かりやすかったであろう。

　ホタルに関する話題も、自然保護の問題と絡めてとらえやすい例だろうと思い、いくつかの例を拾って話した。一つはホタルの増殖法、もう一つは河川の改修法などの例である。

　次は自然保護の失敗例である。

ホタルと自然保護

　最近はあちこちで自然保護という言葉がよく聞かれ、いろいろな活動が行われているが、ちょっと困った問題も起きているようだ。

　例えば、ホタルを通して自然を回復しようという活動の例だ。ホタルの棲める環境を整えるということだけに囚われると、とんでもないことになる。

　ゲンジボタルの幼虫はカワニナ*のような巻貝を食べる。いくつかの新聞記事によれば、孵化したばかりの幼虫のエサとしてコモチカワツボという外来の

＊カワニナ／一般的には、ゲンジボタル、ヘイケボタル、クメジマボタルなど水生ホタルの幼虫のエサとして知られている。成貝は殻の長さが30㎜、殻の太いところが12㎜ほどで、全体的に丸みを帯びた円錐形をしている。川・用水路・湖沼などの淡水底に生息し、落ち葉などが水底に積もるような流れのゆるい所に多く、汚染の進んだ水域では見られない。

巻貝が河川に持ち込まれ、これが増えてしまっているらしい。

そのために在来のカワニナの生息環境に影響を及ぼすなど、本来の生態系が破壊されそうだという。同じような問題はあちこちで起きているようで、それぞれの地域の人々が善意で取り組んでいる自然回復の方法が、あらぬ方向に進んでしまった例だ。1種類だけの生物を再生しようとするのは、生物の多様性を無視した行為であり、かえって生態系を乱してしまうことになる。

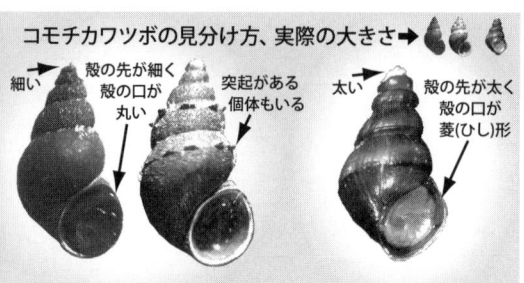

新聞記事*の浦部美佐子教授**によれば、コモチカワツボは単為生殖のため、繁殖力が非常に強く、1匹の持ち込みで1m四方に数万から数十万匹に増えることもある。

日本にはこれまで、このように大発生する小さな巻貝はおらず、大量に増殖したこの貝が、石や水草の上に付いた藻類を食べると、カゲロウ類やカワニナ、アユのエサが不足するなど、水場の生態系に大きな影響を及ぼす可能性がある。この貝が生息する場所からは、水草や砂をよそに持ち出さないよう注意が必要であり、靴底に付着して運ばれるので、米国では釣り人に靴の消毒を呼びかけているとのこと。

2. 東洋大学

東洋大学では10年あまり、生物学を受け持った。

東京農業大学の横井時敬先生は、実学を大切にしてきた先生と聞いていたが、ここ東洋大学の創設者井上円了先生は哲学で有名であった。ものとは何か、心とは何か、天地自然に人間社会を問う学問だ。妖怪学という面白い学問の大著もある。彼によると、妖怪は虚怪と実怪に分けられ、虚怪はさらに偽怪(嘘、つまり人為的)と誤解(枯れ尾花など)に分けられ、実怪は仮怪(自然現象)と真怪(本当の不思議)に分けられるという。それが難しいのだが。

私の講義は、始めの2年間は昆虫学を取り上げたが、虫に興味を持つ者は限られていたので、後年には前期に植物、後期に動物と分けて次のような内容で講じることにした。

＊新聞記事／読売新聞(2007・2/6)
＊＊浦部美佐子教授／滋賀県立大学・環境科学部環境生態学科。日本貝類学会所属。コモチカワツボ及びカワニナの画像提供及び、記載内容指導。

前期；植物学	後期；動物学
①概要・生命の起源と進化	①概要・生命の起源と進化
②植物の分類と学名	②動物の分類と学名
③植物の体(根とシュート)	③動物の進化と系統
④光合成・養分摂取	④無脊椎動物の体と生き方(その1)
⑤花の生態(送粉)	⑤無脊椎動物の体と生き方(その2)
⑥実と種(散布体)	⑥昆虫類の体と生き方(その1)
⑦植物の環境と生き方(その1)	⑦昆虫類の体と生き方(その2)
⑧植物の環境と生き方(その2)	⑧脊椎動物の体と生き方
⑨熱帯林の植物	⑨動物の環境適応
⑩マングローブの生態	⑩草食動物と肉食動物
⑪園芸植物・栽培植物	⑪隠蔽色と広告色
⑫天然記念物・自然保護	⑫角と牙
⑬外来植物	⑬天然記念物・外来生物
⑭植物の文化誌。総括	⑭動物の文化誌。総括

　私の授業に対する学生のアンケート結果がある。ここでは最後の年の結果を紹介しよう。授業のアンケートはどこの大学でも行われているようで、文科省の意向らしい。実物による授業はよい反応が多かったが、否定的な内容の方が興味深く思われたので、次にその感想文の一部をあげてみよう。

　　→ は、私の回答である。

・学生の参加するところがほとんどない。

　　→ 私はNHKのテレビ放送番組「ハーバード白熱教室」[*]のサンデル先生のようにうまくは出来ないが、毎回質問は？ と聞いても返事がなかった。

・黒板を使って欲しい。

　　→ 実物とスクリーンを使っていると、黒板に書く時間がおしい。話したいことが多いのだ。毎回数頁の要旨は配布していたのだが・・・。

・グロテスクな標本は見たくない。

　　→ 虫やヘビ、コウモリの標本のことかな？　この頃、こういう学生(特に女子?)が多くなって来たようだ。困ったことだ。

---

*ハーバード白熱教室／ハーバード大学の講義が初めて放送されたことで人気が高い。例題や実例を示しながら講義をしつつ、学生に難題を投げかけて議論を引き出し、教授の理論が展開するスタイル。東京大学、安田講堂でも収録された。

- 何が重要なのか示して欲しい。
  - → 重要な点は自分で探して欲しい。自分が興味を持ったことでもよい。
- プリントとスクリーンの画面が一致しないところがある。
  - → 私の操作間違いだ。
- レポートの書き方が分からない。
  - → シラバスを見ないで授業に参加する学生が多い。
    レポートはいつでも、何回でも合格するまで提出してもらえばよいことにし、書き方を教えるのだが、どうしても一発で済ませたいらしい。

3. 和泉短期大学

　和泉短期大学は、私の大学時代の後輩で高校教師をしている田口君に、知人の和泉短大の原田康子教授を紹介していただき、「保育内容環境」講座の非常勤講師の職に就いた。私には初めての内容も含まれていたので、原田先生には細かく指導を受け、文科省の保育指針を参考にした。
　短大には3年間勤めた。

講座のテーマ・保育内容「環境」

　「子どもを取りまく自然・社会の研究」で、生物の飼育・栽培体験や危険・安全を考えた上で町並みを観察し、自然や文化を注目させることである。
　学生たちには「身の周りの生物に興味を持ち、観察し、飼育・栽培などを体験させ、保育者になった時、自信を持って指導出来るようになること。子どもたちが社会環境の中で楽しく暮らせるよう、危険や安全に注意を向けた指導が出来ること」などを到達目標にすることであった。私には再び、昔の記憶が役に立つこととなった。

女子学生たちを悩ませた標本[*]のいろいろ

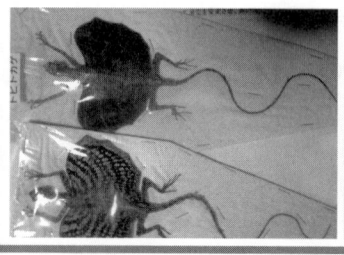

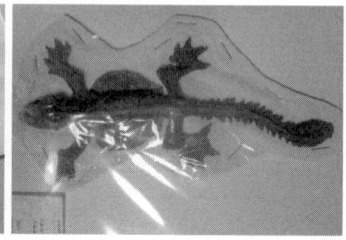

＊女子学生たちを悩ませた標本／席に回ってくる珍しいトビトカゲや、コウモリの標本は特に恐ろしいようで、あっという間に教卓に戻って来た。

次に最後の1年間のシラバスを紹介しよう。

①オリエンテーション(授業の進め方。保育内容「環境」のねらいと概要)
②気候と生物(生物が気候に適応したり、順応したりしている様子)
③行事の中の生物(日本の生活や行事の中に出て来る生物の研究)
④町並み探検(子どもの危険と安全を考えながら町や村を探検し、発見する)
⑤栽培植物(人はどんな植物を食べてきたのか)
⑥植物の栽培観察(身近な植物を栽培して植物を理解する)
⑦季節の野生生物(この頃見られる野生生物)
⑧愛玩動物・使役動物(動物飼育の意義、アニマルセラピー、動物愛護法)
⑨小動物の飼育観察-1(昆虫を含む小動物の簡単な飼育観察法の紹介)
⑩小動物の飼育観察-2(昆虫を含む小動物の簡単な飼育観察法の紹介)
⑪絵本の動物・動物観(物語や絵本に取り上げられてきた動物と動物観の研究)
⑫動物園の動物(動物園と動物の見方、注目のさせ方)
⑬生活用品に親しむ(生活用品を使ったり工夫したりする)
⑭植物遊び(花、葉、実、種などを使った遊び、造形など)
⑮総括(授業のまとめ。レポートの提出)

　学生たちに動植物を紹介するためには、もう一度私自身も確かめておかねばならないと考えせっせと資料蒐集にあたった。
　また、身近な動植物とその季節変化を注意して見るようになった。

　原田教授と一緒に学生たちが、畑での栽培実習をしていた時は、実際にトマトやナスなどが収穫出来たので人気があった。
　しかしどうしても女子学生は、畑に出て来る虫たちが苦手のようであった。これから就業するであろう保育の現場では、毎日のように子どもたちが虫とふれあっているであろうにと思った。

　夏はさらに大変であった。畑はすぐに雑草で覆われてしまうのだ。
　週1回の非常勤の私では、草取りをする時間は取れない。そこで学生たちに頼んだり、原田先生にお願いしたが、多大な負担を掛けてしまった。

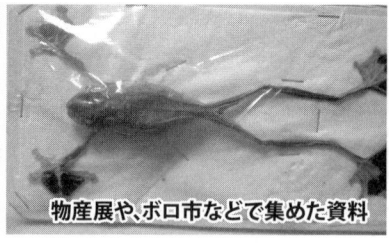

物産展や、ボロ市などで集めた資料

周辺の生物たち

学生たちと野外の動植物を観察しているうちに、付近のいくつかの生物が気になった。

ナガミヒナゲシ

これは近年、ヨーロッパ辺りから帰化した植物のようだ。私の住む府中でも道路際に大変多い。春先に芽生え、初夏の頃には開花して、すぐに種をつける。数年前には珍しく思っていたが、あっという間にふつうに見られる雑草になってしまった。なぜこんなに早く分散するのか、実を一つ取り、種を調べてみたら、なんと3000個もあった。これではすぐに蔓延するはずだと思った。

ブタナ

なんともかわいそうな名の植物だが、黄色い花を咲かせるかわいい植物だ。短大の駐車場のそばには多く見られ、だれも気にしない雑草だが世界中に帰化し、日本には昭和初期に入って来たとされている外来種だ。学生はタンポポ[*]だというが、花の茎がタンポポのように1本ではなく、枝分れしているから、すぐ分かる。ブタナの名の由来はフランスの俗名、ブタのサラダ(Salade de porc)が翻訳されたものという。

大学周辺はもとより、あちこちに非常に多い。

ユウゲショウ

これはピンクの花びらを持つ美しく可憐な花である。やはり熱帯アメリカ原産の外来植物で、栽培されていたものが広がってしまった。これは道端や川原に生えている。

そっとしておきたい気もするが。

---

[*]タンポポ／1本の茎に1つの花が咲く頂生花。ギザギザした葉がライオンの牙を連想させるとされ、英名でdandelionと呼ぶ。一般的に見られるのは、1904年に北アメリカから北海道の札幌市に移入され、全国に広がったとされるセイヨウタンポポとその雑種が多い。日本には在来種のタンポポがあり、緑地などに100株以上の群生がいくつかあれば、次世代へ残せる可能性がある。

オオキンケイギク・ハルシャギク

　京王線に乗って、多摩川の鉄橋を渡る時、堤防で一面に咲くきれいな黄色のコスモスに似た花が目についた。駅を降りてよく見ると、いくつかの種類があるようだがキク科が主であった。オオキンケイギクは特定外来生物で、日本生態学会により日本の侵略的外来種ワースト100に選定されたという。これらの種類はいずれも北米原産で、初めは鑑賞用だったそうだ。

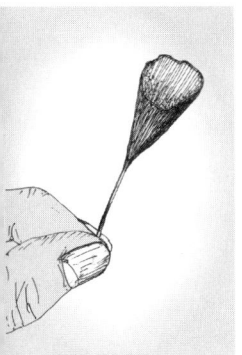

ラッパイチョウ[*]

　和泉短大に通うために横浜線を利用するようになると、八王子南野駅近くにある熊野神社のイチョウが気になった。
　ここのイチョウはラッパのように葉が巻いているというので、ある日、途中下車して見ることにした。
　まだ、葉が落ちるには少し早い時期であったが、いくつかの葉が落ちていて、採取することが出来た。なるほど、ラッパのようだ。ふつうの葉を、元から両縁に沿って先まで合わせてみるとラッパ型になる。ラッパイチョウは、そのように合わさった葉が枝に生えて、そのまま落ちて来るのだ。イチョウにはこの他にも面白い性質を持ったものが知られている。例えば、枝からぶら下がる乳房形の気根、葉の縁に付く実など。

スズメのいたずら

　5弁のまま落ちているサクラの花が目につく。スズメやヒヨドリたちのしわざだ。これは花の根元にある蜜をねらって、花の元をかみ切って、蜜を吸ったら捨ててしまうのだ。
　いつの頃からか、このような習性を身に付けたようだ。

タラヨウ

　郵便局の木として知られるこの木の葉は熱を加えると、その部分が黒色に変化する。丹後の実家にも1本植えてあったから、よく覚えている。線香の細い火などを近づけると文字も書けるから、切手を張ってはがきとしても使えるそうだが、私はまだ使ったことはない。

---

[*]ラッパイチョウ／イチョウの落ち葉がたくさんあるところでは、ラッパ状になった葉をいくつかは見つけられる。公園や街路樹などを観察すると、木によって、ラッパイチョウが多く付く木と、あまり付かない木がある。

タンポポの綿毛の標本作り

　右はタンポポの花が終わって綿毛になったものをガラス瓶に入れた標本である。さて綿毛が飛び散らないように、狭い口の瓶の中に、どのようにして綿毛を入れたのだろうか？

　答えは簡単。まだ閉じている綿毛を取り、楊枝に刺して吸湿剤とともに瓶の中に入れ、口を閉じて置く。数日たつと、綿毛が開いて標本になるというわけだ。

食用キノコ[*](菌糸体が繁殖をするために作る子実体が食用になる)

　私たちが食べるキノコには、胞子を飛ばして繁殖をする役割があるが、胞子の一つ一つは目に見えない。

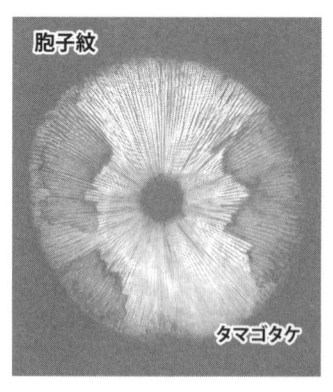

　では、胞子を見てみよう。色紙の上でキノコをはたくと実に多くの胞子が空中にまき散らされていることが分かる。

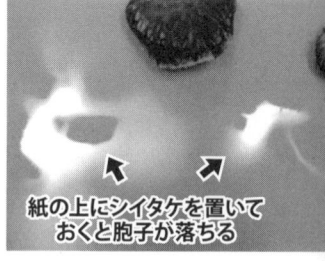

　また、傘の開いたキノコを用意して軸が邪魔なら取り除き、傘を色紙の上に乗せておくと、翌日にはきれいな胞子紋が紙の上に出来る。胞子の色や、胞子を作る部分の形がよく分かる。

紙の上にシイタケを置いておくと胞子が落ちる

胞子紋　タマゴタケ

観賞用の栽培植物・チョウセンアサガオ

　ラッパ型の白い花が咲いた後、トゲトゲの実が出来る。この実がはじけると、種が飛び散りあちこちに増える。毒草であることが知られているから、扱いには気を付けよう。

　身近な植物にも毒草は多いから、子どもを保育する学生たちには有毒植物のプリントを渡した。

4. 学生たちの実習例(和泉短期大学の場合)

　J. デューイ[**]は、体験の大切さを次のようにまとめている。学生が保育者に

＊食用キノコ／子実体は植物の花にあたる。木に生えるシイタケなどは菌糸体の部分が木の中にあって見えないが、菌糸ピンなどで栽培する種類のキノコは、菌糸体の観察が出来る。
＊＊J. デューイ／John Dewey(1859〜1952年)。アメリカ合衆国の哲学者、教育学者。教育の役割は、人間の自発的な成長を促すための環境を整えることだとした。

なった時、この事を記憶しておくとよいだろうと思い、紹介しておいた。

> ・聞いたことは忘れる。　　　　・体験したことは理解する。
> ・見たことは覚えている。　　　・発見したことは身に付く。

　幼稚園や保育園で子どもたちが簡単に作れ、自然遊びとして向いているのはどんなことなのか、いくつかの例を考えたり調べたりした。

動物とのふれあい

　私は、次のような内容を取り上げた。
- **持ち方；**体温を感じたり、心音の計測をしたりする。実際に聴診器で測定してみるとよいのだが、動物が用意出来なかったので、井の頭文化園や多摩動物公園、上野動物園に行くことを勧めた。
　どこの施設でも、あらかじめふれあえる内容を指導員に確かめ、学生たちがしたいことを決めてから予約すれば、動物にふれることが出来る。
　他地域でも、動物園や水族館に行くことを勧めた。
- **息をする；**私たち人間をはじめ生物は、息をして酸素をとらないと生きていけない。ミミズやカエルなどは、皮膚から酸素を取り込むことが出来る。そのためには皮膚が濡れていることが必要である。
　アマガエルは雨が降ると、皮膚が濡れて気持ちがよいのかよく鳴く。
　私たちの肺も、実は濡れていて、酸素は濃度の濃い方から薄い方へ自然に流れていくのだ。これは水中でも同じだということを説明した。
　ミミズがよく道端に出て死んでいるのを見るが、なぜか？という質問を受ける。これはまず降雨により土中の酸素が減り、苦しくなって地上に出て来て、舗装道路や石段など水気の少ない所へ行くと、乾いた砂が付着して再び呼吸が出来なくなったり、水分が失われたりするのであろう。さらに晴れれば日光が当たり、干からびてしまうこともあるだろう。
- **脈拍；**聴診器で動物の脈拍音を聞かせることも、生命の強い印象を得られるようだ。鳥類の速い心音、大型動物のよりゆっくりした心音など。ただし、動物は捕まえられていると、興奮してどうしてもふだんより脈が速くなるから、出来るだけ静かな状態に保つことが望ましい。
- **長い耳の効果；**ボール紙でウサギの耳に似せたものを作り、耳に当てて音を

聞かせた。これは井の頭文化園で使っていたものだ。「よく聞こえるかい？」と聞きながら、ネコやイヌ、ウマなどの動物は盛んに耳を動かしていることに注目させる。また、長い耳やゾウの耳のように大きいものは体温調節作用もあることを説明した。

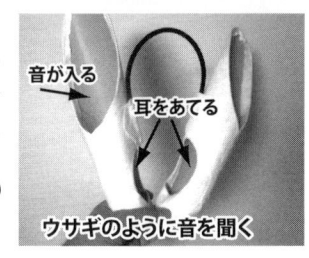

ウサギのように音を聞く

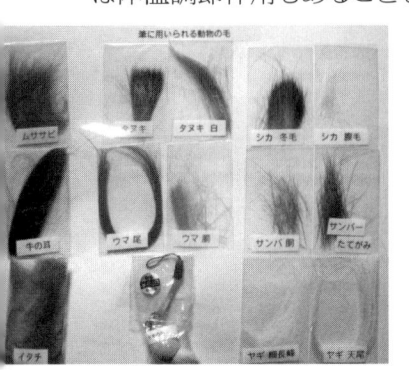

- 羽や毛の観察；標本を用意した。動物の毛は筆屋さんから分けてもらった。羽毛は、装飾用に手芸品店などにある。

　鴨川シーワールド(千葉県鴨川市)から分けてもらったペンギンの羽毛は、小さくて密であることが興味深い。

　美しい色をもつクジャクやインコ類の羽は、表面の仕組みで色が見える構造色(色素によらない色)*を学ぶのによい。

　ＣＤの表面の色などを比較させると、小中学生にも理解出来るだろう。

- 糞の観察；さまざまな動物の糞の標本を見せる。コアラの糞(P. 162)以外にも、動物園から分けてもらってあった動物の糞を、それぞれコーティングして臭いのない標本としてある。

遊びを学ぶ

　幼い子どもたちには、友達と遊んだり、自然と関わったりしながら育って欲しい。

　将来、子どもたちの保育者になる学生諸君が、生物を利用した遊びを学ぶことで、自然への関心や興味を増して感性を育み、未来を担う子どもたちへの指導が豊かになることを望んで講義内容を組み立てた。

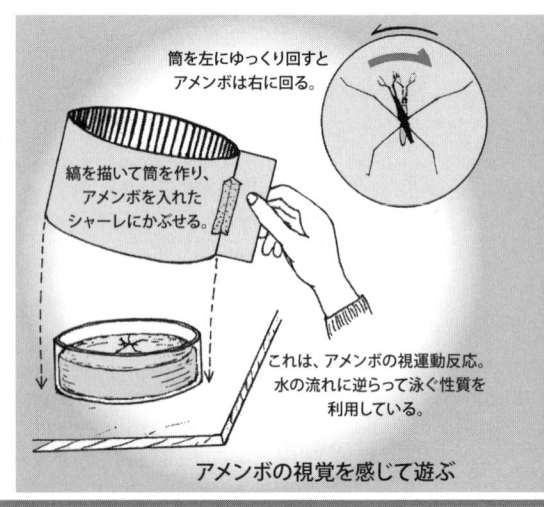

アメンボの視覚を感じて遊ぶ

＊構造色(色素によらない色)／ＣＤやシャボン玉の色が身近な例。見る角度によってさまざまな色彩が見られることが構造色の特徴。その表面の微細な構造によって光が干渉して色づいて見える。紫外線などに影響されて脱色しないため工業的な応用が進み、繊維や自動車の外装などへの研究が事業化され始めている。

凧作り (P.190)

　折り紙でチョウや花を切り抜くわけだが、学生たちはカブトムシをはじめいろいろとユニークな凧を作ろうとした。そして校庭を走って騒ぐ。
　簡単に作れる折り紙の凧は、老若男女が夢中になれる遊びであり、飛ぼうが飛ぶまいが、これを持って園庭や校庭を走り回るところが重要である。

シュロの葉でバッタ作り

　私がこれを初めて見たのはもう40年も前だ。香港・マカオに新婚旅行に行った時と、さらに後年ラオスに行った時だ。観光ルートの途中で、コウモリ傘を広げ、たくさんの草バッタを笠に挿して売っていた。草の葉に見えたのはヤシの仲間の葉を薄くはいだものだ。このヤシの葉は葬儀用として売っているものと同じようであった。きれいな薄緑色が、バッタ形に編まれたところが美しいと思って2匹買った。
　この時のバッタはとっくに色褪せてしまったが、今も昆虫園に展示してある。私も作ろうと思っていろいろと試したが、日本にはヤシの葉のように腰が強く、バッタを編むためにちょうどよい葉が見当たらない。イネ科の葉は同じように曲げると少しもろく、形を保たないのだ。
　いろいろな葉を試した結果、シュロの葉を用意して学生諸君に作ってもらった。しかし、彼らには少し難しかったようで、投げ出す者が多かった。草の葉バッタのような、植物の葉や茎などを使った生き物など、ユニークな造形作品は南方の各地に多く、国内では沖縄で見かける。

草の葉プリント

　これは、幼児が草木の葉の形や色に関心を持つ、自然遊びによいテーマ。
　春から初夏にかけて、きれいな新葉を摘み、葉の形を写し絵のように布に染め付けて遊ぶ。布の上に置いてクリアファイルに挟み、葉と布がずれないように気を付けながら、上からスプーンでこすると、葉から出た汁が布に写る。

赤い葉が芽吹く種のモミジ*やベニカナメモチ**の軟らかい葉を使うと美しい赤い色が出る。ハンカチやのれんに自分だけの模様が付く。強い染色性はないので洗うとかなり色が落ちる。そのままにしておいても、光に当てれば変色する。鮮やかさを長く楽しむためには、パウチ加工をしてしおりなどにするとよい。

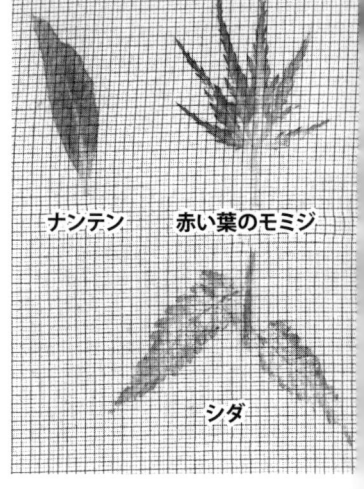

ナンテン　赤い葉のモミジ

シダ

ネコジャラシやカヤツリグサ

ネコジャラシ＝花穂が犬の尾に似ているため、犬っころ草が転じてエノコログサと呼ぶようになった。カヤツリグサは子どもが、茎を裂いて蚊帳を吊ったような四角形を作る遊びに使ったことによる名称。これらの植物はそのままでも面白い形状をしていて、実際にネコがよくじゃれる。ネコを飼っていたら、試してみて、紙でネコを遊ばせるおもちゃを作るのもよいだろう。

おみこし(P. 23)

豆の葉柄を使ったおみこしは子どもの頃よく作ったものである。しかし関東では見かけないという人があった。私は関西で育った人間だから、関東の人々とは少しずつ違う遊びや生活感を持つようだ。

笹舟

笹の葉は、いろいろなものを作ってみたくなる材料である。

笹飴

飴を笹の葉でくるんだ笹飴の真似をして笹を折って作るが中身はない。小さい頃の遊びだが、東京ではしなかったそうだ。竹の皮で同じような形を作って、中に梅干しを入れてしゃぶったという人もある。

考えてみると、グミの実の皮や、ホオズキの実の皮を口の中で鳴らす遊びもあったが、近年は子どもたちの遊びとして見かけない。

---

*赤い葉が芽吹く種のモミジ／カエデの仲間。燃えるような真っ赤な芽吹きをするが、夏は黄緑色に変化し、秋には赤橙色に紅葉する種など、新芽が赤い色のカエデがある。
**ベニカナメモチ／カナメモチとオオカナメモチの交配によって作られた園芸種。真っ赤な新芽が芽吹き、生け垣などに利用される。

XII.

世界と日本

XII. 世界と日本

1. 海外旅行の思い出

① ハワイ旅行

　水生物館の係員をしていた長浜さんが、商店街のくじ引きでハワイ旅行が当たったが行かないという。そこで、私はその権利を譲ってもらい、参加することにした。観光の他、かねてから興味があった、ハワイに生息する肉食のシャクガの幼虫を見たかったのだ。

　ハワイでは一通りの観光コースをバスで回った後、自由行動の日があった。私はダイヤモンドヘッドのそばの水族館を見た後、シャクガを探したが、そう簡単には見つからなかった。そこで、ビショップ博物館へ行った。ゼロ戦や日本軍との戦いの展示を見て、戦時中の子ども時代を思い暗い気持ちになった。肝心のシャクガの幼虫は写真だけだったのが残念であった。

　今ではこの肉食のシャクガの幼虫の捕食のシーンが、インターネットでも見られるようになった。幼虫は脚先に鋭く長いツメを持ち、捕食に適していることが分かる。家電メーカーのコマーシャルソング(当時はまだテレビで放映されていなかった)で有名になった、枝を大きく広げたマメ科の大木*は、あちこちにあったなあと思う。また、赤い冠羽(頭部の長い羽)を立てたセキレイくらい大きさの小鳥、カーディナル(ショウジョウコウカンチョウ)**もよく見かけた。

② 韓国旅行

　日本に長くおられたソル光烈博士から、私が多摩動物公園で行っている昆虫飼育や普及活動について、韓国の水原(スウォン)で開催される「昆虫の大量飼育に関するシンポジウム」で話して欲しいと依頼された。

　2003年10月、私は日常的に行っている仕事を要旨にまとめ、OHP投影用フィルムとビデオを持って訪韓した。ソル氏はチョウの飛翔実験温室を作り、飼育したいくつかの種を飛ばしておられた。

ソル博士と飛翔実験温室

*マメ科の大木／モンキーポッド、別名アメリカネムノキ。ネムノキに似た花をつけ、ネムノキと同じように光によって葉が閉じたり開いたりする。実を猿が好んで食べるという。
**カーディナル／アメリカ合衆国の疎林、低木地に生息、ハワイへは移入。雌は褐色で、冠羽と翼、尾羽が赤みがかる。雄の体は成熟と共に赤みが増す光沢のある赤。

講演では、多摩動物公園の昆虫飼育状況や普及活動、昆虫を使ったハンズオンのさまざまな例を説明した。特にオオゴマダラの指先展示には大変興味を持たれた。

ただ、韓国では外国から生きたチョウを輸入することは出来ないので、オオゴマダラは取り入れられないかもしれない。

会議が終わって、ソル博士に韓国の観光地を案内していただいた。水原の民俗村に連れて行ってもらったが、昔の生活が当時のままのような模型と実物大の人形で展示されたり、実演が行われたりしていて大変興味深く思った。

帰国後、会議で知り合いになった人々が来日された際は、都の昆虫施設や神田古書店街などを案内した。いただいた著書によると、韓国でも日本同様、子どもたちのカブト、クワガタなどの昆虫への関心が深まりつつあり、日本のカブトムシ用のゼリーカップまであるようだ。しかし、昆虫の持ち込みの制限から、日本のような外国産昆虫のブームは難しいだろうということであった。

③ 台湾旅行

チョウ愛好家の久保快哉氏に台湾へチョウを見に行こうと誘われ、2011年8月に行って来た。台湾といえば、雑誌『新昆虫*』の「イ・ラ・フォルモサ(麗しの台湾)」の記事、「木生昆虫博物館」などのキーワードが思い浮かび、一度は行ってもいいなと思っていた。

台湾旅行に誘われた時、私はある思いに駆られた。それは、先の大地震の際に、台湾から一番の援助を受けたという話であった。そこで、台湾で人にあった時はぜひともお礼の言葉を述べなければならないと思い、東洋大の中国語の叙先生に、お礼の文を中国語に訳してもらった。

それが次の言葉である。

「這次　日本地震　承蒙你們台湾人民的援助　非常感激不尽」

これを、訪問した昆虫学の大御所である朱耀沂博士に伝えたら、「大陸的

＊新昆虫／第二次大戦後、北隆館より創刊。アマチュアの昆虫研究に大きな刺激となった雑誌。ホームページによれば、現在は月刊『昆虫と自然』に継承されているとある。

な言葉だ」と言われた。

　私はどこが大陸的だか分からなかった。ところが、後に中国語をよくご存じの横内裏画伯にお尋ねしたところ、次のように言うのがよいと直された。

「這次　日本地震　承蒙你們台湾住民的援助　非常感激不尽」

　台湾では朱耀沂博士、傅建明氏、左漢榮氏など若い昆虫学者に会い、車で各所を案内していただいた。タカサゴクマゼミの声があちこちで聞かれた。木生昆虫博物館を作られた余清金先生(1926〜)は健在であった。

　私は町のあちこちにある檳榔子(ビンロウジ)*の看板が気になった。

　人々がかんでは赤い唾をペッと吐き出す、あの実はいったい何か、どんな味がするのかと以前から映像で見て興味を持っていたからだ。

　ちょうど私が泊まった宿の前の店で、朝から婦人が木の葉を巻いて作って売っていた。作り方は、キンマの葉**に石灰の粉を水に溶いて塗り、ビンロウの実を巻いて止める。実に早くこの作業を行っていた。

ビンロウジ

　時々自動車の運転手が買いに来た。値段は一袋50円ほどだ。私も一袋買ってかじってみた。まずくてすぐに吐き出したが、口の中が赤くなったので歯を磨いた。ただその後、口の中が温かいような気がした。1種の麻薬みたいなものだろうかと思い、久保さんに聞いたが、キンマの葉を使っていることしか分からなかった。

　傅氏によれば、台湾では子どもに与えることは禁止されているそうだ。若者にも真っ赤な口元は歓迎されないだろう。

　帰り際に朱先生から御著書『台湾昆虫学史話』をいただいた。これは614頁もの大著。古書で残念ながら私には中国語が分からないが、見覚えのある大家の名がほとんど取り上げられているようだ。先生は他にも台湾の昆虫に関する著書が多数ある。台湾では、かつて多くの人々が記していた「珍しい虫」には出会えなかったが、人々はとても親日的で過ごしやすかった。

　涼しい台湾の高原で過ごし、帰って来た東京は暑かった。

＊ビンロウジ／ビンロウの実。かむと軽い興奮・酩酊感が得られるが、麻薬ではない。嗜好品として、かみタバコに似た使い方をされる。かんだ唾液を飲み込むと胃を痛める原因になるため、吐き出すのが一般的。ビンロウジは薬局方に記載され、漢方薬に使用されている。

＊＊キンマの葉／薬用として健胃、去痰などさまざまに使われ、味は非常に渋い。

④マレーシアのポーリン公園

お誘いを受けてマレーシアを訪れる機会があった。

ボルネオ(マレーシア)のキナバル山の麓のポーリン公園に、日本のJICA*による支援でチョウ園(バタフライファーム)が作られることになり、昆虫園に青年海外協力隊の杉本啓子さんや大熊豪(つよし)さんが来られて飼育実習をした。

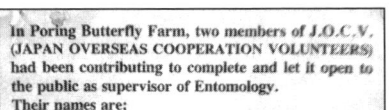

お二人は、左記のようにファームの建設に協力し、大変苦労されたようだ。

現地の人々がチョウ園を花の温室のように考えていて、チョウの性質への理解を得たり、食草を栽培するのにずいぶん苦労されたそうだ。これらのことは月刊『林業技術**』のNo.631～645に杉本さんの詳しい報告がある。現地からは若い女性の実習生、P. ジョスティナさんが多摩に来園し、たいそう熱心に実習して行かれた。

これらのご縁から、現地の日本人シニア・ボランティアで、ボルネオのチョウの大著がある大塚一寿さんからお招きをいただいて、私と昆虫園運営委員の、久保快哉さんが一緒にポーリンへ見学に行った。

飛行機から眺めたボルネオは、元々緑豊かなジャングルだったような所に、広大なプランテーションが広がっていた。私たちは、宿泊予約をしていただいてあった、公園内の一般客用のロッジに泊まった。大塚さんのご紹介で園の管理職のトップに、採集許可をいただき、ジョスティナさんにも再会出来た。大塚さんがチョウ園で大活躍をする様子は、事務室に飾られた写真からも分かった。

マレーシアのチョウ

著者　久保さん　ジョスティナさん

*JICA／独立行政法人国際協力機構。日本の政府開発援助(ODA)の実施機関として、開発途上国への国際協力を行っている。
**『林業技術』／一般社団法人 日本森林技術協会 会誌。平成16年8月号より『森林技術』へと改題。

ポーリンからキナバル山を望む

オオハゴロモゼミ　腹弁

ラフレシアの花

サンヨウベニボタル*♀

チョウ室では、飛んでいる大きなアンフリサスキシタアゲハやハレギチョウの幼虫（みごとな保護色のケムシ）を見て感激した。チョウ室の網の外にも同じ種類がいて、網を挟みチョウが接近して飛んでいたのが面白かった。小さい池の水面を、オオアメンボが泳いでいた。

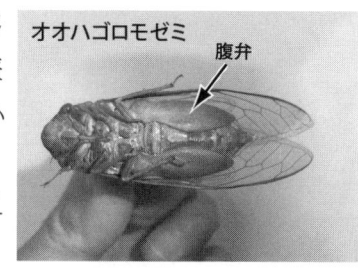

　教育のための施設や標本、設備もしっかりと考えられていて、杉本さんたちの苦労がしのばれた。

　園内にはにぎやかな声のセミがいた。最も大きな声は薄緑色のオオハゴロモゼミで、体長はそれほど大きくないが、私の聞いたセミの中では最も大きい声であった。「ジジーン、ジジーン・・・」と連続して鳴く声は、森林内に反響し、たった1匹でもまるで工場の騒音のように思われた（現在ではこの声をインターネットで聞くことが出来る）。

　このセミの雄の腹弁は他のセミのものよりはるかに長く、腹面を覆っている。これは、おそらく、共鳴板となっている透明な腹板の数節を覆うためであろう。この辺りではテイオウゼミの声も聞いたが、オオハゴロモゼミには及ばない。

　世界一大きいラフレシアの花のつぼみを見た。開花したら標本にして日本の花の万博に持ち込むとのことで、周りに囲いがしてあった。

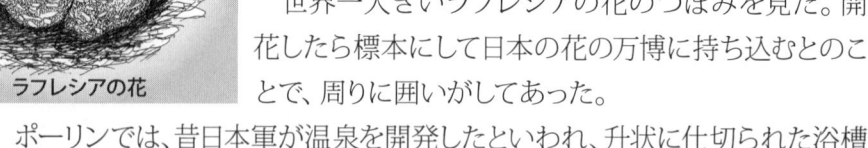

　ポーリンでは、昔日本軍が温泉を開発したといわれ、升状に仕切られた浴槽に人々が入っていた。私たちも個室の温泉に入った。湯温はやや高いが、水道でぬるくすることが出来た。

　公園内にあるトイレの常夜灯にはオオミツバチやボルネオオオカブトなどが集まっていた。園内の夜間観察にも誘っていただいた。黒いサソリや大きなトゲナナフシが林床に見られた。体が黒色の種類は、林床にいることが

---

*サンヨウベニボタル／極端な性的二形。幼虫型の雌は体長40〜80mm前後。雄は4〜8mm程度。雄は、和名のとおり前翅が赤い種類が多い。発光しないとされるが、詳細は不明。

よく分かった。見たかったサンヨウベニボタルも岩上や倒れた木の上にいくつか見られた。

　朝、ロッジの外に出ると、大きなテイオウゼミなどが街灯の下に落ちていた。灯火にはどこでも同じように虫が集まり、ぶつかって命を落とすんだなあと思った。

　アシナガバチが天井に山型の巣を作っていた。家の壁にトックリバチの仲間の丸い巣の集団も見られ、興味深く思った。大きいダンゴムシのようなタマヤスデもいくつか地上を歩いていた。公園内では、許可を得た赤い札を身に付けておかないと採集出来ない。しかし、ある日本人の写真家は、借りた札を返さないので困っていると、札を借りた時に言われた。ボルネオには、大塚ご夫妻のお誘いで、後に再度訪れることが出来た。宿をとったロッジからキナバルの山々が眺められ、その雄大さに感動した。この時はマングローブ*の見学ツアーにも参加した。両岸の木の上にはテングザル、ヘビウやミズオオトカゲが見られた。夜はタイワンクツワムシの大声も聞いた。大塚さんはその後、病のため亡くなられてしまった。私は何も恩返しが出来なかった。

⑤バリ島

　西山さんにお世話になりバリを旅行した。特に珍しい昆虫類は見られなかったが、鳥類園ではオウムやインコを肩や手に止めてくれて面白かった。公園では、ヤシの葉で作ったバッタをインド人夫妻が売っていたので、いくつか買った。日本人の観光客にはよく売れていたようで、主人が「バッタ」という日本語を知っていた。

⑥ペナン島

　再び西山さんの案内で、2004年12月下旬、マレーシアのクアラルンプールから採集家の間で有名なキャメロン・ハイランド、イポーなどを経て、目的地の

*マングローブ／日本では沖縄県と鹿児島県に自然分布する。熱帯〜亜熱帯地域の河口汽水域の塩性湿地(満潮になると海水が満ちてくる潮間帯)にある森林。

ペナン昆虫園に行った。途中の川辺には美しいアカエリトリバネアゲハなどが吸水に来ていた。川辺の木の梢を叩いていたら、突然大きなコノハギスが飛び出して、対岸へ飛んで行った。残念。

夜、ホテルのテレビではこの辺りの津波のニュース[*]を報じていた。大きな地震があったことは知っていたが、ペナンは問題なく、大丈夫だとのことで、30日は予定通りペナンへ向かった。途中の海辺には津波の爪跡が見られ、家財道具を道端に干していたり、あらぬところに舟が打ち上げられたりしていて驚いた。旅行日程や飛行機の発着のことばかりが気になって、日本での報道にまで気が回らず、園の関係者に心配をかけていたことを後になって知った。一報を入れておくべきだった。

さて、ペナン島のチョウ園は、かつて多摩の昆虫園にも来られたD. ゴウさんが経営していて、再会することが出来た。トリバネチョウの仲間も飼育していたのが興味深かった。しかしなんという飼育昆虫の量の多さだろう。チョウの蛹の数でも、およそ3000から4000匹。2人の担当者がいるのみ。「多摩の昆虫園の2人分の人件費があれば、ここでは10数人が雇えるよ」と言って笑っていた。ヨナグニサンやトンボの部屋もあって、熱心に幼虫を育てている。ヤゴは共食いもするので、アイスクリームのカップのようなもの多数をずらりと並べて、1匹ずつ飼育していた。コースの最後には売店もあって、昆虫標本以外に飾りものや彫刻などの芸術品なども売っており、ちゃんと散財させるようになっていた。日本でこんな経営をしている所があるかなあと思った。

⑦ ラオス

西山さんに誘われて2008年2月中旬、ラオスに出かけた。日本蜂類同好会の田埜正さん、チョウの愛好家の前川修さん、緒方隆さん、斉藤諄一さんらとも知り合えた。田埜さんは世界各地をハチを求めて歩いておられるようで、彼の

---

[*]津波のニュース／2004年12月26日に起きたインドネシアのスマトラ島沖のマグニチュード9.1の地震による大津波のこと。

ハチの採集法は興味深い。腰には蜂蜜を溶かした水の入っている噴霧器を、いつもぶら下げている。ハチの来そうな場所を見つけると、草木の枝先に薄めた蜂蜜を噴霧し、時々見回り、吸蜜しているハチを採集するのだ。ホテルには、西山さんの知人でチョウを集めている西洋人も来ていた。今回は気温がやや低く、チョウの採集には恵まれなかったらしい。

　私は大学の植物学の講義に役立ちそうな写真を撮ることにも注意をしていたが、あまりにも対象が多く、あらためて熱帯植物の多様性に目眩がした。フタバガキの特徴ある羽根の付いた実やトゲのあるラタン*の茎、カギカズラの鉤、ハカマカズラの二股の葉、ラン類、オオタニワタリなどの着生植物、ひっそりと咲く美しい花々、パンパスグラスなどを撮るのがやっとであった。

　熱帯ではラタン以外にもトゲの生えた植物が多い。うっかり網を振ると、すぐに絡まって破れる。トゲの形態も、先の鋭いものから太くて短いものまでさまざまである。私は授業に使うために、年輪のない熱帯樹の切り株の写真をぜひ撮りたいと思っていたが、適当な伐採木が見当たらず、撮影出来なかったのが心残りであった。

　網を持って、虫を捕っていると、時に現地の人が三角紙に入ったチョウを売りに来た。中には禁止品のトリバネアゲハ類も混じっていたようだ。

　そうだ、私たちはここに虫を収奪に来たことになるのだ。現地の人にとっては、それが金になるのなら換金したいだろう。おそらく虫を買いに来る業者も多いのだろう。

パンパスグラス

フタバガキの実

トゲのある植物

＊ラタン／トウ、つる性のヤシ科植物。直径2〜5cmくらいの細いつる状でトゲを持つものも多く、他の植物の間を這い上って生長する。家具や籠などの材料にされる。藤（フジ）とは異なる。

チョウを売りに来た人たち

残念ながら、私が欲しいハチ類を持っていないので、買うことは出来なかった。

南方の食堂で食事をすると、たいていコリアンダー*が出て来る。

私は食べ物にはあまりこだわらない方だが、この草はカメムシの臭いがして、あまり好きではなかった。

2. 輸入禁止昆虫の輸入

　最近は外国からカブトムシやクワガタムシなどの昆虫が輸入されるようになった。しかし、すべての昆虫が許可されるわけではない。

　カマキリのようにどの種類も肉食なら問題はない(本当はこれもおかしい)が、植物食や不明の種類はやはり許可を得なければならない。そして、飼育環境を整える必要がある。すでに入ってしまった昆虫でも特定生物にあたる場合は飼育許可が必要である。

　次に多摩動物公園での経験を記して参考にしていただこう。より細かい留意事項は防疫所に問い合わせをする必要がある。

　また、特定外来生物としてリストアップされた昆虫などの展示、例えば分布を拡大しつつあるヒアリ、アカカミアリ、アルゼンチンアリ、ゴケグモ、アフリカマイマイなどを飼育・展示する場合は、しっかりした逃げられない設備が必要で、設備の段階から許可を取らなければならない。

飼育環境

　飼育環境の基本は、
- 昆虫が外部に脱出しないよう二重の部屋になっていて、鍵がかけられる。
- 飼育室内に廃棄物の熱処理が出来る装置を置く。
- 責任ある管理者を置く。

　施設が完成すると植物防疫所の視察を受け、許可を待つことになる。

ハキリアリの輸入の場合

　まず、「輸入禁止品輸入許可申請書」を農林水産大臣あてに提出する。

---

*コリアンダー／中国では香菜と呼び、生葉をスープ、麺類、かゆ、鍋料理などの風味付けに利用する。タイではパクチーと呼び、トムヤムクンなどのスープやタイスキほか、さまざまな料理の薬味に使う。その他インド料理、ベトナム料理、メキシコ料理、ポルトガル料理などにも広く使われる。

その内容は、禁止品の普通名及び学名、数量及び梱数、採取地または産地、輸送の方法、輸送の方法及び経路、経由する植物防疫所名、輸入の目的、発送人の住所・氏名・職業、荷受人の住所・氏名・職業、輸入の予定年月日などを報告する。

そして、農林水産省指令書を受領し、許可証をもらう。それから採集に出かけ、現地の許可を得て採集し、許可証を容器に貼り付ける。採集品を輸送する。採集品が日本に到着すれば、許可証は回収される。輸入禁止品到着報告書を提出する。

そこで、ようやく採集品を飼育することになるが、時々管理状況の視察があるから、管理責任者の正・副を決めておく必要がある。

移動制限動物アフリカマイマイ*の場合

多摩動物公園では、沖縄や小笠原諸島に侵入繁殖しているアフリカマイマイに関する知識の普及のため、展示を行った。

農林水産大臣に許可申請し、展示終了後は、感熱殺菌器により120℃20分で器具類と共に蒸熱処理をし、このことはすべて当該大臣に報告する。

アフリカマイマイ

参考までに、輸入が禁止または規制されている生物を紹介しよう。

●「絶滅の恐れのある野生動植物の種の国際取引に関する条約」(ワシントン条約)に基づき、動植物の多くが輸出入の規制の対象となっており、この条約で定められた機関の発行する書類など(種類により異なるが、相手国の輸出許可書、経済産業省の発行した輸入承認証など)がないと輸入出来ない。これらは生きている動植物だけでなく、工芸品や漢方薬などの加工品・製品についても規制の対象となる。次は生きている動植物(主な例)。

- サル(全般):スローロリス、カニクイザル、チンパンジーなど。
- オウム(全般):オウム、インコ類(セキセイインコ及びオカメインコを除く)。
- 植物:ラン全種、サボテン全種など。
- その他:ワシ、タカ、リクガメ、インドニシキヘビ、アジアアロワナなど。

*アフリカマイマイ/アフリカ原産で世界各地の熱帯地域に持ち込まれ、農作物への食害が深刻。日本では南西諸島、小笠原諸島に侵入。広東住血線虫の中間宿り主で、他の陸貝にも広がりつつある。植物防疫法により有害動物指定を受けている。外来生物法においては要注意外来生物、また世界の侵略的外来種ワースト100 (IUCN, 2000)の選定種。

加工品・製品
- 毛皮・敷物：トラ、ヒョウ、クマなど。
- ベルト・財布・ハンドバッグなど：ワニ、ウミガメ、ヘビ(一部)、トカゲ(一部)、ダチョウ(一部)など。
- 象牙・同製品：インドゾウ及びアフリカゾウ。
- 剥製：ワシ、タカ、ワニ、センザンコウなど。
- その他：ジャコウジカ・トラ・クマなどの成分を含む漢方薬、ヘビの皮革を利用した楽器(胡弓)、シャコガイの製品、オウムの羽飾り、クジャクの羽(一部)、サンゴの製品(一部)、チョウザメの卵(キャビア)、ウナギ(ヨーロッパウナギ)の製品、セッコク、木香、天麻、沈香、西洋人参などが含まれる食品や薬など。

以上、税関の通関案内より。

3. CBSG(保全繁殖専門家集団)国際会議

　1998年10月、野生動物の保護(保全)と繁殖に関する専門家の国際会議が横浜で開催され、無脊椎動物[*]の部門に参加した。

　この会議のテーマは野性生物の現状とそれを把握する専門家の名簿を作成することであった。世界の現状を聞くと、ヨーロッパ、北米、インドではしっかりした地域グループが出来上がりつつあったが、中南米グループの把握の遅れが指摘された。

　私は日本の現状について、ちょうど出来つつある「全国昆虫施設連絡協議会」の報告と活動状況、飼育種類などを報告しておいた。イギリスのP. ケリーさんが興味を持たれ、多摩動物公園にも来園された。

　インドの質問書の送付と対象者などが、専門家集団の名簿作成方法の進行状況の優れたモデルとされた。

　さらに、無脊椎動物の飼育保全のレポートには、クモ、サソリ、サソリモドキ、オオムカデ、ゴキブリなど面白そうな形態や色彩の種類や著名な大型の南方らしい昆虫も含まれていて、私は大変興味を持った。

　今回の会議の無脊椎動物部門では、水族館関係者の出席がなかったのが残念であった。

＊無脊椎動物／脊椎動物以外の、背骨、あるいは脊椎を持たない動物をまとめて指す。無脊椎動物はあまり大型化しないが、大航海時代の昔話には巨大なカニやタコ、イカなどが登場する。深海には、ダイオウイカのような大型種が他にも存在するのかもしれない。

4. 外国産動物の輸入問題

多摩動物公園では、今までは許可を得て、いくつかの外国産昆虫を飼育してきたが、近年(1999年)に植物防疫法の規制緩和によって、外国産カブト・クワガタが一般の人にも飼育出来るようになった。データによると、2002年の時点ではなんと110万匹を超えたそうで、現在ではもっと多いはずだ。

まだ許可になっていない種類も飼育する人がいて、問題になっているが、そこにはいろいろな論議が交わされている。外来種問題はなぜ起きるのか、その主な点を紹介しよう。

① 外来種問題はなぜ起きるのか

生物は本来、生まれた所から、分散して生きていこうとする性質がある。それが山や川や海にはばまれて、自由な分布の拡大が出来ない。その地域の中で生物同士は食べたり食べられたりの関係が出来て、それが長く続く間に安定した関係が作られるようになり、無制限な種の絶滅が抑制されて来た。しかし、人々の交流が激しくなり、生物の移動の壁がなくなると、新たな影響が出て来た。種類によっては絶滅あるいは、逆に過剰の繁殖となる。次のように要約出来よう。

- 食べる・食べられるの関係の変化。
- 在来種への抑圧、荒廃。
- 付属して入って来る寄生生物の問題。
- 在来種との交雑。
- 物理的な基盤の変化。
- 伝染病などの持ち込み。
- 農林水産業への悪影響。
- その他、二次的、三次的影響。

② 外来種問題に関する国際的認識の高まり

ある一定の生物学的バランスが保たれた場所に、別の場所から他の生物が入ると、その地の生物の多様性が影響を受けることは、国際的にも認識されている。2002年には「生物多様性条約」が採択されたが、その第8条には「生態系、生息地もしくは種を脅かす外来種の導入を防止、または抑制したり、撲滅すること」という義務が記されている。世界中の外来種問題の事例を調べたウィリアムソン(1996)は、定着した外来種の5〜20％、ほぼ10種に1種が、なんらかの無視出来ない影響を及ぼしているという。

日本における外来種問題

日本では生物の輸出入については、いくつかの法による規制がある。

- **CITES(ワシントン条約)**；1973年81カ国が参加して採択された「絶滅の恐れのある野生動植物の種の取引に関する条約」により、輸入に条件がある種類がある。
- **外国為替及び外国貿易法**；経済産業省。
- **植物防疫法**；1914年、植物検疫施行。1950年、植物防疫法の制定。農林水産省。
  - a. **輸入検疫**；輸入される農林産物・植物はすべて検疫される。輸入して、大きな損害を与えると見られる動植物や土、並びに省令で定められた容器包装以外は輸入が禁止されている。
  - b. **輸出検疫**；輸出にも同様の検疫が行われる。港や空港の検査だけで分からない病害虫のためには、圃場での検査も行われる。
  - c. **国内検疫**；我が国に侵入した病害虫の蔓延を防ぐために、特別の防除や防疫が行われる。侵入警備体制、特殊病害虫の防除、移動禁止、制限と取り締まり、種苗検疫など。その他、感染症予防法、狂犬病予防法、(いずれも厚生労働省)などもある。
- **ラムサール条約**；湿地に関する条約。
  - a. 重要な湿地の指定。
  - b. 湿地の保全と適正な利用のための計画の作成と実施。
  - c. 自然保護区の指定と水鳥の保全。
  - d. 湿地の研究、管理及び監視。
- **南極の海洋生物資源の保存に関する条約**；南極の海洋環境保全及び生態系保護を目的とした条約。1980年に採択。内容は南極収束線以南の魚類、軟体動物、オキアミなどの資源量を配慮し、本条約で採捕に係る活動について、捕獲量、捕獲地域、捕獲方法などが制限されている。
- **海洋法条約**；1958年及び1960年にジュネーブで開催された国際連合海洋法会議による。
- **生物の多様性に関する条約**；P. 221
- **外来生物法(特定外来生物による生態系などに係る被害の防止に関する法律)**；

平成17年1月31日に制定された(次表)。しかし、拙速に決定されたためか、問題も多く、反対論もある。

a. 特定外来生物の動物リスト(P. 290)

フクロギツネ、ハリネズミ、タイワンザル、カニクイザル、アカゲザル、ヌートリア、タイワンリス、タイリクモモンガ、トウブハイイロリス、キタリス、マスクラット、アライグマ、カニクイアライグマ、アメリカミンク、ジャワマングース、アキシスジカ、外国産シカ、ダマシカ、シフゾウ、キョン、ガビチョウ、カオジロガビチョウ、カオグロガビチョウ、ソウシチョウ、カミツキガメ、アノールの仲間、オオガシラ、タイワンスジオ、タイワンハブ、オオヒキガエルなどの外国産ヒキガエル、キューバズツキガエル、コキーコヤスガエル、ウシガエル、シロアゴガエル、チャネルキャットフィッシュ、ノーザンパイク、マスキーパイク、カダヤシ、ブルーギル、コクチバス、オオクチバス、ストライプトバス、ホワイトバス、ヨーロピアンパーチ、パイクパーチ、ケツギョ、コウライケツギョ、キョクトウサソリ、ジョウゴグモ、ハイイロゴケグモ、セアカゴケグモ、ジュウサンホシゴケグモ、ウチダザリガニ、アスタクス、ラステイクレイフィッシュ、ケラクス、モクズガニ、外国産テナガコガネ、セイヨウオオマルハナバチ、ヒアリ、アカカミアリ、アルゼンチンアリ、コカミアリ、カワヒバリガイ、クワッガガイ、カワホトトギスガイ、ヤマヒタチオビ、ニューギニアヤリガタウズムシなど。

環境省ホームページも参照のこと。

b. 規制の内容

飼育、栽培、保管・運搬の禁止、輸入の禁止。野外へ放つことの禁止。植える、まくことの禁止。販売の禁止。
違反した場合 ➡ 個人の場合；懲役3年、もしくは300万円以下の罰金。
　　　　　　　　法人の場合；1億円以下の罰金。

③ 外来種移入問題

近年のペットブームで、さまざまな海外の生物が輸入され、クワガタやカブトムシの輸入量も莫大であるという。これらの昆虫は植物を加害しないといわれ許可されてきたが、当然賛否両論ある。また外来魚のブラックバスやブルー

ギルの駆除についてもさまざまな意見がある。いくつかの意見を紹介しよう。

ブラックバス駆除反対派の意見

　池田(2005)は最近の著書『底抜けブラックバス大騒動』において、興味深いバス駆除に対する反論を述べている。主な内容は次のようなものである。
- 「侵略的だ」と勝手に決め付けている。いても大変なことにはならない。
- 生物多様性原理主義者は自然主義的誤謬。
- 生物多様性は「こと」である。
- 外来種駆除と生物多様性保全は何のためかは説明されない。
- 外来種のプラスの面もある。マイナスしか言わないのはおかしい。
- 価値観は多様である。
- 日本の川や湖はすでに畑のように撹乱されている。
- 外来種は撹乱された環境にこそ多い。
- 意に合わないものは殺せ、交雑種を殺せというのはナチズムと同じだ。日本人も雑種だ。DNAを調べて殺すのは道徳的におかしい。タイワンザル問題など。
- 外来種駆除は権利のためのようだ。長良川のサツキマスを保護しない理由は河口堰問題が絡む。駆除に税金が使われる。
- これは科学の問題でなく、政治の問題だ。
- ワカサギは移動種。国内ならいいのか。
- 栽培種も多様性に寄与している。外来種が来ても多様性が減るとは限らない。
- 外来種を駆除すると、貧弱な生態系になることもある。など。

外国産昆虫の輸入賛成派の意見

- 外来昆虫の輸入は子どもたちに夢を与えた。
  　虫好きの増大。珍しい種の飼育法の確立。学問の進歩。現地経済の潤い。
- 無責任な新聞報道と昆虫学者の慎重すぎる発言。
  　新聞記者の恣意的で無責任な記述。厳密なデータによらない大げさな発言。
- 熱帯雨林の昆虫は日本の気候にはなじまない。日本の野外では生存困難。
  　今まで許可された昆虫が害虫化した例はない。
  　　沖縄が外国であった時は、もちろん昆虫の輸入は許可されなかった。
  　　日本への復帰後は大量の昆虫が本土にもたらされたが、これらの昆虫は

害虫化しなかった。植物食のチョウなども害虫になったものはない。昆虫輸入を云々するのなら、国内移動も禁止しなければならない。
- 自然保護に、カブト・クワガタだけ厳密な規制をしてどうする。
  自然破壊の原因は開発のほうが大きい。牧場、農場、住宅、ゴルフ場など。金のための開発は凄まじい。
- スギ林やヒノキ林は自然なのか。庭樹や街路樹なら外国のものでもよいのか。外国の栽培植物・家畜をすべて排除してしまったら、生きていけない。
- 遺伝的混乱が起きて困るのは研究者だけだ。
  昆虫学者は交雑による遺伝的混乱を問題視するが、一般の人は困らない。
- 生物相は生物進化の躍動してきた結果だ。長い目で見れば、日本の固有の生物などというものはない。どの時代まで遡ればいいのか。
- 生物多様性は増える。

外国産昆虫の輸入反対派の意見

- 輸入量の増大。輸入されるカブト・クワガタが増大するにつれ、まぎれる禁止昆虫が出る。害虫化の恐れもある。
- 不透明な規制緩和の経緯。規制緩和は愛好者や業者の執拗な要望だ。文献の不備から害虫も輸入されている。
- 外国種のもたらす危険性。日本と変わらない気候地帯の種は日本の野外でも生きて行ける。耐寒性は意外にある。日本の在来種が負けることもある。ダニなどの寄生虫も入る。その影響については未確認。交雑し、遺伝的固有性がなくなる。
- 国際問題の火種となることもある。輸入の許可を得ないで、持ち出す人もいる。各国で天然記念物の種を持ち出し、日本の信用が損なわれる。
- 生物多様性がなくなる。

中央審議会[2003(平成15)年]の要旨
● 外来種の基本的考え方

　外国種の生物でも日本の文化に深く根付いているものもある一方、社会問題化している種もある。我が国に古くから分布している種類でも、分布しない地方へ持ち込むことにより、その地方の種類に影響がある場合は検討すべきだ。

生物多様性条約第6回締約国会議において決議された指針原則は、侵略的な外来種の予防、早期発見、早期対応、定着したものの防除(影響緩和)という点は我が国の考え方と一致する。早期対策は今までの例から費用対効果や環境影響の面からみても望ましい。

　外来種の影響の発端は、多くは無責任な人為に起因することが多い。外来種対策は国及び地方公共団体が中心になるべきだが、それに関われる人々が多岐にわたるため、そのすべての人々に認識して欲しい。

● 制度化について検討すべき事項
　a. 国民に対し、外来種対策制度の基本的認識や施策推進の基本的考え方を分かりやすく説明する。
　b. 外来種を持ち込む時は、その外来種の生態、利用形態、生物多様性影響に関する基礎的情報を提出させる。
　　　管理下を離れた場合、定着の可能性や影響を評価し、判定が終了するまで持ち込みを規制する。
　　　反対にあたっては、幅広い意見を踏まえる。また、すでに我が国で確認されている種については悪影響の判定を行う必要がある。
　　　悪影響があると判定された場合は、野外に逸出することのないよう、適切な管理を求める仕組みを設ける。また、逸出した場合、管理者に相応の責任を求める。
　c. すでに入っている外来種には、生物多様性の観点から状況を監視する。
　d. すでに入って問題化している種類は、必要に応じて計画的に防除する。
　e. 固有種の多い地域には、外来種の放出などの規制や管理が出来るようにする。
　f. 国は外来種の情報を収集整備し、国民に啓発する。学校や動植物園、博物館などと協力する。
　g. 外来種の定着状況や生態的特性に係る基礎的調査研究を進める。

● 制度化および対策の実施にわたって配慮すべき事項
　a. 予算や体制の整備。

b. 各種の法律との整合性。
　　c. 外来種問題の認識。
　　d. 世界防疫協定(ＷＴＯ協定)との関係に留意。

著者の考え

　私が井の頭文化園水生物館に異動になった1992年頃の井の頭池には、多くのモツゴが見られ、それを主なエサにしていたカイツブリなどの水鳥の巣作りが見られた。ところが、ブルーギルやブラックバスが増えた近年は、まったくモツゴの姿はなく、カイツブリもほとんど見られなくなった。やはりこのような外来種を放すことは影響が大きいようだ。

　日本は周囲を海に囲まれ、例えばチチュウカイミバエなどの害虫は人為的侵入を防ぎやすいが、海上を飛来するウンカ、ヨコバイなどの害虫には、今でも大いに悩まされている。大きな被害を与える昆虫を規制することはいうまでもないが、害虫化しないと思われるチョウ、甲虫なども厳しく調査をした上で輸入を許可するようにし、野外へ放すことはしてはならないだろう。

　今まで輸入された昆虫(特にカブト、クワガタ)の飼育技術は世界に冠たるものがある。絶滅が心配されているヤンバルテナガコガネなどは、環境を省みないで開発したり、採集禁止したりする前に、飼育をして絶滅を防ぐ努力をすべきではなかろうかと思う。

●ミシシッピアカミミガメ(幼体をミドリガメと呼びペットショップなどで販売)。甲長30cmくらいの大きさになり、30年くらい生きる。要注意外来生物。日本の侵略的外来種ワースト100および、IUCNの世界の侵略的外来種ワースト100に指定されている。しかし原産地では、開発による生息地の破壊や、ペット用としての乱獲などにより生息数が減少し、野生個体の採集は制限もしくは禁止されている。飼育種を飼う時には、その生き物の寿命が終わるまで飼う。

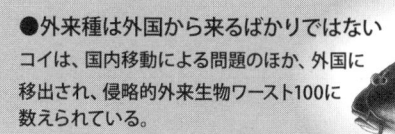

●外来種は外国から来るばかりではない
コイは、国内移動による問題のほか、外国に移出され、侵略的外来生物ワースト100に数えられている。

身近な外来種問題

もし特定外来生物を捕まえたらどうするか？

　もし、特定外来生物を捕まえたらどうすればいいのだろうか。
　このような場合のために、多摩動物公園の元昆虫飼育係長の浅井ミノルさんが調べた報告がある。これを次に引用してみよう。

a. その場で殺す ➡ ○

b. 殺して食べる ➡ ○

c. 生かして持ち帰る ➡ ×

d. 食べる ➡ 煮たり焼いたりして食べる ➡ ○
　　生で食べる ➡ 危険な種類もあるので ×

e. 飼育する ➡ ×

f. 動物園に寄贈する ➡ ×
　　　動物園からは公的な野生鳥獣保護課を紹介されるであろう。

g. 公園などで捕えたら、遺失物として交番へ ➡ ○

h. 野外で採集したら、野生鳥獣保護課 ➡ ○　これが一番よいようだ。

●食べて駆除する

ウチダザリガニ(P. 292)とアメリカザリガニは、原産地では食用
　ウチダザリガニは、特定外来生物に指定されているので、駆除後その場所から移動出来ない。毎年、駆除後に調理して食べるイベントが行われている地域があるので、参加するのもよい。
　釧路市阿寒湖漁業協同組合では、観光資源としてウチダザリガニを「レイクロブスター」と呼び、全国の飲食店に供給している。下は1kgの冷凍のレイクロブスターをゆでたもの。

ウチダザリガニ ♂

フランス料理の材料にもなるウチダザリガニ

XIII.

日本人の動物観

XIII. 日本人の動物観

　昔、人が動物と対峙する時は、まず食料としての存在であったろう。生活に余裕が出て来ると、愛玩動物もあらわれたのかもしれない。動物や自然に対する考えが深まるにつれ、さまざまな思想や文化が生まれて来たのであろう。

　子どもたちの絵本にはたいてい動物が出て来る。そして、それぞれの種類にかわいい、怖い、よい、悪い、殺してもよいなどの特徴付けがされている。

　このようなことについては多くの文献があるが、1990年「動物観研究会」という学会が発足した。その報告書の中に、日本人の動物観を調査し、類型化した報告があったので、授業にも引用させてもらった。次のような内容である。

1. 動物観の類型

- **家族的態度**；動物とは家族同様に接し、愛情を注ぐ。ペットとの精神的交流を深め、生活が豊かになると考える。
- **倫理的態度**；動物も人間と同様に平等に扱うべきという信念があり、不平等な扱い、残酷な行い、人間の利己的な利用に強い怒りの念を持つ。
- **開発的態度**；動物の棲む空間でも人間の生活を優先し、開発に積極的。
- **実用的態度**；食料、使役、装飾など人間の役に立てるという観点を優先。害をなすものは捕獲、駆除を優先。
- **自然主義的態度**；自然が好き、人工的なものは排除。破壊は嫌い。自然に憧憬の念を持つ。
- **生態的態度**；自然への総合的理解・保護が優先。個別種への思いは弱い。
- **分析的態度**；自然や動物を諸構成要素に分析し、解剖、生理などの解析的理解に興味を持つ。
- **支配的態度**；人間は動物より優れている。動物を支配すること、使役、品種改良などは人間の権利だと思う。
- **審美的態度**；野生動物の美しさにひかれる。
- **宿神論的態度**；自然や動物を神的存在と考え、恐れと敬いを併せ持つ。深山や深い沼などの見えにくい動物にも思い入れ、民族的感情を持つ。
- **無関心的態度**；動物に関心を示さない。動物がいなくても、自分の生活に

差し支えないと思う。
- **否定的態度**；動物全般に対し、恐れ、嫌悪、汚さを感じる。動物の臭い、糞、分泌物は大嫌い。ハエ、ゴキブリ、ネズミは駆除すべきだと考える。

いずれの態度にもバランス感覚が必要だろう。

①仏教とキリスト教世界の動物観の違い

人類の動物に対する思想は、見たりさわったりして得られる知識の他、見えないものを感じ取ることの出来る能力や心などがある。宗教心もそこにあろう。

欧米のキリスト教思想は唯一の神が全宇宙を支配していると考え、人も動物も神によって造られたもので、神によって造られた人であるから、世界を支配する権限も与えられていて、動物たちを支配する権限も委ねられていると考える思想である。

一方、仏教思想は、動物と人は本来同じもので、動物を慈しむということを、ことさらに言う必要のないものであった。

それは不殺生戒(ふせっしょうかい)[*]に基づく動物の殺生の罪悪視。山川草木悉有仏性(さんせんそうもくしつうぶっしょう)[**]という、人と生命は平等とする思想。輪廻転生(りんねてんせい・りんねてんしょう)[***]の、人と動物は生命として連続しているという思想などからもうかがわれる。日本と欧米、特にキリスト教国の動物観の相違を次にまとめてみよう。

②動物愛護に関する問題

キリスト教の動物観は、人と動物をはっきりと分けていた。

それは、動物には魂がなく、死んでも天国には行けないという観念で、動物は食料とされたり使役用とされたりしていた。これは奴隷制にもあらわれ、黒人や原住民を動物のように扱っていた。しかし、このような中でも動物に対する虐待を止めさせようとする人々も出て来た。中でもイギリスの慈善家、リチャード・マーティン議員は動物の虐待を止めさせる法案を上程し、1822年に成立させた。これが「マーティン法」である。これが元となり、後に王立動物虐待防止協会(RSPCA)が設立された。マーティン法は何度も改定され1911年には動物愛護法が成立した。現在、世界各地に盟友団体が出来て活動している。

一方、日本は仏教思想による動物愛護思想と農耕中心の生活であった。

---

[*]不殺生戒／あらゆる生き物を殺してはいけない。
[**]山川草木悉有仏性／自然界のすべての存在には仏性がある。仏性に関しては、教義によってさまざまに表現される。
[***]輪廻転生／死んであの世に行っても、この世に何度でも生まれ変わって来るという概念。

それらには、長く自然風土の中で培われた年中行事や祭礼を持つ精神的な基盤に、6世紀半ばの仏教公伝、1549年キリスト教伝来などが加味されている。天武年間から「殺生禁止令」があったためか、動物虐待はあまり表面化しなかった。近世になって生活が欧米化してくると同時に、牛馬の使役や牛肉などの需要も高まり、動物は人間に奉仕するものという風潮が広がって来て、同時に動物への虐待も見られるようになった。そこに動物愛護思想も輸入されたといえるであろう。

日本(仏教・神道などが混在)	西洋(主に、新旧のキリスト教)
・人と動物は異なる世界に存在。	・同一の世界に存在。
・人と動物は生命は平等だが人が優位。	・動物は別の生命体、人の従属物。
・輪廻転生で、相互転換。	・動物は人のために存在、人が管理すべき。
・飼育動物はペット中心。	・家畜動物、使役動物中心。
・牧畜は発達せず。	・牧畜が発達。
・動物観は情緒的、放任的。	・動物の扱いは合理的、科学的、操作的。
・病気で苦痛を受けていても安楽死はさせない。	・病気で苦痛を受け、難病の動物は安楽死させてもよいとする。

1902年、広井辰太郎(元東洋大学教授)たちによる動物虐待防止協会(後の動物愛護会)が出来た。その後、動物愛護運動となって虐待防止のほか、傷病動物の医療、愛護思想の普及、教育活動なども行うようになった。これが、さらに動物サーカス、サファリパーク、ズーチェック(動物園の飼育状況のチェック)などの問題にも関わるようになり、個人のペット飼育、動物の料理方法までもその残虐性を問題にするようになってきた。これには限界がないようで、さまざまな資料を作って活動している。

しかし、このような制度や活動も行きすぎると狂気*も生まれてくる。イギリスでは過激ともいえる「警察活動(アニマルポリス)」も始まり、問題が大きくなっている。甚だしい例では大学の実験室まで入り込んで、実験動物を逃がしたり、実験器具を破壊したりしたこともあったようだ。

③ 動物愛護および管理に関する我が国の法律

この法律は昭和48年法律第105号として公布された。

---

*狂気／日本での例は、1687年の「生類憐令(しょうるいあわれみのれい)」。「犬」の保護が代表的に伝承されるが、猫や鳥、魚類・貝類・虫類、さらには人間の幼児や老人にまで及んだとされ、やむなく殺傷した場合にも適用されたため、「苛烈な悪法」「天下の悪法」として認識されている。

動物に関する法律は今までも文化財保護法、軽犯罪法、鳥獣保護及び狩猟に関する法律、狂犬病予防法などがあったし、地方には各自治体の制定する飼い犬などに関する条例があった。

　しかし動物を家族の一員として扱う人々が増えるにつれ、無責任な飼い方や遺棄、虐待なども多くなり社会問題化してきた。

　そこで改正されたのが「動物の愛護及び管理に関する法律」(平成11年)で、その概要は下記の通りである。

- 動物の虐待の防止、適正な取り扱い、愛護の気風を招来すること、生命尊重、友愛、平和の情操の涵養など。動物の習性を考慮し、人との共生に配慮することなど。
- 動物の所有者は命あるものに対して、その責任を十分自覚して　動物を適正に飼養、保管し、健康、安全を保持するよう努めること。
- 動物販売業者は、動物の購入者に適正な飼養や保管の方法を説明、理解させること。
- 畜産、農業以外の哺乳類、鳥類、爬虫類の飼養施設を設置する場合は知事に届け出ること。
- 動物取り扱い業者は動物の飼養施設の構造、管理の方法など総理府で定める基準を遵守すること。
- 知事は施設に立ち入り、改善すべき点は改善勧告を行うこと。
- 知事は動物愛護担当職員を置くことが出来る。
- 知事は動物愛護推進員を委嘱出来る。
- この法の罰則は、愛護動物をみだりに殺したり、傷つけたりした場合は1年以下の懲役または100万円以下の罰金に処せられる。

とある。

犬、猫、展示動物などの飼養及び保管に関する基準の概説

　人が動物を飼育する場合の守られるべき基準が制定勧告されたが、重要な点は次のようである。

- 動物は「命あるもの」であることを忘れない。
- 終生飼育すること。

- 家族の一員とすること。
- 飼育スペースを確保すること。
- 動物の習性、生理、生態などを理解しておくこと。
- 動物や施設の保健衛生を保つこと。
- 動物飼育に関わる法令を知っておくこと(狂犬病予防法など)。
- 動物の輸送、輸出入検疫などに注意。

野生生物関係法規の概説

　野生生物は自然界の一員として貴重な役割を果たし、人間にとっても衣食、医療、科学、文化、レクリエーションなど、さまざまな分野でなくてはならないものである。野生生物を保護する意義は次のようなものであろう。

- 自然界のバランスを維持するもの。
- 人間の文化活動上の価値。
- 天然資源、レクリエーション資源としての価値。

　しかし、最近はどこの国でも自然環境の悪化が生じ、野生生物の保護や管理などの調査・研究が必要となって来ている。

野生動物保護の関連法規

　「自然環境保全法」、「自然公園法」、「鳥獣保護及狩猟に関する法律」、「文化財保護法」、「外国為替及び外国貿易管理法」、「絶滅の恐れのある野生動植物の種の保存に関する法律(ワシントン条約)」、「水産資源保護法」、「ラムサール条約(湿地に関する内容)」、「二国間渡り鳥等保護条約」など。

動物飼育についての注意

　動物を家庭や学校、園などで飼育する場合にはあらかじめその性質や飼育条件を調べておき、可能なら飼育出来よう。大型動物や、小型であっても危険な動物は届け出が必要な場合もある。

動物飼育に関して発生している問題例

　虐待、不潔、狭い飼育環境、鳴き声、糞尿の迷惑、遺棄、人畜への危害、傷病、販売時の問題(血統書詐称、障害動物、契約不履行、脱走、過剰な繁殖、

過重な使役など)。

2. 動物飼育の意義

動物飼育にはいろいろ問題も多いが、利点も多い。都会では自然に接する機会も少なくなり、身近に生き物をおくことで得られるものがあろう。

①学校での飼育体験

次の様な効果が認められている。

愛情と共感を与える

近頃の生命軽視の犯罪者に見られる共通の問題は、人との共感を与えられなかったり、コミニュケーションをとれなかったりして、自己中心的だといわれている。

これらの人々は、成長期に生き物との関わりが少なかったのではなかろうか。動物飼育には、アニマルセラピー効果があるといわれる。

科学的視点が得られる

この頃の理科離れは体験不足の結果と見る人もいる。体験の伴わない知識は知恵となりにくい。

動物をよく知らなければ、動物の健康に注意した飼育は出来ない。そして動物を飼育することで、動物に興味を持ち、観察眼、洞察力、科学的、生物学的知識を持ったり、知らなかったことを調べたりするようになる。

達成感が得られる

動物の世話をする内に、動物になつかれてかわいくなり、その動物に頼りにされることで、積極性と勇気が得られ、自分に自信を持つことが出来る。

将来の子育ての基礎体験にもなろう。

命の教育

命は大切だと教えられても、実感はわかないであろうが、動物を介在させることで、生命教育に効果があることが認められている。

情愛教育・人の土台づくりに効果

　動物を飼育していると、どうしても生と死に出会うため、生と死の準備教育になる。愛する心の育成、すなわち情愛教育による人の土台作りに役立つ。

思いやりの心を養う

　動物を飼育することで経験や感受性を養い、思いやる心が芽生え、他者に対する協力や責任感をも培うことが出来る。

生きる力を養う

　工夫、判断力、決断力、冷静な視点、ハプニングへの対応などの力が増す。

緊張を緩める

　動物がそばにいると緊張を緩め、癒し、人間関係を改善したり、家族間や友人、男女間などのコミュニケーションを増やす。

飼育体験による効果・人間形成

　以上八つの事柄は、動物に情をかけて大切に扱うことが出来て、初めてあらわれる効果である。感情を持つ動物をいじめる行為を行う子どもは、なにかストレスを抱えているのではないだろうか。
　動物を飼育することは、人間性を培う訓練ともなるであろう。

動物介在療法(アニマルセラピー)

　動物との関わりが人の心によい効果をもたらすことが分られて来て、これを積極的に推し進めようとするのがアニマルセラピーである。
　単に、「かわいいからさわる」というだけではなく、その動物の存在を理解し、一緒に生きてくれる、つまり患者が「自分は必要とされている」という感覚へ発展させ、これが癒しの効果をもたらすという。
　介在動物の種類はさまざまであり、家庭で飼育出来ない馬やイルカなどの動物には特別の施設があり、専門の知識を持った人々の協力が得られる。
　一般に、次のような利点が確かめられている。

・身体や生理に与える利点；
　a. 血圧の高い人は、動物がそばに来ると下がる。

狭心症と心筋梗塞患者で、動物がそばにいる場合、1年後の生存率は、いない人の2倍であった。
　b. 動物と遊ぶことが出来る。
・**心理に与える利点**；
　a. 動物といると、楽しい。
　b. 動物をかわいがり、愛することが出来る。
　c. 人と会話が出来なかった子どもが、動物と話をしているうちに、他者との会話が出来るようになった。
　d. 心理的に不安定な子どもの気持ちを明るくさせることが出来る。
　e. 役割への喪失感を持つ高齢者の、自尊心や誇りを取り戻したり、生き甲斐を与えたりすることが出来る。
　f. 動物を長く飼っている子どもは、表情や態度で相手の気持ちを察することが出来て、友達から信頼される。
　g. 動物を飼っている子どもは、飼っていない子どもより、思い出を多く残すことが出来る。
　h. 孤独な人の心を癒すことが出来る。
・**社会的利点**；
　a. 会話のない夫婦や親子が動物を介して話すようになる。
　b. 介助犬と一緒に外出すると、知らない人が微笑んだり、話しかけて来る。
　c. 動物は周りの人々の関係を改善することが出来る。
　d. 欧米では有名人はペットと一緒の写真を公開することが多い。これは、動物をかわいがる人は信頼出来る人格だとの印象があるといわれる。
　e. 動物を扱ったコマーシャルは多い。
・**学校での飼育体験**；
　a. 生命力を養う自然体験の一つである。
　b. 我と彼を教え、共感を養う。
　c. 自尊心を養い、社会性を持たせる。
　d. 生命を理解させることが出来る。
　e. 自発性を養い、判断力や決断力を養うことが出来る。
　f. 動物と接している様子から、子どもの心理を理解出来るなど。

② よい思い出を残すために

　動物を飼育するということは、自分の子どもを育てるほどの覚悟が必要である。棲みか、食べ物の用意、排泄物などの処理、毎日の運動など。初めはかわいいと思っても面倒となり、結局親が面倒をみることになる。

　家族の理解が必要である。しかし、このようなことを経験すると、動物が亡くなっても、楽しかった思い出は残るだろう。

③ 学校、園での問題

　動物介在教育は、日本ではあまり盛んではないが、欧米では何十年という積み重ねがあるといわれる。しかし、学校や園で動物を飼育するということは困難が多い。

　飼育する動物の種類は、飼育出来る環境による。

　飼育する目的は生物界への視点を開く。食べ物、棲みか、自然との繋がり、動物との接触時間、生きている動物への理解、死んだ時の扱い方なども考えておかなければならない。

　飼育する教員自身も飼育に対応してもらいたいが、あまり時間を取られないように、手分けをして負担を少なくして欲しい。病気、特に人畜共通伝染病の時は獣医に支援を依頼出来るように、掛かり付けの獣医を探しておく。

　動物に対しては差別用語を使いがちだが、注意を要する。

　例；めくら→目の悪い。びっこ→足の悪い。つんぼ→耳の聞こえない。耳が不自由など。

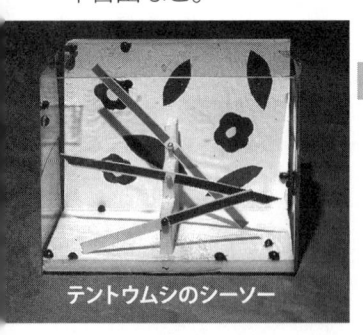

テントウムシのシーソー

3. ある来園者の生命観

　子どもたちに、バッタやテントウムシにふれるように勧め、体の解説をしたり質問に答えたりしていると、コガネムシのいろいろな能力、害虫としての性質、きれいな緑の翅の理由についてなど、質問をして来る親も多く、「昆虫は、どれくらい飛べるのか？」と聞かれることがあった。

　生理学者の茅野春雄博士(北海道大学名誉教授)によれば、飛翔する昆虫は

＊茅野春雄博士／もと昆虫少年として、チョウが韃靼海峡を渡る、バッタが大量発生すると新しい土地を求めて長距離飛行をするという不思議の秘密を解いた。

体内の脂肪体を、リポホリンという蛋白質がエネルギーに変えて長時間の飛翔に耐えるという。

　子どもたちにも興味を持ってもらえるように、コガネムシやテントウムシの飛翔能力を検証するために、古くから知られているフライトミルという実験装置を作った。

コガネムシのフライトミル

　フライトミルは、回転する天秤の一端に虫と同じ重さの重りを下げ、反対側に昆虫を宙づりにすると虫は羽ばたきを始め、その勢いで回転軸が回る。虫が回転している時間を計ることにより、どれくらいの間飛んでいるか推定出来る。この実験は、毎年害をなすウンカが、海外から飛んでくる能力を検証する実験でも知られている。

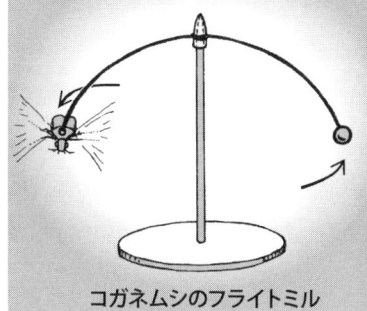

　子どもたちに、虫が飛び続ける時間を計ってもらい飛行距離を計算すると、小さな昆虫の飛翔能力が実際に理解出来るので驚いていた。

① コガネムシにのりを付けるひどい実験です

　ところが、この実験を見て、テントウムシやコガネムシがかわいそうだと言って、園長や都知事あてに投書する動物愛護者(団体?)があらわれた。

　さらに、「アリジゴクにエサをやってみよう」という実験・観察を勧めても「エサのアリがかわいそうだ」と、高校で生物を教えている教師と称する女性から抗議の電話があった。

　そして、「こういう子どもたちが人を傷つけるようになるのだ」というところまで話が飛んでしまう。心情だけで理科・科学教育を論じ、否定するこういう団体や人々の発言内容は、インターネットでも知ることが出来る。

　外国でも同様な感情が発展して、狂気のような行動をする人もいるという。ノーベル賞作家のマリオ・バルガス＝リョサ氏は「制度化が産む狂気」と題して、英国の動物愛護法の極端な例を論じている。

　その内容の概略は次のようだ。

　ある女性が病気になり、田舎で静養することになった。そこで、飼っていたネズミを友人に頼んで出かけたが、十分にエサが与えられていなかった。これを無名の通報者が王立虐待防止協会に訴えた。すると、すぐに調査員がやっ

> て来て、飼い主を訴え、130ポンドの罰金の判決となったことを知った。
> 　リョサ氏はまた、公園でネズミを見つけ、役所に駆除を願いに行ったところ、駆除課はなくなっていて、訴える自分の方がおかしいのではと思い「洗練の極みの野蛮」と結論づけている(読売新聞1994・1/24)。

　動物愛護法に昆虫類が入っていなかったのは幸いだ。
　昆虫採集*や実験観察は多くの学者や文化人の子ども時代の思い出に書かれていて、皆さんもきっとこの団体の論に反論されるだろう。
　本当は、虫をいじめて後味の悪い経験をしたことのない子どもの方が、人を傷つけやすいのではなかろうかと思う。
　このような意見について、昆虫園に異動して来た獣医が言った「動物園界ではヘビにマウスを与えるのはかわいそうだから止めろと言われ、ツルに金魚を与えるのもかわいそうだと言われて来た。ついに昆虫までかわいそうが来たのか」と。そして「哺乳類から魚類、昆虫類を経て、これからは細菌までも行くのかなあ」と笑いあった。
　害虫の性質を知らずして、作物の栽培は出来るのだろうか。この団体の人々はコガネムシをはじめ、害虫の被害にあった農作物を見たことはないのだろうか。農家の人は、どのように害虫と戦っているのかご存じだろうか。
　学校での動物の解剖実験をも反対するこの団体は、いったい何を食べて、どんな医療を誰から受けているのだろうか。解剖実習もしない医師に見てもらうことが出来るだろうか。代替え実験では、実際に患者に接した時に、あまりにも実物との相異に戸惑うであろう。
　動物は私たち人間の食べ物であり、欠くことは出来ない。屠殺はだれかの手によってなされているわけだし、台所はいわば生物を殺す場でもある。
　また、実験を目の前から遠ざけても第三者が実験しているわけだし、ある生物の存在は他の生物の犠牲の上に成り立つのだ。
　偽善も甚だしいと言わざるを得ない。「君子は庖厨(ほうちゅう)を遠ざく」の箴言(しんげん)に似て、私の最も嫌いな精神である。

②動物と人間の関係学会

　昆虫の実験は、内容が分からない者にとっては単なるいじめにしか見えな

---

*昆虫採集／子どもの好奇心は、無垢な好奇心でもある。幼少期に昆虫採集をし、虫を殺した後ろめたさを経験した子どもたちは、大人になってから類似行為をすることに、興味や好奇心を抱かず、抱いたとしても制御出来るともいわれている。

いかもしれない。そこで、彼らの言動はご都合主義となる。「動物と人間の関係学会」の幹事である飼育課長の石田おさむ氏は、病気や害虫が大発生した時は、こういう非難は止んでしまうと言われた。

鳥のインフルエンザ、牛の口蹄疫などの病気が発生し、何万頭もの鶏や牛が殺された時なども、実験反対論は沈黙してしまった。やはり、彼らの身は安全な地にあっての言動なのだ。

実際に自然の中で起きている現象を、正確に認識することを指導するのは、科学教育の基本である。

生態系が維持されていく上で重要な要素である食物連鎖などの、自然界を律する原理や知識に、目をそむけることなく児童生徒、学生に理解させることは大切である。もちろん実験は何であれ背徳性をはらんでいる。生命の大切さはいうまでもないが、指導者は昆虫のことを深く知っておくべきである。

石田氏は「命を大切にするという観念が肥大化している」のではないかと言う。文科省は「生命を理解させるための科学的感覚と生命を大切にするという相入れない事実」をどのように身につけさせていこうというのであろうか。

人は生きていると、どうしても他の命をいただくという場面に出会う。石田氏は別の会議で「そういう人の哲学と対峙してもしかたがない」と言っている。

日本人はそういう複雑な相矛盾した心情を納得させるためであろうか、「動物碑」を建てるところが多いようだ。これは動物園でも同じである。

大きい動物ばかりでなく、小さな昆虫を研究している国の機関でも、「虫塚」を建てていることは興味深い。このようなことは、外国では見られないそうだ。

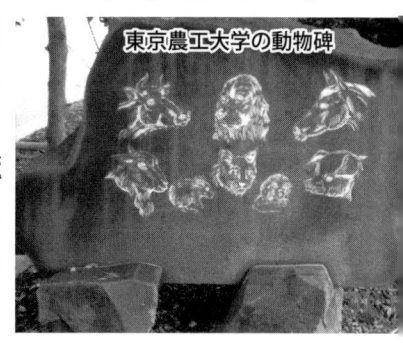

東京農工大学の動物碑

③ 環境帝国主義

生命観あるいは動物観の違いは、国際間では大きな問題にもなる。

国際園長会議に出席された安部義孝園長は、園長連盟の会長が「類人猿ボノボの保全活動のありかたに関し現地の人の生活がサステイナブル(持続可能)であることが重要である」と述べたと言い、暗に近代化へ発展する力がな

いことをよしとする、環境帝国主義の臭いがしたそうだ(上野動物園振興会文芸誌『がちょう』1998/46より)。
　また似たようなことが捕鯨問題論で、捕鯨反対者たちが非捕鯨国や環境団体をかり出し、反対意見を求める方法も帝国主義的であると述べている。
　このような問題は非常に多く、人種差別や宗教差別にも結び付きやすく、しばしば国際的な大きな問題となり、極端な場合は戦争にまで発展してしまう可能性もある。

④ 虫の好き嫌い

　昆虫園で子どもたちに接していると、虫の好き嫌いがよく分かる。
　親が虫好きであれば、子も好きのようだ。このことについて、昆虫園の研究会で、調査した例が報告された。日高俊一郎「虫嫌いの子どもの親は虫嫌いか?」(P. 254)
　この論文を要約すると「まだ十分な検証はしていないが、虫嫌いになる大きな要因は、人の生活圏に侵入する力、ゴキブリ、ハエなどの虫が嫌いであることから、虫に対して嫌悪的な体験や文化を経験をしていること。反対に虫好きは、ホタルやカブトムシ、鳴く虫などのように、愛好的な体験や文化を経験していることであろう」という。
　ゴキブリの展示コーナーでは嫌悪的言葉が発せられ、逆にチョウの温室では「天国のよう」と語られる。しかし、一般に好まれるチョウでも、最近は怖がる子どもが多いのが、私には気になっている。生態園で飛ぶチョウを怪獣でも見るかのごとく怖がるのだ。いかに自然や虫と接する機会が少なくなっていることか・・・と思う。

⑤ 差別用語など

　無意識に使っている用語などにも気を付けたい事例がある。私は短大の授業で幼児や子どもたちに教える場面で気が付いたことが多い。しばしば失敗するのは、差別用語や心ない言葉を使ってしまうことだ。
　言葉の本質を知らないで使うことの方が罪深いかもしれない。
　それぞれの人が持つ事情に踏み込まない、お互いに前向きでいられる言葉を使いたいと思う。

XIV. 昆虫教室・昆虫相談

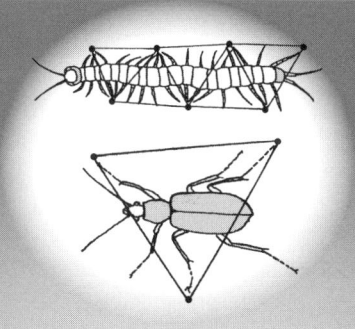

XIV. 昆虫教室・昆虫相談

1. 昆虫相談の内容

　昆虫園に来る相談内容は、いわゆる「ムシ」と呼ばれるグループなら何でもある。電話相談も含めると、月に100件以上はある。
　これまで気になった質問をあげてみよう。

コウガイビル

　梅雨期になると決まって相談されるのがコウガイビルと呼ばれる虫であった。ヒルとはいっても実はプラナリアの仲間だ。
　前方が昔の女性の髪飾りの笄(こうがい)*に似ているからこの名がある。

問；庭にヒルのようだが頭がカマのような長い気持ちが悪いものがいるんですが、なんでしょうか？
答；どんな色ですか？
問；黄色くって、背中に黒いすじがあるんです。
答；おそらくミスジコウガイビルでしょう。今頃、雨が降った後、よく見られるんですよ。何も危険はありませんから、放置してもかまいません。

また、別の子どもからは
問；飼ってみたいのですが、何を食べますか？
答；ミミズを与えてみてください。その時、どうやって食べるか、口の位置を確かめてみませんか？

　コウガイビルは、ミミズを見つけると馬乗りになってとりつき、体の中ほどにある口で吸っていくのが観察される。あのベトベトの粘液でミミズの体をしっかりと捕まえることが出来るのだ。

ハチの巣を駆除してください

　昆虫園ではハチの巣駆除の相談も多かった。
ある時、「ミツバチが分封(巣別れ)**しているので、収めて欲しい」と警察から電話があった。パトカーで迎えに行くからとのことだ。
　そこでパトカーに、空のミツバチの巣箱を積ませてもらい、収めに行った。この時初めてパトカーというものに乗ったが、ふつうの乗用車だった。

---

*笄(こうがい)／日本髪のまげの根元を固定する道具。髪飾り的な装飾性のある形のものもある。
**分封／巣別れのこと。新たな女王蜂が誕生した巣で起きる。その巣にいた女王バチが、新しい女王蜂に巣を譲るために、働きバチを引き連れて新しい巣を探して巣から飛び立つこと。

団地の砂場の上の藤棚に「群れの塊*」があって、蜜の入った巣板を持って巣箱に誘導し、ハチの群れを収めて園に戻ることが出来た。門の所では管理人が、パトカーから巣箱を持って出てきた私を見てびっくりしたようだ。

またある時、一般の方から「スズメバチの巣の退治をして欲しい」と電話があった。様子を見ようと防具も用意せず、殺虫剤のスプレー缶1本と捕虫網を持って、タクシーで出かけた。その家の軒下には、直径が30cmほどのコガタスズメバチの巣があり、盛んにハチが出入りしていた。

私は早速、家人を遠ざけて作業を始めた。巣にスプレーすると、ハチが落ちて苦しむ。これを見ていた家人が「かわいそう」と言った。なんと身勝手な！

巣を捕虫網で覆って元からはぎ取り、仕事は30分で終わった。

2. クイズ問題作製委員会

当時視聴率が高い人気番組であった、NHKの鈴木健二アナウンサーのクイズ番組「クイズ面白ゼミナール」の問題作成委員会に時々呼ばれた。

この会には生物全般については中山周平先生、動物では野毛山動物園の堀浩先生、植物では科学博物館の中池敏之先生たちが出題されていた。私は昆虫以外の分野の知識が得られ、大いに勉強になった。いくつかの例は、後に本として出版されている。『NHKクイズ面白ゼミナール』講談社(1983)。

3.「全国こども電話相談室」の回答者

東京放送(TBS)系列のラジオ番組で、夕方流れる「♪ダイヤル・ダイヤル・・・」というリズミカルな歌を覚えておられる方も多いであろう。

動物園の先輩の遠藤悟朗普及係長から、「回答者として出てくれないか」と請われた。

都総務局から許可をもらい、ほぼ週に1回、20年近く出演させてもらった。

この番組は毎回3人の専門家がスタジオに集まり、電話で子どもの質問を受けて、その場で回答するというものである。

---

*群れの塊／ある日突然庭先や軒下などにハチの塊が出来る。木にぶら下がる程大きな塊になることもあって驚かされる。

先生の中には、無着成恭氏や、永六輔氏といった方々もおられて、一緒に仕事が出来ることは光栄に思い引き受けた。お陰で子どもたちには、どのように答えたらよいかを学ぶことが出来た。

子どもに答えるには

　番組の荻作子ディレクターからは、回答に際しいろいろと注意を受けた。
「子どもに対しては、自分のことを先生と呼ばないで」
「質問に答えた後に、分かった？と、聞かないこと。子どもは分からなくてもハイ！と、答えてしまうから」
「答えは結論を先に、3分以内で。子どもの集中力はそんなに長くはありませんよ」
「自分の専門以外のことを振られても、しっかり答えてね。そうでないと、子どもは軽くあしらわれたと思うから」
「小さな子どもには科学ばかりではなく、夢も大切よ」
　このような注意は、その後も子どもたちへの対応に大変役立っている。
　無着先生からも面白いことをうかがった。
　子どもの質問は、「健康になりたい」、「頭がよくなりたい」、「友達と仲よくしたい」の三つの分野に分けられるよと言われた。なるほど、先生流の面白い見方だ。また、こんな面白い杉浦先生の話も話された。
　魚がご専門の先生が、二人連れが多いことで有名な「井の頭の水生物館」におられた頃のこと。ここのカエルはなんて鳴くかというと、「えーこかえ？・えーこかえ？」、「ござらばござれ！・ござらばござれ！」と。皆大笑い。

お布施は多めに

　ある時、番組前の雑談でお坊さんに包むお布施の金額の話題になり、私はどのくらいがよいのか永六輔先生に訊ねた。
　お答えは「お布施は多めに」だった。笑い。
　また、人生訓も教わった。「30歳までは自分のため、50歳からは人のため」だそうだ。そういえば、福沢諭吉も似たようなことを「学問のすすめ」に書いていたなあと思い出した。「働いて財産を残すだけならアリと同じだ。人間なら人のため、世のために何かをしなければ」と。ただへ理屈をこねると、動物にも

利他行動をするものがいるけれどね。

生命現象のなぜの答えに四つの方法

　生命現象のなぜへの回答は難しい。動物行動学者のニコラース・ティンバーゲン*は4つの方法があるという。引用してみよう。
　質問に答えるには

| ①仕組み(機構)で答える。 | ③発達過程(行動の獲得法)で答える。 |
| ②生きるため(適応度)で答える。 | ④進化、系統(歴史)で答える。 |

　たとえば、「赤信号で車を止めるのはなぜか?」という問いには・・・
　①の機構で説明すれば、赤い光が目に入り筋肉に命令が伝えられ、ブレーキを踏むから。②の適応度によれば、車を止めないと事故を起こし、命を失う可能性があるから。③の行動の獲得法によれば、赤信号の時は、止まるよう学校で教えられたから。④の歴史によれば、国家が車を止める合図として赤信号を採用したから。
　このように、「なぜ」の質問にはまるっきり異なる回答があり得る。子どもの聞きたい答えには、子どもが欲しい答えの背景を確かめる必要がある。
　たとえば、「ホタルはなぜ光るの」との質問に、発光機構を説明してしまいがちだが、本当は発光にどういう役目があるのかを知りたいのかも知れない。または、「なぜの質問に答えるには上記のような内容が含まれるんだよ」ということを教えることもよいだろう。どうしても言葉のやりとりが必要である。

4．難問・珍問のいくつか

　次に実際に寄せられて、答えに苦労した難問・珍問を紹介しよう。
　この中には放送中の質問ではなく、放送時間外回答の問いもある。

ヘビやミミズはどうして長いの

　ドキッとする質問だ。こういう質問は動物学の原点に戻って答えるだけだ。
　「ヘビやミミズは動物でしょ。動物ってじっとしていたら食べることが出来ないでしょ。動かなくちゃいけないの。動くためには、水の中ではヒレや、陸では脚がいるでしょ。脚やヒレのないものは体をくねらせて動くの。このためには長いほうがいいのよ。体は節の積み重ねのようになっていて、伸ばしたり、

＊ニコラース・ティンバーゲン／オランダ人の動物行動学者で、鳥類学者。1973年、他の2人の動物行動学者と共にノーベル賞を受賞。

縮めたりして動くの。分かった？」あれっ？「分かった？」ってつい言っちゃった！

おっぱいはなぜ2つあるの

　私には難しい。動物の体制で答えてしまう。
　「私たちの体は左右対称になってるでしょ。私たちは動物だから、エサをとらなきゃいけないの。そのためにはこの地球上で動かなきゃいけないでしょ。ある目標に向かって進むには体が左右対称でないとグルグル回ってしまうの。足もそうでしょ。感覚器官も左右対称じゃないとまずいの。だからおっぱいも左右対称にあるのよ。動物によっては4つや6つもあるのがいるよ」これはよい答えでしょうか？　深く考えると、とめどもなく膨らんでしまう・・・。

昆虫の脚はなぜ6本なの

　この質問はしょっちゅうある。でも言葉だけで説明するのは難しいなあ。
　「絵で説明すると分かりやすいんだけど・・・。昆虫はもともとミミズやムカデみたいに、体の節が積み重なった体で、それぞれの節に1対の脚を持っていたのよ。それがね、体の使い分けが上手になって来たの。
　どういうことかというと、ムカデの体は内臓と脚を動かす筋肉が同じ節の中にあって、競争することになるでしょ。そこで、脚の部分と内臓を分けた体になったのが昆虫なのよ。脚を胸に、内臓は腹の部分に決めて、腹からは脚がなくなったの。
　ではなぜ6本脚かということね。昆虫のもとはミミズみたいな動物だったんだそうだ。ミミズは節のつながりのような体をしているね。こんな体では動きにくいから節ごとに脚が生え、その脚がしっかりして来たのがムカデなんだ。ムカデの歩き方を見ていて、地面に付いている脚を線で結んでみると、三角形の連続になるの。
　こんな歩き方だったら、最小6本あると済むでしょ。効率的だよね。分かる？ちょっと絵に描いてみて・・・」
　昆虫はこんな歩き方で進化してきた動

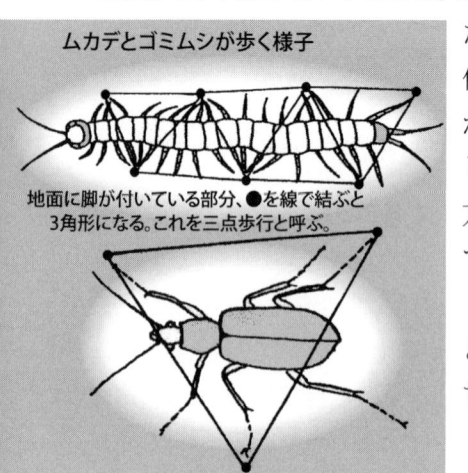

ムカデとゴミムシが歩く様子

地面に脚が付いている部分、●を線で結ぶと3角形になる。これを三点歩行と呼ぶ。

物のようだ・・・。説明が長すぎる。なんとももどかしい。子どもは混乱するだけだよなあ。私が描けば左ページ下の絵になるけれど、ラジオで聞いた子どもたちは、こんな風に描けたのだろうか？

お父さんにもおっぱいがあるのはなぜですか

これはまた冷や汗もの・・・

「おっぱいの出るところは、もとは汗みたいなものを出す分泌腺だったんだって。これが大きくなったのがおっぱいなのよ」あーぁ！これでよいのかなぁ？

人はサルから進化したというけれど動物園のサルはいつ人になりますか

これは幸い、私には当たらなかった質問。局の荻ディレクターから聞いた。私が答えるなら、進化は樹の枝状に進み、枝から枝には進まない*ことでも説明しようと思った。

ヘビはどこからしっぽですか

これもよくある質問。

「肛門から後ろです。腹を見ると、鱗の並び方が違うので、区別出来ますよ！」

昆虫も慣れますか

昆虫と長く接してきて、「昆虫が犬や猫のように慣れてくれたらどんなに面倒がないことだろう」と、いつも思っている。

「昆虫もある程度は慣れます。ミツバチやカリバチのように学習能力が見られ、巣や花の場所を覚えていることはあります。しかし、多くの昆虫は、ある刺激に対して、ある反応しか出来ないのです」

昆虫の中でも頭部神経球の茸状体という部分が発達している昆虫はよく、学習出来るようだ。後輩の大谷君はこういう虫を利口虫と言っていたなあ。

やはり、昆虫に慣れてもらうより、私たちが昆虫のことをよく知って、慣れるしかないだろう。

回答者になって、ほどなく落ち着いてきた。これは「分かりません。調べておきます」と、言えるようになったからだ。ついその場で答えようとしてしまいがちだが、「答え」を知らない時は「答え方」に気を付ければよいのだ。専門家や資料の調べ方を話すこともよい。

---

*進化は樹の枝状に進み、枝から枝には進まない／枝とは、生物が進化する道筋を樹の枝が分かれるように描き表す系統樹の枝のことを指す。例えばノミとカブトムシは、昆虫の系統樹の初期に枝分かれをしている。つまり、ノミはカブトムシに進化しない。

5. 心に残る名答

　この名答は、残念ながら私はその場にいなくて、他の方から聞いた話であるが、もはや伝説となっている。

「流れ星を見た時、願いごとを3回唱えるとかなう」というのは本当ですか

　という質問に、ある天文学者は「いつもそのことを思っているからだよ」という内容の回答だったようだ。瞬時にしか見られない流れ星を見た時、3回も願いを唱えるのは無理であろう。常に思いを秘めていれば何事も成し遂げられるということだろう。

全部の質問に答えてから帰る

　子どもの質問電話は毎回70本近い数になった。放送で時間内に答えられる数は多くて8問くらいであった。そこで放送後に、放送時間外専門の3人の先生も加えて、すべての質問に答えて帰る。その場で分からなかった答えは宿題にして、次回に答える。帰りの電車の中はいつも反省しきりであった。

　新しい方式に変わって次の方式に変わるまで出演した。無着先生は、「この方式はすぐにNHKの番組になるよ」と言っておられたそうだが、やはりそうなった。

6. NHK夏休み子ども科学電話相談

藤井彩子アナウンサーと

　夏休みにだけ放送している。

　NHKに寄せられる質問数は多すぎて、すべてに応じきれない。東京放送の番組に似ているが、内容は主に科学である。

　回答者は4名。ここは東京放送の場合と比べて、やや落ち着ける。それはあらかじめ質問内容が選ばれているからだ。いきなり当てられることもなく、考える時間がある。

　しかし、子どもに直接聞かないと、詳しい内容は分からないから、やはりヒヤヒヤする。分からない時は宿題にすることは、変わらない。ただ、寄せられる質問は毎回数百本になるそうだ。放送時間外回答をしないから、子どもにとっては、全問を答えてもらえないのが残念である。しかし、いくつかの質問への回答はインターネットで聞けるし、本としても出版されている。

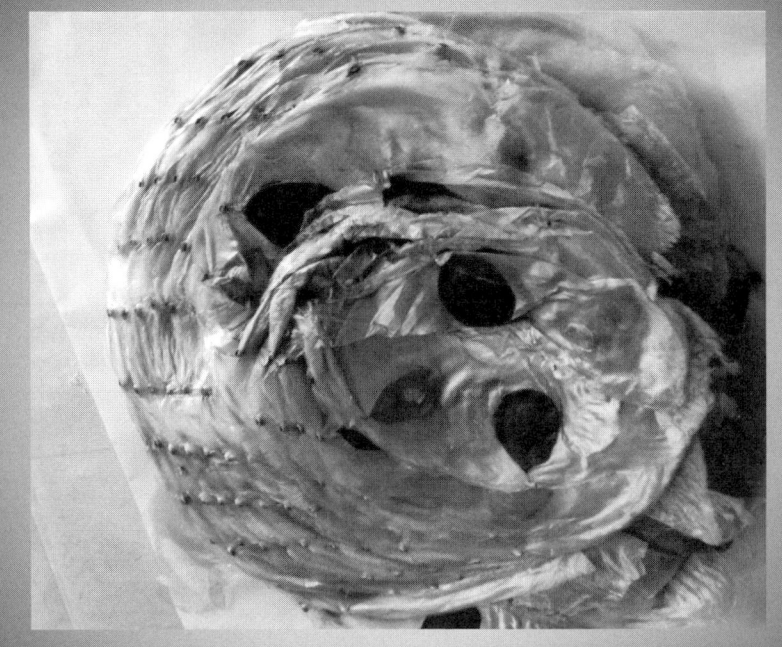

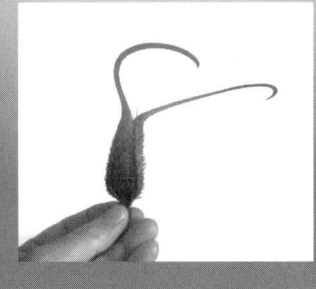

XV.

生き物を楽しむ

XV. 生き物を楽しむ

1. 生き物の同好会

　日本には多くの生き物に関する同好会がある。私もいくつかの会に入っていて、会員からお話を聞くのが楽しみであった。いくつかを紹介しよう。

① セミの会

　埼玉大学の林正美教授や橋本洽二さんらが幹事となって、頑張っておられる「日本セミの会」に入れてもらって久しい。しかし、私は会誌「セミの会会報」には1編の論文も書いていない幽霊会員である。

　たまに開かれる会合では、会員の1人1話や、回覧される標本や資料が大変興味深い。博士論文の発表もある。そのような交流が楽しくて、なるべく会のある日は参加して来た。セミの幼虫時代の長い地中生活は、佐藤隼夫(1930)の論文が有名だが、近年は村山壮吾さんら多くの会員の努力でだんだん明らかになってきた。幼虫の期間は寄生する植物によっても異なるようだ。ふつうに見られるアブラゼミでも1〜5年の幼虫期間の差があり、成虫の寿命も、今までいわれてきた1週間の短さという伝説が間違いで、意外に長く、1カ月も生きるものもあることも教えられた。

発掘されたセミのおもちゃ

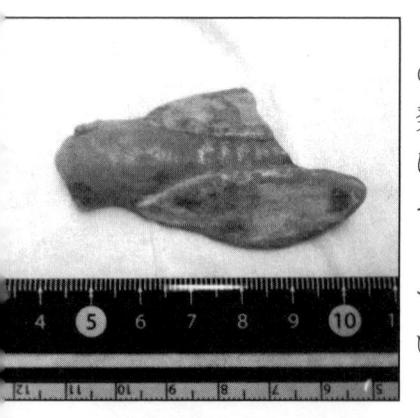

　府中市郷土の森博物館において「江戸時代の多摩を掘る」と題し、土師器(はじき)＊などの発掘物の展示をしていた。幕末から明治にかけての時代のものと見られるとのことである。その中にただ1点、セミのおもちゃがあった。

　右翅の約半分から先が欠けた状態のもので、手に乗るほどの大きさだった。係員にお願いして、計測して写真を撮らせていただいた。

　重さは13gあった。全長は約6cmで、目は黒く、翅は釉薬で着色し文様が施されている。このことから、おそらくアブラゼミを想定しているのだろう。腹面はほぼ平らで脚などは表現されていない。

＊土師器／9世紀中頃までは、800〜900℃の低温で日常食器、祭祀具・副葬品を焼成していた。手づくね土器と呼ばれるように、ロクロを使う前の日本在来の土器の製法。祭祀遺跡・古墳からも出土する。手軽な工法で、焼成も大がかりではないので、手作りのおもちゃや日常品作りに使われ、後には釉薬も掛けるようになり、楽焼きなどへも繋がっていく。

府中市教育委員会発行の『武蔵国府関連遺跡調査報告所17』(1996)によると、土製品一覧表には鳥、犬または狐、人形などが載せられているが、セミなどの昆虫はこの1点のみであったそうだ。セミはよい遊び相手であったのだろう。

②ハナアブ研究会

『ハナアブ』という会誌を発行しているが、ハナアブの他、ハエなどの双翅類も含まれる。会員らの努力でハナアブだけの図鑑も出されている。主に関西を中心に会合が開かれているので、出席しにくいが、関東で開かれた時、参加してみた。アブに関する人々の熱心な討論が面白かった。

③その他の学会・研究会

この他、日本にはアリ類研究会、カブトガニ研究会、クモ学会、昆虫学会、動物学会、応用動物昆虫学会、鱗翅学会、甲虫学会、ガ類学会、土壌動物学会、貝類学会、ハス研究会、植物学会など多くの研究会や同好会があるが、年会費も多くなりすべてに入るわけにはいかない。地方の生き物同好会もいろいろあるから、好きな人は参加されるとよかろう。

④機関誌『昆虫園研究』

近年、あちこちに昆虫展示施設が出来、その資源を沖縄に頼る所も多くなってきた。沖縄地方では観光開発も盛んになる一方、チョウを町おこしの象徴として採集禁止にする地域も増えてきた。そこで、全国の昆虫展示施設では自力で昆虫を累代飼育して展示する努力が求められてきている。確かに最近、沖縄は、私が最初に訪れた1960年代より、見かけるチョウの数は、はるかに少なくなってきたように思える。

当時の齊藤勝飼育課長(後の園長)は、南の島々に負担をかけない方法や飼育技術の向上について考えておられた。国内の昆虫展示施設が集まって研究会議の場を設けることを発案され、各園館に声をかけられた。

その結果、1990(平成2)年7月にその第1回の会議が多摩動物公園で開催され、15施設35名が集まった。会の名は「全国昆虫施設連絡協議会」と決まり、毎年開催されるようになった。『協議会ニュース』も発行され(1994年第1号)、施設間で展示昆虫の交換が行われるようになったことなども掲載された。

＊累代飼育／昆虫展示の場合、最初は野生のものを飼養して展示するわけだが、野生地での個体減少、あるいは希少生物再生のために人工繁殖をさせ、累代飼育する必要が発生する。代を重ねて飼養しやすい生き物もあるが、その生き物だけを増やそうとしても増えない可能性もある。生物の保全には、環境の保全を含めた大きな観点が必要である。

しかし、当時の会議録は数頁のプリントのみで、せっかくの研究成果を載せる機関誌はなかった。顧問の矢島氏*はこれを残念に思い、基金を寄付された。

私に論文の編集と雑誌の制作を任されたので、誌名は『昆虫園研究』とした。その第1巻を2000年の9月に発行し、私は定年で退くまでの4巻分、編集を手伝わせていただいた。その後も毎年発行されている。内容は各昆虫園の抱える問題やその解決法で、この分野に興味を持つ人には参考になろう。事務局は各園で持ち回りとなっている。

研究発表のなかには毎回興味深い研究報告がある。一つ紹介しよう。

日高俊一郎(2006)「虫嫌いの子どもの親は虫嫌いか？—子どもの虫嫌いに与える親の影響—」という報告の結論を引用させていただこう。

①母親に虫嫌いの割合が高い。
②父親に虫好きの割合が高い。
③虫嫌いの子どもの父親や母親は虫嫌い。
④虫好きの子どもの父親や母親は虫好きの割合が高い。
⑤虫嫌いと虫好きでイメージする虫の種類が異なる。
⑥低年齢では虫好きであるが年齢が高くなると虫嫌いの割合が多くなる。

さて、これは後進の参考になるであろうか？

2. リスを飼う街の不動産屋さん

私の住む府中市にはリスを飼う不動産屋さんがあった。通りに面して、飼育ケースを中心に店の周囲に網の筒の通路を張り巡らし、通りすがりの人々、特に子どもたちの目を楽しませ、バス待ちの人もよく見ていた(写真は1993年当時)。

社長の久保木さんの話

「ステンレスの巣は業者に作ってもらった。難しい筒の角の細工は塩ビ管を利用した。エサは

---

*矢島氏／矢島稔。豊島園昆虫館を創設し、上野動物園水族館館長、多摩動物公園園長、財団法人東京動物園協会理事長などを歴任。1999年から群馬県立ぐんま昆虫の森園長に就任。2013年4月、ぐんま昆虫の森名誉園長となる。

ヒマワリの種や野菜クズ、残飯をやっている。巣材は新聞紙やワラクズで、畳屋さんからもらった。

リスは40〜50匹いて、雄1対雌2の割合にしている。時々けんかをする。TVも取材に来た。誰かに網を切られて、リスが逃げたこともあった。ワラビーカンガルーなども飼った」などなど。店舗の前の飼育ケースには、リス以外にウサギがいたり、小鳥がいたりする。屋上には、池や砂場などの遊び場があって、屋上への途中にはリスの巣箱が並んでいた。

現在は、社長のご病気のためウサギのみを飼っておられるそうだ。

3. 沖縄でチョウの話

チョウの産地でチョウの話をすることになった。今までも多くの学校や幼稚園で昆虫の話をしてきたが、沖縄の植物園に呼ばれ、再び沖縄を訪れられて嬉しかった。

チョウの翅の多様な色彩や形態、その意味などについて話した。園のふれあいコーナーで毎日行っているチョウモデル、チョウ飛行機、チョウの言葉も紹介した。興味を持たれたのは、やはりオオゴマダラの誘引実験であった。

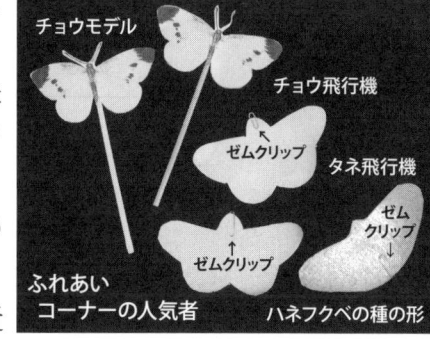

講演後、園内の展示物を見せてもらい、近くを案内していただいた。各種の植物の種の標本はとても興味深いものであった。ライオンゴロシ*の種も展示してあり、しっかりと見ることが出来た。この地方独特の種は興味深い。海岸でよく見かけるツキイゲ、ハスノハギリなどは懐かしかった。浜辺ではゴバンノアシ、ハリセンボンなどの漂流物を拾った。

4. 昆虫観察会の思い出など

昆虫愛好会の主催する野外観察会では、さまざまな外部講師と知り合いに

---

*ライオンゴロシ／英名デビルズ・クロー（悪魔のかぎ爪）。アフリカに育つゴマ科の植物。全方向に船の錨のような形のトゲを持つ。大きな塊根が痛み止めや下熱、消化促進などの民間薬として用いられる。

なった。古い思い出だが、いくつかの印象に残った話を記しておこう。

① クモの思い出

　クモは昆虫ではないが一般的には「ムシ」と呼ばれる生き物である。

　私の子ども時代の思い出は、庭の木の根元にあった細長い筒状のジグモの巣を引き抜いたこと。オニグモの巣をハリガネの輪に巻き付けて「セミ取り網」として使ったこと。山でスズミグモの奇妙なドーム形の巣を見たこと。家の中に出て来た大きなアシダカグモにびっくりしたこと。葉の上に止まっていた白いトリノフンダマシなどは印象深く覚えている。

　昆虫愛好会ではクモの観察会もあった。解説は国立音大の萱嶋泉先生であった。クサグモと遊ぶ方法、ジョロウグモの名はジョウロウグモがよく、それは宮中の女官の上臈(じょうろう)＊に因むことなどを教わり、先生にひかれてクモ学会の会員になってしまった。また、先生のお宅に招かれたこともあった。先生はとても温厚な方で、標本や古い書物を見せてくださり、ミズグモの論文の別刷りをいただいたり、他のクモの巣に棲むイソウロウグモや植物の実にそっくりなサツマノミダマシなどの話をうかがった。

　さらには、当時昆虫園で展示していたタランチュラ（トリトリグモ）のラベルの名をオオツチグモとするのがよいと教えていただき、さっそく訂正した。

　ミズグモは面白そうで、昆虫園でも一時飼育したことがあったようだが、長続きしなかった。ところが近年、井の頭水生物館でも見られるようになった。

② 鳴く虫を聞く会

　松浦一郎さんは東京音響株式会社を設立された方である。昆虫学で有名な三重大学の大町文衛教授に師事され、鳴く虫の著作も多い。昆虫愛好会が行った何回かの「鳴く虫を聞く会」では講師をされ、お話をうかがうことが出来た。

　先生は「鳴く虫を探して音を聞く時は、手の平を耳の後ろにあてて聞くんだ。水兵の制服の幅広い襟を耳あてとして使うのと同じだ」と言っておられたのが印象深かった。「鳴く虫を聞く会」でお会いして以来、文通し、多くの著作をいただいた。後年先生が亡くなられ、先生の録音された虫の鳴声テープが欲しくご連絡したところ、息子さんから譲っていただけた。

　そのテープを聞くたびに当時のことが思い出された。

＊上臈／年功を積んだ、官位の高い人・高僧の意もある。宮中の高級女官を指す他、江戸時代の大奥の女中の役職名でもある。

園に就職したころはまだアオマツムシ*のリーリーという声は少なく、珍しく思っていた。ところが、年々その声は増え、そして最近ではうるさく聞こえるようなり、他の虫の声がかき消されるまでになってしまった。

私が丹後にいた頃は全くその声は聞かれなかったが、街路樹にも棲めるため近年の東京では、都心の高層ビル街にまで響き渡っている。

③ セミの羽化の観察会

日比谷公園での観察会は、セミの会の幹事である橋本洽二さんたちに指導していただいた。セミは夕方から羽化が始まる。幼虫が地面から出て来て、付近の木に登り、羽化の開始から終わりまでを観察するのであるが、都心でも条件がよい所では危険なく十分観察出来る。日比谷公園、代々木公園、上野動物園などもよい場所である。橋本さんは、「最近、カラスが幼虫の穴を広げて幼虫を取り出して食べる」と話された。なるほど、土が掘り返された跡があちこちに見られた。また、ヒヨドリもセミを好むようだ。

セミについての最近の話題は、夜中でも鳴き声が聞かれることであり、よく質問を受ける。幾人かの専門の先生に聞いたところ、環境の気温が25℃以上の時に、街灯の光が刺激源となり鳴くのであろうとのことだった。沖縄の大城先生も同じご意見だった。これは多くの地域の方に確かめて欲しいと思う。

④ コウモリの観察会

夕方に出現するから、セミの観察会と一緒に行われることが多かった。

この会ではバットディテクターという器具を使った。これは超音波を出すコウモリの声を人の耳にも聞こえるように波長域を下げる器具である。これをコウモリの飛翔している方向に向けると、ザザザーッという音として聞こえる。特に虫を捕える時は激しい音がした。この器具を鳴く虫に向けると、あの美しい音色がただの雑音のように聞こえ、人の声も変わって聞こえる。いろいろな電気製品も音を発していることが分かる。

⑤「所さんの目がテン！」に撮影協力

この番組から、アメンボをテーマにして「オオアメンボが飛翔する様子を撮影したい」と、撮影協力の依頼があった。

---

*アオマツムシ／本州、四国、九州に分布。初記録地は東京都の赤坂榎木坂。1898年あるいは1908年ごろに中国大陸から日本に入り帰化した外来種との説があるが、判然とはしていない。

アメンボは、体の中で飛翔筋が発達していないと難しいかなと思っていた。私はアメンボを陸に上げること、地面の乾いた温かい所がよいと言ったが、なかなか飛んでくれなかった。そこで、スタッフが撮影用のライトを当てたら、何のことはなくすぐに飛んだ。ガガンボと同じように長い足を垂らして飛んでいた。かなり上の方まで、飛んで行ってしまった。

⑥ ケバエの幼虫

林床には落ち葉が腐ってたまっている所がある。そんな所にはおぞましいほどのケムシの群れが見つかる。これはケバエの幼虫で、林床の掃除屋である。翌年には羽化し、5月頃今度は成虫の群飛が見られることになる。多摩動物公園内にはメスアカケバエ、ヒメセアカケバエなどが多い。

⑦ クマバチのホバリング

フジの花が咲く5月頃、広場の上でクマバチが停止飛翔(ホバリング)をしているのをよく見かける。これはクマバチの雄が通りかかる雌を待っているのだ。こんな時、そばを他の虫や鳥などが通りかかると、追いかけて行って確かめる。試しに小石を放ってみると、追いかける様子が観察出来て面白い。

⑧ ハチ展示の協力

長野県上伊那郡中川村には、ハチの扱いが特異的に優れた研究家、富永朝和さんがおられる。常人には怖いスズメバチを自由に扱い、大きな巣や自由な形の巣を作らせている。村ではその巣を元にハチを村おこしのために使い、展示施設を作るとのことで、私に協力を求められた。

私はそれなら死蔵しているハチの標本を有意義に使っていただこうと、ハチというものはどんな昆虫かという展示企画を示し、それに伴う分類標本といくつかの代表的な巣を提供することにした。

さて、出来上がったので見に来て欲しいとのことで出かけて行った。望岳荘と称する保養施設の一部にハチ博物館は作られていた。そこには提供したハチの標本や巣の他に、

巨大なスズメバチの巣

富永さんの作らせた高さ2mもある巨大なスズメバチの巣や、いろいろな置物などに作らせたスズメバチの巣の標本が展示してあった。
　どのようにして巨大なハチの巣を作らせたのか、そして出来上がった巣があまりにも大きくなりすぎて入り口から入らず、屋根に穴を開けて運び込んだことなどがビデオで上映されていた。
　ハチの巣を巨大化させる方法を一言で言うと、複数の巣を合体させる、つまり複数の女王バチが一緒になるわけだが、異なる巣をそのまま合体しても、働きバチ同士がけんかをして巣作りが出来ない。そこで富永さんのとった方法は「匂いをふりかけて、他の群れを識別する能力をなくす」というものだった。その匂いの成分を残念ながら忘れてしまったが、ハチはその匂いをかけられると混乱して、他の巣のハチと一緒に巣作りをしてしまうそうだ。
　環境条件がよくないとよい巣は出来ないそうで、巣が大きくなると、蜜と肉などのエサを給餌する。エサの量はばかにならないとのことだった。
　後に長野オリンピックの時には聖火ランナー型の巣を作らせて話題になった。

5. 植物の面白い実や種

　今までも時折り書いて来たが、海外へ行くたびに、日本の植物相との違いに驚かされる。そして、その植物の花々や実や種子も非常に興味深い。
　南の国では街路樹になる実が面白い。太さ2cmで長さ40〜50cmくらいの細長い棒のような実がなるナンバンサイカチ(別名ゴールデンシャワー)、キワタ*、ヤシ、ホウオウボク(P. 144)などの色とりどりの実がぶら下がっている。ある時、幸運なことにヤシの実が落ちる音を聞くことが出来た。ガサゴソグシャーンと音がして振り返ると、なんと大きなヤシの実が2〜3個、舗装路に落ちて飛び散っていた。小学校で習った「遠き島より流れよるヤシの実」はこのようにして砂浜にでも落ちて故郷を出発するのかと思った。また、翼の付いた木の実を拾うのは楽しい。ソリザヤノキ**の仲間だが名前が分からない実があった。おそらくチョウのように舞いながら落ちて来たのだろうと思いながら拾った。

①ハネフクベ(アルソミトラ)

　P. 188、P. 193のチョウの飛行機のモデルとして登場したこの実を、ずっと

＊キワタ／熱帯アジア原産。種子に白い毛が生えていて、枕、布団の綿などとして使う。
＊＊ソリザヤノキ／楕円形の翼を持つ種子は、形や質感がハネフクベの種子とよく似ている。

欲しいと思っていた。それを前出の西山さんの店から買うことが出来た。すでに植物検疫を済ませてあるということだから気兼ねなく買える。

　西瓜のような大きな実であるが、熟すと先の方が三裂して、中から薄い全翼機型の種が滑空しながら落ちる。いや全翼機やグライダーの方がこの種子から真似られたものという。

　実の中を割れた所からのぞいてみると、種がぎっしりと詰まっていて、種子の前縁には付着部の黒い点が並んで見える。この点を数えると、一つの実の種子の総数が分かるだろう。

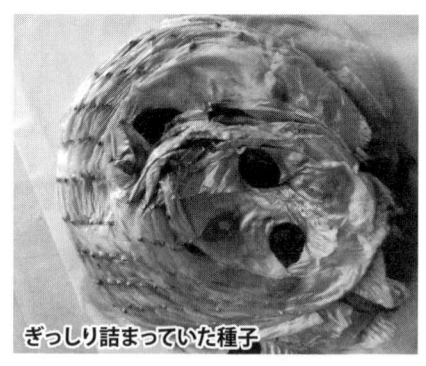

　得られたこの実の種子はすでにいくつかが離れていて、総数は数えられなかったが数百個はありそうだった。

　この種子の形を真似て、発泡スチロールを薄く切って作ったモデルを飛ばす実験をしてみたら、大変面白くて熱中し、重心の位置、羽の厚さなどを工夫してよく飛ぶものが出来た。

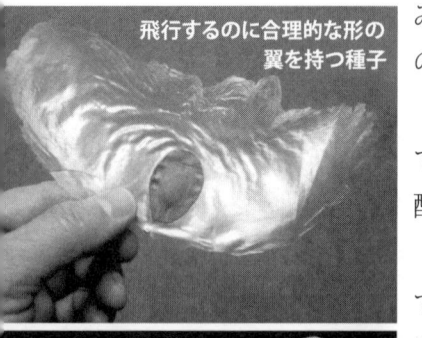

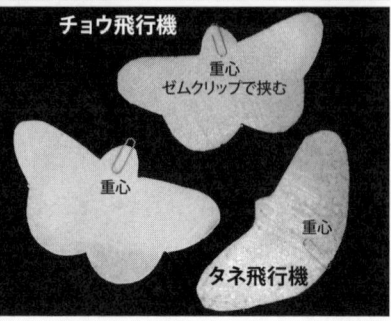

　園には発泡スチロールがたくさんあったので、これを利用して多数作っておき、来園者に配り、飛ばして遊んでもらった。

　後にこの形から発想を得て、チョウの形にして飛ばしたところ、姿よく滑空するので、以後はこれをチョウ飛行機と名付けて来園者に配った。

②ツノゴマ**

　北米南部原産のツノゴマの実には、釣り針のように曲がった大きな二本の角状突起があって、とても不思議な形をしている。

＊全翼機／一枚の主翼によって機体全体が構成され、胴体部や尾翼がない飛行機のこと。
＊＊ツノゴマ／英名Devil's　claw（悪魔の爪）。1年草小さい虫を捕まえる食虫植物。ツノゴマ科ツノゴマ属、ゴマ科に含まれていたが、別科とする分類体系もある。

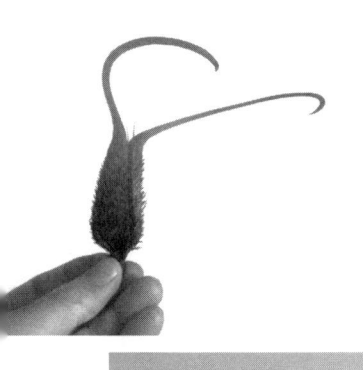

これはドライフラワーを扱っている生花店で手に入れることが出来た。牧野の大図鑑にも出ているから、ずいぶん古くから輸入されていたようだ。文献によると、この鈎状の突起がシカなどの足に引っ掛かると、歩き回るうちに、実の割れ目からあちこちに種を落とし、分布を広げるという。

③ ライオンゴロシ

　曲がった突起に覆われたライオンゴロシの実の話はすごい。ライオンが体にくっ付いた実をはがそうとしてかむと、トゲが口に引っ掛かり、離すことが出来ず、口も開けず、そのまま餓死してしまい、死んだそのライオンを肥料にして育つというまことしやかな話がある。

　この実は葛西の植物園や沖縄の植物園で展示されたが、ぜひとも欲しいものの一つだった。

　これは近年、長野のジャム製造メーカー小林商会が、東京神田の書店街で露天を出した時に購入した。ゴマ科の植物である。

大きな動物を倒せるのだろうか？

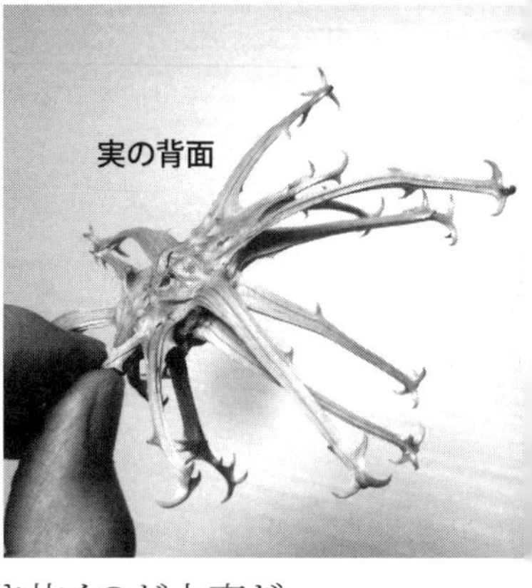

実の背面

④ ウンカリナ（シャンプーの木）

マダガスカル産、マメ科。
これも実の周囲に、逆向きのトゲを多数生やしている扱いにくい植物だ。

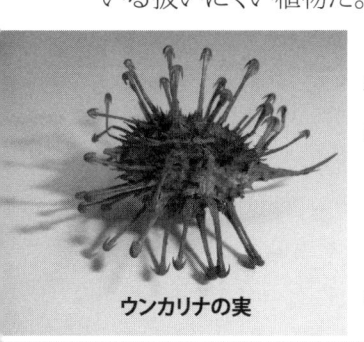

　うっかり持つとトゲが手に刺さりそうだ。釣り針のようなトゲが刺さると、引き抜くのが大変だ。

　府中の生花店でも苗木を売っていた。
　樹液はさわっていると泡が出てシャンプーとして使われるのだそうだ。

ウンカリナの実

⑤ オオミヤシ

まるで人の臀部のような形の、一抱えもある大きな実は世界一大きい種子である。この魅力的な実はぜひとも見てみたいと思っていた。

原産地のセイシェル諸島で保護管理され、持ち出せないものと思っていたが、最近小林商会が1個入手した。

見せてくれるというので、神田に行って写真を撮らせてもらった。

私の持つ側と、どちらが表かな？

不思議な形の実

⑥ ビーチ・コーミング

海岸に打ち上げられたゴミの中から宝物を探し出すような思いで、好きなものを拾うこと(ビーチ・コーミング)も楽しい。ヤシの実を見つけると、P. 250のように、唱歌を思い出す。沖縄や八重山諸島の海辺でモダマ、オオミフクラギ、ゴバンノアシ、ハリセンボンなどを見つけた時は狂喜した。流れ着いた種は、はたして芽が出るのかどうかは分からないが、発芽実験はしていない。

6. 目黒寄生虫館を訪ねる

ここは前から気になっていた所だ。目黒駅から徒歩15分。入館無料。パンフレットには「世界でただ一つの寄生虫博物館」とある。さまざまな寄生虫の標本、資料、解説パネルなどで分かりやすく展示してある。私には初めて見る標本ばかりのようで、懐かしいのは回虫*とハリガネムシくらいであった。おぞましいのはクジラの消化器官に寄生している虫の数の多さだ。

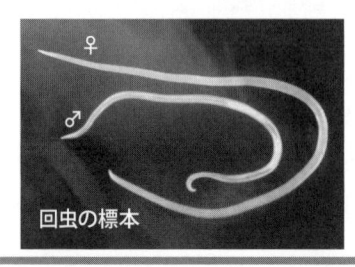

アニサキス、サナダムシなどの標本を見ると、刺身が食べられなくなりそうだ。特に私の参考になったのは、ホタルの幼虫のエサになる小さな巻貝、ミヤイリガイ(カタヤマガイ)の実物が見られたこと。日本住血吸虫の宿主でもある。

回虫の標本

*回虫／多くの哺乳類の内蔵へ寄生(主に小腸)する線虫。この標本はヒトカイチュウ。どこにでもいて、年齢や性別、住んでいる場所に関係なく感染することがあり、世界で約十億人が寄生されているとされる。

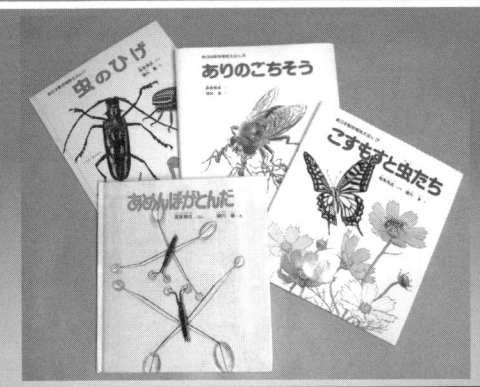

XVI.

絵本を作る

XVI. 絵本を作る

「身近な動植物が、一生懸命生きている様子を子どもたちに分かりやすく伝え、大人が読んでもホーッと感心していただけるような絵本を作ってみませんか」と、新日本出版社の佐藤恵吾さんから声をかけていただいた。その気になって私は身近にいるクロヤマアリを選び、ストーリーを考えてみたが、佐藤さんはなかなかOKを出してくれない。絵描きさんは写実的なしかし温かみのある絵を描いてこられた横内襄さんを紹介してくださり、一緒に考えていくことになった。

ありのごちそう

題名は『ありのごちそう』と佐藤さんが考えてくれた。

「このアリのひげの掃除器官は面白いですね」、「そのう(社会胃)のことも入れましょう」、「子どもの視点に立って、あらすじは山あり谷ありで、最後にはめでたし、めでたしで終わりましょう」こんな会話を交わしながら、作っていく。

「アリの体を顕微鏡で見るとどんなですか」、「アリの巣に水が入るってどんな様子ですか」、「風が吹いている様子を絵で表現するのは難しいですね」。絵描きさんからこんな質問を受けながら、私もあらためてアリを顕微鏡で見直したり、解剖図を描いたりして、絵描きさんに原図を渡して、だんだんと作られていく。本が出来上がるのはとりかかってから1年かかる。

佐藤さんは科学の本だから、しっかりとした内容でないとだめだと言って、文章もしばしば直され、なかなか通してくれないことも多かった。おかげで第2期目の『あめんぼがとんだ』の時は、よい評価を受けることが出来た。

あめんぼがとんだ

園で昆虫の展示を面白くしようとして考えた実験展示を、絵本にも生かそうとして作ったのが『あめんぼがとんだ』である。これは日頃の飼育展示から得たヒントをそのまま絵本にしたものだ。その他、同じ出版社からは『虫のひげ』、

『こすもすとむしたち』の2冊を出版していただいた。『あめんぼがとんだ』が子どものための科学読み物研究会の方の目にふれて、賞をいただくことになった。そこで、「授賞式の時、祝辞をどなたかに」と事務局の方に言われ、増井園長*にお願いしたところ、即時に承諾いただいた。

増井園長の業績は広く知られている。誠に残念なことに旅行中に亡くなられたとのこと。心から哀悼の意をあらわします。

故増井園長

ころちゃんはだんごむし

これらの本を作っている時に、童心社の池田編集長から紙芝居を作ろうとお誘いを受けた。

さて紙芝居なるものは作ったこともない。

私は庭に見られるダンゴムシを取り上げ、とりあえず12場面のあらすじを考え、池田さんに渡すと、かわいらしい絵を描かれる画家の仲川道子さんを紹介してくださった。細部について何度も打ち合わせをしながら作り上げた。題名は『だんごむしのころちゃん』である。

『ころちゃんはだんごむし』の各国版

大部分は仲川さんのアイデアに沿った結果になり、私はおおまかなストーリーを考えたにすぎない。おかげでとても楽しい紙芝居になり絵本にもなった。

童心社から請われるままに、その後も仲川さんと絵本や紙芝居を作ってきたが、そのたびに仲川さんのアイデアや編集部の助言に救われてきた。

最近、編集部の鈴木麻紀子さんに問われた。「先生が虫の行動を文にすると、ストーリーは虫が考える…ということですか?」、「ハイ、実はその通り!」。

作品は、嬉しいことにインドネシア語、タイ語、韓国語、中国語などに訳され、出版された。絵本の題名は『ころちゃんはだんごむし』とした。

生き物の絵本をいろいろ作り各国版も出版された

私はこれらの言語はよく分からないが、注目したいのは子どもの言葉がどのように訳されているかである。例えばころちゃんの場合、名前の後に付けて親しみをあらわす「○○ちゃん」にあたる表現がないそうだが?

---

*増井園長/増井光子獣医学博士。大阪市出身、日本の女性獣医師の草分け。東京都恩賜上野動物園に勤務。その後、井の頭自然文化園長、多摩動物公園長、上野動物園長とともに、日本動物園水族館協会長。よこはま動物園ズーラシア園長、兵庫県立コウノトリの郷公園 園長(非常勤)、麻布大学客員教授を歴任した。2006年、世界馬術選手権エンデュランス日本代表。

265

国語は難しい

　草土文化社から「はなはなむしむし」の名のシリーズの②で出した「虫のたべるひみつ」が日本書籍の小学校3年生の国語上巻の教科書に取り上げられた。39頁の内容を、教科書では7頁にして欲しいとのことであった。チョウ、カブトムシ、カマキリなどのかむ口、吸う口、なめる口などについて書いた。

　私の文章が教科書に取り上げられるとは、びっくりであったが、やはり厳しい指摘があった。それは国語の難しい点であった。「昆虫が花にとまる」という文章を書く場合、「留まる」か「止まる」のどちらの漢字を書くか？あるいはひらがなにしてしまうのか？日本語にはこのような問題がたくさんある。

教科書

　例えば「どうぞよろしく」、「どうかよろしく」の微妙な違い。さらに差別用語の問題を取り上げるときりがない。送り仮名にいたっては自信がない。小学生の国語でも日本語は難しい。漢字の起源を調べる時、白川静先生の「辞統」は面白いが、私には簡単に扱うことは出来ない。府中市の美術館で開かれていた漢字研究者の清田幸雄氏の要素漢字の展示は非常に興味深いもので、白川先生の辞統に匹敵するように思えた。ぜひとも全研究成果を印刷してもらいたいものだ。

いや理科も難しい

　ある出版社で理科の教科書の内容について検討をしていた。人間を含む動物の歩行の問題であった。人間は2本足で歩行する。もし足の片方がなくなったら、というような内容だったと思う。イラストに歩行の不便さの様子が描かれたら、この教科書の売れ行きが大幅に減少したという。

　身体障害者に配慮が欲しいという先生方の意見であったようだ。私企業では売上げの減少は大問題なのだ。理科でも社会情勢をおろそかにしてはならないといういましめであった。

　NHKの理科番組では実験などの場面によくご意見があると聞いた。

　ナイフでマメを切って内部を見せるという実験ですら、かわいそうとの意見が来るという。これは過剰すぎる反応のように思う。

XVII. この頃

XVII. この頃

再び、発光生物の多い八丈島へ

最近は自然観察会に出かけることが多くなった。それらの合間に、学会などに誘われて出かけている。

八丈島を1987年に訪れた時にニッポンヒラタキノコバエを採集出来たが、その光は見ることが出来なかった。また、飼育も出来なかった。

オーストラリア産のグローワームの飼育展示を手がけていたことから、名古屋大学の大場祐一教授に八丈島で開催する発光生物研究会で、講演することを頼まれて出かけることにしたが、2009年は天候不良のために飛行機が飛ばず、4年後の第2回目に講演した。

研究会では多摩にニュージーランドのグローワームを持って来ていただいたマイヤー・ロホー博士も見え、発光生物全般に関する発表をされた。

私はグローワームの導入と飼育経過を報告した。残念ながらニュージーランド産のグローワームは消滅してしまったことを伝えなければならなかった。

会議の後の発光生物の見学会で見た、フェニックスの林床に発生するキノコの発光による幻想的な光は、まるで森の妖精たちのようであった。

その他、発光生物の研究で有名な羽田弥太教授の発見されたニッポンヒラタキノコバエの幼虫の光を実際に見られたことに感激した。この幼虫をよく見ると、体の前部と後部の2カ所に発光部位があった。

その発光器官は未知であったが、後日、八丈島の発光生物研究所の方から、解剖依頼があり、2013年8月29〜31日に出かけて行き解剖してみた。その結果、非常に興味深いことが分かった。

大場博士から知らせていただいたFulton(1941)の論文に、似た種類の組織的な観察例があり、それによると、消化管を取りまく脂肪体細胞が光るらしいとのことで、発光器官は消化管付近であるようだった。

生物観察会

前部は頭部直後の食道前部、後部は直腸後部で、どちらにも丸みを帯びて肥大し透明になった部分があった。いずれも細胞は他の組織と異なるようであったが、詳細には組織学的な研究をする必要があろう。

韓国の寧越(ヨンウォル)へ

10年前、ソル光烈博士から招かれ、韓国の水原(スウォン)で開催された昆虫施設での会議で「昆虫園での昆虫とのふれあいなど」について報告した(P. 210)。今回は以前多摩に来られ園内を案内したことのある李大岩(イ・テアム)博士から、多摩でやってきたことを国際博物館会議で話して欲しい、とメールがあって、急遽、発表原稿とパワーポイントを準備して、韓国へ行った。

私は全く英語もハングルも分からないので、用意した原稿を同時通訳していただいたが、発表を予定していた時間の倍もかかってしまった。

私の参加したセッションでは、エコミュージアム*の話題が中心であった。それは博物館・所蔵品・地域のあらゆる関係者が一緒になって活動しようとするもので、近年盛んに提唱されている概念である。

私の発表は子ども向けの内容なので、どの程度理解、関心が持たれたか心配であったが、ある館の館長さんから、「我が館にも来て欲しい」と言われたので、どうやら理解されたらしい。

会に参加して興味を持った内容は、近年盛んにいわれているハンズオンという概念の他に、マインズオンという新しい概念である。意識も共有しようということか。

寧越は博物館活動で村おこしをしているらしい。多くの博物館があり、国際フォーラムも盛んに開催しているようだ。

我が国も、もっと活発な博物館活動をして欲しいものだと思う。

大会スタッフと

＊エコミュージアム／1960年代のフランスで、人間と環境との関わりを扱う博物館として考案されたもの。エコロジー(生態学)とミュージアム(博物館)とを合わせた造語。

生き物さくいん

このさくいんには、一般に知られていない種の場合は、種のイメージが出来るように、生物学的に正確な分類ではない、大まかな仲間分けや通称も記入した。生物学的に調べたい人のために学名を付記してある。

【あ】

アオダイショウ(*Elaphe climacophora*)：ヘビ・・・36、37　日本本土で最大、全長100〜200cm。

アオタテハモドキ(*Junonia orithya*)：チョウ・・・113　八重山諸島に分布。

アオバアリガタハネカクシ(*Paederus fuscipes*)：小昆虫・・・102　体長7mm。体液に毒素を持ち、かぶれると線状皮膚炎を引き起こす。

アオバズク(*Ninox scutulata*)：フクロウ・・・113　夏鳥、日本へは九州以北に繁殖のため飛来。

アオマツムシ(*Truljalia hibinonis*)：鳴く虫・・・257　緑色で、体長20〜25mm。樹上性。外来種。

アカエリトリバネアゲハ(*Trogonoptera brookiana*)：チョウ・・・216　大型の熱帯性アゲハチョウ。

アカカミアリ(*Solenopsis geminate*)：かんで刺すアリ・・・218　「Fire ant」。特定外来生物。

アカスジキンカメムシ(*Poecilocoris lewisi*)：臭い虫・・・101、184　日本で最も美しいカメムシの一つ、果実や種子に口吻を突き刺し、種子の栄養分を吸う。果樹園などでは駆除対象。

アカテガニ(*Chiromantes haematocheir*)：カニ・・・46、47　甲幅30mm前後、海岸や川辺に多く生息。

アカバナ／和名はヤマツツジ(*Rhododendron sp.*)・・・18　分布域の広い野生ツツジ。花期は4〜6月。

アカムシはユスリカなどの幼虫のこと(*Chironomidae*)・・・84　観賞魚などのエサとして流通。

アゲハ(*Papilio xuthus*)：チョウ・・・87、135　都市公園から山地まで多くの環境で見られる大型のチョウ。

アサギマダラ(*Parantica sita*)：チョウ・・・124、141、188　長距離を移動するマダラチョウの仲間。

アザミウマ(*Thysanoptera*)：微小昆虫・・・132　多くは体長1mm以下。

アジアアロワナ(*Scleropages formosus*)：淡水魚・・・219　90cmほどになり、観賞魚として人気がある。IUCNレッドリスト「絶滅危惧」、ワシントン条約によって附属書Iに分類されている。

アジアゾウの仲間(*Elephas maximus*)・・・158、220　IUCNレッドリスト「絶滅危惧IB類」、ワシントン条約附属書I。多摩動物公園の南園にはインドゾウがいる。

アシダカガニは通称、和名はタカアシガニ(*Macrocheira kaempferi*)・・・47　世界最大種のカニ。

アシダカグモ(*Heteropoda venatoria*)・・・150、256　徘徊性で網を張らない大型のクモ。

アシナガバチ(*Polistes spp.*)・・・30、52、101、102、215　市街地でも多く見かけるハチ。

アズマモグラ(*Mogera imaizumii*)・・・174　地下にトンネルを掘って生活をする。寿命は約3年。

アタマジラミ(*Pediculus humanus humanus*)・・・31　頭皮に寄生して吸血する。卵からかえると血を吸い始め、サナギの時期がない。成虫は2mm程度の大きさで、髪の根元に卵を産む。

アダン(*Pandanus odoratissimus*)：植物・・・116　高さ2〜6m。亜熱帯から熱帯の海岸近くに生育する。観葉植物や、葉を煮て乾燥させ、パナマ帽にしたり、ムシロ、カゴを編んだりして利用する。

アナゴ／食用はマアナゴ(*Conger myriaster*)・・・46　北海道以南から東シナ海まで分布。

アニサキス(*Anisakis sp.*)：海産動物の寄生虫、人にも寄生・・・262　アニサキスは加熱・冷凍で死滅する。生魚からアニサキス症に感染することがある。幼虫が胃壁や腸壁を食い破ろうとするた

め、人に激しい腹痛と嘔吐を引き起こす。「生きのよいネタ」ほど感染の可能性が高くなり、内臓を避けて食べても感染を完全には防げない。主にサケ、サバ、アジ、イカ、タラなどから感染する。

アヒル(*Anas platyrhynchos var.domesticus*)：家禽・・・170　水鳥。

アブの仲間(*Tabanidae*)・・・34　ウシアブなどのメスは人の血を吸う。カとは違い刺された瞬間に激しい痛みが起こり、すぐ腫れてきて強いかゆみがある。

アフリカゾウ(*Loxodonta africana*)・・・75、220　レッドリストその他の保護はアジアゾウと同等。

アフリカマイマイ(*Achatina fulica*)：カタツムリ・・・218、219　世界最大の陸産巻貝の一種。広東住血線虫の中間宿主。広東住血線虫は人間に寄生すると、好酸球性髄膜脳炎を引き起こす危険があり、場合によっては死に至る。さわる、這った跡にふれるなどで寄生される危険がある。

アブラゼミ(*Graptopsaltria nigrofuscata*)・・・28、102　日本の広範囲に生息。夏ゼミ。

アベサンショウウオ(*Hynobius abei*)・・・85　固有種、京都府京丹後市、兵庫県豊岡市、福井県北部に分布。

アマガエル(*Hyla japonica*)・・・74　体長3〜4㎝、日本、朝鮮半島、中国東部まで広く分布。

アマミサソリモドキ(*Typopeltis stimpsonii*)・・・111　九州南部から沖縄にかけて分布。

アメリカザリガニ(*Procambarus clarkia*)・・・197、228　1927年米国ニューオリンズから輸入したものが全国に広がった。

アメリカセンダングサ(*Bidens frondosa*)：キク科植物・・・113　湿り気のある荒れ地などに生える。

アメンボの仲間(*Gerrinae*)：水生昆虫・・・84、90、91、128、185　水面でくらす。

アヤメ(*Iris sanguinea*)：植物・・・27　山野の乾燥した草地に生える。全草に毒性がある。

アユ(*Plecoglossus altivelis*)：魚・・・19、198　川や海などを回遊する。

アリの仲間(*Formicidae*)：小型昆虫・・・65、99、127、128、132、135、136、137、141　日本には280種以上生息。スズメバチの近縁で、産卵行動を行う少数の女王アリと、育児や食料の調達などを行う多数の雌性働きアリによって大きな群れを作る社会性を持つ昆虫。

アリジゴク(*Hagenomyia micans*)ウスバカゲロウなどの幼虫・・・98、239

アリノスシミ(*Ateluridae*)・・・154　アリの巣などにすむ虫。蟻客。

アリマキは通称／和名はアブラムシ(*Aphidoidea*)・・・128、132　植物の師管液を吸う。

アレクサンドラトリバネアゲハ(*Ornithoptera alexandrae*)・・・121　世界最大のチョウ。

アワフキムシ(*Cercopoidea*)・・・93　幼虫が身を守るために排泄物をあわ立てた泡状の巣を作る。

アンティマクスオオアゲハ(*Papilio antimachus*)・・・121　アフリカ最大のチョウ。

アンフリサスキシタアゲハ(*Troides amphrysus*)・・・213　トリバネアゲハの仲間。

イシガイ(*Unio douglasiae nipponensis*)：淡水の二枚貝・・・167　淡水真珠貝の仲間。

イシガキモリバッタ(*Traulia ornata ishigakiensis*)・・・82　モリバッタの石垣島亜種。

イソウロウグモ(*Argyrodes* spp.)・・・256　どの種も他のクモの網上で生活する。

イタドリ(*Fallopia japonica*)：植物・・・18　スカンポ、イタンポ、ゴンパチなど別名がある。

イチモンジセセリ(*Parnara guttata*)：チョウ・・・57、124　小型のチョウ。イネ科の植物を食す。

イチュ(*Stipa* spp.)・・・178　南米アンデスのイネ科の植物、リャマなどのエサ、壁材や屋根材、吊り橋にもなる。ペルーのケスワチャカの「吊り橋」は、ユネスコの無形文化遺産に登録されている。

イチョウ(*Ginkgo biloba*)：植物・・・203　中国原産、人為的な移植により現在は世界中に分布している。

イトトンボ(*Zygoptera*)・・・92　環境汚染に敏感な種も多く、開発などで生息地が減少している。

イトミミズ(*Tubifex tubifex*)：水底の泥中に棲む・・・84、85　魚や両生類などのエサとして流通。
イナゴ(*Catantopidae*)・・・22、23、50、83、95　稲を食べる害虫。蛋白源でもあった。
イヌシラミバエ／シラミバエの一種(*Hippobosca longiepennis*)・・・161　体外寄生虫。感染症の媒介者になる。
イヌ(*Canis lupus familiaris*)・・・203　最も古い時代にオオカミから家畜化されたと考えられる。
イネ(*Oryza sativa japonica*)・・・21、39　水稲作は縄文時代後期頃伝来したとされる。
イノシシ(*Sus scrofa*)・・・38　近年は、簡単に食べられる農作物を求めて人家近辺にまで出没する。
イブキクロイワマイマイ(*Euhadra senckenbergiana ibukicola*)：カタツムリ・・・54　伊吹・鈴鹿山系に分布。
イモリ(*Cynops* sp.)：両生類・・・19、84、131　森林、河川、渓流、池沼などに生息。主に水中で産卵する。一字違いで間違われやすいヤモリはトカゲの一種(爬虫類)。民家やその周辺に生息する。
イラガ(*Monema flavescens*)・・・18、53　幼虫はカキノキ、ナシ、サクラ、リンゴなどの葉を食べる。
イラガイツツバセイボウ(*Chrysis shanghaiensis*)：寄生蜂・・・53　中国中部が原産地の外来種。
イリオモテヤマネコ(*Prionailurus bengalensis iriomotensis*)・・・112　環境省レッドリスト絶滅危惧IA類。
イワサキゼミ(*Meimuna iwasaki*)・・・113　中形のセミ、国内では石垣島と西表島周辺に分布。
インコ(*Psittacidae* sp.)・・・206、215、219　基本的に種子食。湾曲したくちばしを持つ。
インドサイ(*Rhinoceros unicornis*)・・・158　インド北東部、ネパールに分布。
インドゾウ(*Elephas maximus indicus*)：アジアゾウ・・・158、220
インドニシキヘビ(*Python molurus*)・・・219　IUCNレッドリスト準絶滅危惧、ワシントン条約附属書II。

ウキクサ(*Spirodela polyrhiza*)：浮草・・・197　水田や小川、ため池など淡水の水面を浮遊する。
ウサギ(*Leporinae*)・・・37、170、205　耳が大きく全身が柔らかい体毛で覆われている小型獣。
ウジ／ハエの幼虫(*Diptera*)・・・33、62　腐肉や汚物などに発生する。寄生性のものもある。
宇宙ゴイ／コイ(*Cyprinus carpio*)・・・165　宇宙での実験には多くの動物が送られ回収された。
ウナギの仲間(*Anguillidae*)・・・220　深海で産卵する。川と海を往復する降河性の回遊魚。
ウマ(*Equus caballus*)・・・205　社会性の強い動物で、野生のものも家畜も群れをなす傾向がある。
ウミガメ(*Chelonioidea*)・・・220　海に生息する大型のカメの総称
ウミグモ(*Pantopoda*)・・・45　海洋性節足動物。
ウラモジタテハ(*Diaethria* sp.)・・・180　タテハチョウの仲間、翅の裏に文字のような模様がある。
ウルシ(*Toxicodendron vernicifluum*)・・・35　漆を採取するため古くから栽培されてきた。
ウンカ(*Homoptera*)・・・123、124、128、227　イネの吸汁害虫。東南アジア方面から気流に乗って毎年飛来する。
ウンカリナ／通称シャンプーの木(*Uncarina grandidieri*)・・・261　マダガスカルに分布。

エダマメ／完熟していない大豆の種子の呼び名(*Glycine max*)・・・22
エゾアカヤマアリ(*Formica yessensis*)・・・103、110　本州の中央部から北海道にかけて分布。
エノコログサ(*Setaria viridis*)・・・207　俗にネコジャラシと呼ばれる。
エビの仲間(*Decapoda*)・・・19、127　水中生活をする甲殻類。

オウトウミバエは通称／和名はオウトウハマダラミバエ(*Rhacochloena japonica*)・・・62
オウム(*Cacatuidae*)・・・150、215、219、220　湾曲したくちばしを持つ。

オオアメンボ(*Aquarius elongatus*)・・・86、214、257　日本最大のアメンボ。
オオカバマダラ(*Danaus plexippus*)：チョウ・・・124　北南アメリカの間を移動する。
オオカマキリ(*Tenodera aridifolia*)・・・106、108　草原の茂みなどで昆虫などを捕食する。
オオコウモリ(*Pteropodinae*)・・・76　翼を広げると2mに達するものもある。果実食または肉食。
オオゴキブリ(*Panesthia angustipennis spadica*)・・・35　山にある朽木の中で生活をする。
オオゴマダラ(*Idea leuconoe*)：チョウ・・・112、141、186、255　有毒。日本で一番大きい。
オオゴマダラアゲハ(*Papilio sp.*)・・・112　インド東部のチョウ。
オオサンショウウオ(*Andrias japonicus*)：両生類・・・72、164　日本固有種。完全水生、全長50〜70cm。
オオシマゼミ(*Meimuna oshimensis*)・・・112　奄美大島〜沖縄本島周辺に分布する固有種。
オオスカシバ(*Cephonodes hylas*)：翅の透明なガ・・・64、141　空中にとどまる飛び方をして花の蜜を吸う。
オオスズメバチ(*Vespa mandarinia*)・・・100　強力な毒を持ち、大型の巣を作る。
オオセンチコガネ(*Geotrupes auratus*)：甲虫・・・121　動物の糞、や死骸などを食べる。
オオタニワタリ(*Asplenium antiquuum*)：シダ植物・・・217　森林内の樹木や岩などに着生する。
オオハクチョウ(*Cygnus cygnus*)・・・165　冬、主に日本海側の本州以北に飛来する。
オオバコ(*Plantago asiatica*)：植物・・・83　日本全土に分布。生薬とされる。
オオハゴロモゼミ(*Dundubia sp.*)・・・214　体色は明るい緑色、「ジジーン」と、大音響で鳴く。
オオホシオナガバチ(*Megarhyssa praecellens*)：寄生蜂・・・171　本州、四国、九州に分布。
オオミズアオ(*Actias artemis*)：ガ・・・54　幼虫はカエデ、ウメ、サクラ、リンゴを食べる。
オオミスジコウガイビル(*Bipalium nobile*)・・・244　1960年代末から見られる外来ウズムシ。
オオミツバチ(*Apis dorsata*)・・・214　主に東南アジアに分布、日本にはいない。
オオミフクラギ(*Cerbera odollam*)・・・262　湿地に多く自生し、夾竹桃に似た白い五弁花が咲き、直径10cmほどの実がなり、未熟果等の傷などに触れた手で目をこすると腫れる。全体に有毒。
オオミヤシ(*Lodoicea maldivica*)・・・262　巨大な果実は受精後数年かけて成熟する。
オオムカデ(*Scolopendra subspinipes subspinipes*)・・・117　南西諸島に生息する巨大なムカデ。
オオムラサキ(*Sasakia charonda*)：チョウ・・・121　日本の国蝶、紫色の大型のタテハチョウ。
オオモンシロチョウ(*Pieris brassicae*)・・・188　ヨーロッパ原産の外来種、北海道、青森県、津島で発見。
オキアミ(*Euphausia spp.*)：甲殻類・・・222　体長3〜6cm、外見的には遊泳性のエビ類に似ている。
オキナワナナフシ(*Entoria okinawaensis*)：昆虫・・・116　沖縄などの暖かい地方に生息、1年中見られる。
オキナワモリバッタ(*Traulia ornata okinawaensis*)・・・82　奄美以南に分布するモリバッタの亜種。
オシドリ(*Aix galericulata*)・・・167、169　北海道や本州中部以北で繁殖し、冬は本州中部以南で越冬。
オタマジャクシ／カエルの幼生のこと(*Anura spp.*)・・・84、114
オナガウジ／ハナアブの仲間の幼虫(*Eristalini*)・・・91　よどんだ水中で生活し、長い呼吸管を持つ。
オナガガモ(*Anas acuta*)・・・169　北半球に広く分布するカモ。
オニグモ(*Araneus ventricosus*)・・・28、256　人家周辺に生息し、円網を作る。日本全土に分布。
オニビシ(*Trapa natans var. japonica*)：水草・・・43　東アジアに広く生育。
オニヤドカリ(*Aniculus sp.*)・・・46　大型のヤドカリ。
オランウータン(*Pongo sp.*)：類人猿・・・75　手の長い、大型の樹上動物。
オンブバッタ(*Atractomorpha lata*)・・・82　交尾時以外でも雄が雌の背中に乗る。

【か】

カの仲間(Culicidae)・・・35、123　雌は、卵を育む蛋白質を得るために動物の血を吸う。
ガの仲間(Lepidoptera)・・・49、129、133　ガとチョウには明確な区別はなく、チョウ目の仲間。
カーディナル／和名はショウジョウコウカンチョウ(Cardinalis cardinalis)：鳥・・・210　北アメリカに分布。
カイガラムシ(Coccoidea)・・・61、132　害虫となるものが多い反面、色素が利用出来る種もある。
カイコ(Bombyx mori)：ガ・・・39、40、138　絹糸昆虫。マユや虫の蛋白質の利用が注目されている。
カイツブリ(Tachybaptus ruficollis)：鳥・・・227　本州中部以南では留鳥。北海道や本州北部では夏鳥。
回虫／ヒトカイチュウ(Ascaris lumbricoides)・・・32　体の両端に口と肛門があり視細胞はない。
カエデ(Acer)：植物・・・207　モミジとも呼ばれるが、モミジは樹木の紅葉を総称する場合もある。
カエル(Anura)・・・131、205　幼生が水で育った後は、ほとんど陸上だけで生活する種が多い。
ガガンボ(Tipulidae sp.)・・・258　大型のカのようだが血は吸わない。
カギカズラ(Uncaria rhynchophylla)：つる性植物・・・217　常緑樹、茎にカギがある。
カキノキ(Diospyros kaki)：果樹・・・18　幹は家具材、葉は茶、柿渋など利用できる。
カゲロウ(Ephemeroptera sp.)・・・30、49、132、198　細長い体で薄い翅を持つ昆虫。幼虫は水生。
ガザミ(Portunus trituberculatus)：食用のカニ・・・47　ワタリガニとも呼ばれ北海道から台湾まで分布。
カシクスオオツノハナムグリ(Goliathus casicus)・・・127　体長80㎜前後。アフリカ大陸原産。ゴライアスオオツノハナムグリ(体長100㎜を超える)の近縁種。
カタクリ(Erythronium japonicum)：植物・・・51　早春、林床に咲く花。絶滅が危惧されている。
がっとう／カブトムシやコガネムシの幼虫の地域的な呼び名・・・24
カニの仲間(Brachyura)・・・127　エビ類やヤドカリ類と違って腹部は発達しない。
カニクイザル(Macaca fascicularis)・・・219　世界各地で導入して野生化した結果、農作物に被害を与えるなどして世界の侵略的外来種ワースト100に選定され、日本でも特定外来生物に選定。
カバマダラ類(Danaus spp.)チョウ・・・113　南西諸島に何種か分布。温暖化により本州でも発生。
カブトガニ(Tachypleus tridentatus)・・・253　生きた化石、この仲間では日本に産する唯一の種。
カブトムシ(Trypoxylus dichotomus)・・・24、35、49、99、100、126、127、141、221　大型甲虫。
カマキリの仲間(Mantodea)・・・29、106、108、131、184
カマキリモドキの仲間(Mantispidae)・・・70　前脚にカマを持ち、カマキリに似ている。
カマクラオオゲジ(Thereuopoda ferox)・・・111　体長40㎜以上、脚まで含めると100㎜以上になり、200㎜もの大きさの個体を見たという人もいる。
カミキリムシの仲間(Cerambycidae)・・・29、114　全世界で約2万種、日本には約800種。
ガムシの仲間(Hydrophilidae)：水生昆虫・・・27、110　沼や池など小さな止水系に生息。
カメノコロウムシ(Ceroplastes japonicus)・・・61　直径3～5㎜、白いロウ物質に覆われている。
カメノコロウヤドリバチ(Microterys clauseni)・・・61、65、68、69、122
カメムシの仲間(Heteroptera)・・・132　胸部に臭腺があり、捕食者に対して悪臭を放つ。
カヤキリ(Pseudorhynchus japonicus)鳴く虫・・・110　雄はジーンと大音響で鳴く。
カヤツリグサ(Cyperus microiria)・・・207　本州から九州まで分布。
カヤネズミ(Micromys minutus)・・・39　草地に棲む。体重7～14gの、日本では一番小さなネズミ。
カラス(Corvus)・・・168、257　ふつうに見られるカラスは、留鳥のハシブトガラスとハシボソガラスの2種。

カラスガイ(*Cristaria plicata*)・・・27、164、167、197　淡水真珠貝の仲間。環境がよいと大きく育つ。
カラマツ(*Larix kaempferi*)：植物・・・103、104　落葉針葉樹、日当たりのよい乾燥した場所に育つ。
カルガモ(*Anas poecilorhyncha*)：水鳥・・・169　雑食性、本州以南の留鳥。
カワセミ(*Alcedo atthis*)・・・41　スズメくらいの大きさで、青い羽が目立ち、くちばしの長い鳥。
カワトンボ(*Mnais sp.*)・・・92　中型のトンボ。東京都区部、絶滅。河川や水田近くに棲む。
カワニナ(*Semisulcospira sp.*)淡水巻貝・・・197　ホタルのエサとして国内外来種問題を起こしやすい。
カワモは通称／和名はカワモズク(*Batrachospermum sp.*)：淡水藻類・・・197　準絶滅危惧。
カワラバッタ(*Eusphingonotus japonicus*)・・・81　川原の小石に似た体色が保護色になっている。
カンアオイ(*Asarum nipponicum*)：植物・・・51　山地や森林の林床に生育。
カンガルー(**Macropodinae**)・・・150、156　オーストラリア大陸、タスマニア島、ニューギニア島に生息。
キアシナガバチ(*Polistes rothneyi*)・・・52、101　アシナガバチは世界に1000種以上、日本には11種生息。
ギギ(*Pelteobagrus nudiceps*)：魚・・・19　食用として利用される。
キシャヤスデ(*Parafontaria laminata armigera*)・・・110　中部山岳地帯に分布。
キノコとは一般的には菌類の子実体の通称／菌界(**Regnum Fungi**)に属する生物・・・204
キノコバエ(**Mycetophilidae**)・・・110、150　キノコバエには、生物発光する種が何種類かある。
キノボリトカゲ(*Japalura polygonata sp.*)・・・114　沖縄固有亜種が多く、絶滅が心配されている。
キバチの仲間(**Siricidae**)・・・68　間伐木や衰弱木に産卵。幼虫がスギやヒノキ材を食べる。
キバハリアリ(*Myrmecia sp.*)・・・146、153　漢字では牙針蟻、英語でBulldog ants。
ギフチョウ(*Luehdorfia japonica*)・・・51　里山にすむチョウ。里山環境の悪化で激減している。
キボシアシナガバチ(*Polistes mandarinus*)・・・52、101　平野部から低山にかけて生息するアシナガバチ。
キリギリス(*Gampsocleis spp.*)：鳴く虫・・・109、110　古くから観賞用に飼育されてきた。
キリン(*Giraffa camelopardalis*)・・・73　最も背の高い動物。
ギョウチュウ／和名ヒトギョウチュウ(*Enterobius vermicularis*)・・・32　ヒトの腸に寄生する。
キワタ(*Bombax ceiba*)：植物・・・259　熱帯アジア原産の落葉高木。春、鮮紅色の五弁花が咲く。
キンギョ(*Carassius auratus auratus*)・・・40　突然変異の橙色のフナを選び、交配を重ねて作った観賞魚。
キンギョモの仲間／マツモ(*Ceratophyllum demersum*)・・・197　湖沼、ため池、水路などに自生。
キンマ(*Piper betle*)：嗜好植物・・・212　マレーシア、インド、インドネシア、スリランカに自生。
ギンヤンマ(*Anax parthenope*)・・・50　身近に見られる大型のトンボ。全国に広く分布。
キンリョウヘン(*Cymbidium floribundum*)：ランの仲間・・・188　乾燥や直射日光、寒さに強い。
クサカマキリ(*Pseudocreobotra wahlbergii*)・・・108　翅に目玉模様のあるカマキリ。アフリカに生息。
クサグモ(*Agelena silvatica*)・・・256　北海道から九州までふつうに見られ、草木の間に巣を作る。
クサゼミ(*Mogannia spp.*)・・・112　ススキの茂みなどで鳴く。日本のセミの中では最小の種。
クジャク(*Pavo cristatus*)・・・76、206、220　キジ科。中国から東南アジア、南アジア、アフリカに分布。
クスサン(*Caligula japonica*)・・・63　野生の絹糸昆虫。マユは網目状でスカシダワラという。
クコ(*Lycium chinense*)：植物・・・48　食用や薬用にする。中国原産で、移入され栽培されている。
クチキコオロギ(*Duolandrevus ivani*)：鳴く虫・・・111　本州以南から沖縄本島まで分布。
クチナシ(*Gardenia jasminoides*)・・・64、141　森林の低木として自生。園芸用として栽培される。

クヌギ(*Quercus acutissima*)・・・61、140　落葉高木。しみ出た樹液に昆虫が集まる。

クビナガカマキリの仲間(*Miomantis monacha*)・・・106　マラウイ共和国(アフリカ)産。

クマの仲間(*Ursidae*)大型の哺乳類・・・220

クマゼミ(*Cryptotympana facialis*)・・・28、112　南方系のセミ。関東地方でも見られる。

クマバチ別名キムネクマバチ(*Xylocopa appendiculata circumvolans*)・・・258　大型のハナバチ。

グミの仲間(*Elaeagnus*)・・・18、208　サクランボに似た小さな果実は楕円形で赤く熟し、渋みと酸味、甘味がある。観賞用の盆栽、庭木として植栽される。都心での自生は見ない。

クモの仲間(*Araneae*)・・・127、256　強靭な絹糸を作る。捕虫網を張る種と張らない種がある。

クモガタガガンボ(*Chionea sp.*)・・・135　北海道では１１月下旬〜翌年3月上旬に成虫が見られる。

クリ(*Castanea crenata*)・・・18　縄文時代にはすでに栽培され、食べられていた。

グリーンペペは英語名、和名はヤコウタケ(*Mycena chlorophos*)・・110　夜光茸、光るキノコ。

クルマバッタ(*Gastrimargus marmoratus*)・・・81、83　後翅に半円状の紋があるバッタ。

クルマバッタモドキ(*Oedaleus infernalis*)・・・81、83　胸背にX模様がある。クルマバッタに似る。

クレソンはフランス語名、和名はオランダガラシ(*Nasturtium officinale*)・・・81　外来生物法の要注意外来生物に指定されている。NPO活動の一環で、食べて駆除する地域もある。

クローバーは通称、和名はシロツメクサ(*Trifolium repens*)・・・37　移入種が野生化した帰化植物。

グローワームは光る昆虫の総称・・・147、148、151、268　本書ではヒカリキノコバエを指す。

クロゴキブリ(*Periplaneta fuliginosa*)・・・35　外来種。人家あるいは野外の朽ち木に生息する。

クロスズメバチ(*Vespula flaviceps*)・・・52　黒地に白っぽい横縞模様がある小型のスズメバチ。

クロトゲアリ(*Polyrhachis dives*)・・・114、130　気が荒く、巣を刺激するとハタラキアリが襲って来る。

クロトキ(*Threskiornis melanocephalus*)・・・75　西日本にまれに渡来。

クロモ(*Hydrilla verticillata*)・・・197　湖沼や川などに分布。大量発生で水の流れを遮ることもある。

クロモジ(*Lindera umbellata*)・・・31　芳香性のある木部の他、漢方薬になるクロモジ油がとれる。

クロモンアメバチ(*Dicamptus nigropictus*)・・・141　カレハガの寄生蜂。

クロヤマアリ(*Formica japonica*)・・・264　日当たりのよい場所の土に、深さ1mほどの巣を作る。

クワ/クワの仲間(*Morus*)・・・39　カイコのエサ以外に、葉を茶にしたり果実を食べたりもする。

クワガタムシ(*Lucanidae sp.*)・・・29、49、114、141、221　世界中に約1500種類分布。

ケゴ(*Bombyx mori*)・・・39　カイコの孵化直後の幼虫のこと。黒っぽいので蟻蚕とも呼ぶ。

ケラ(*Gryllotalpa orientalis*)・・・49　昼間は土中でくらす昆虫。通称おけら。前脚がクマデ状。

ゲンゴロウ(*Cybister japonicus*)：水生昆虫・・・27、84、85、92、110、128、167　東京都では絶滅。

ゲンジボタル(*Luciola cruciata*)発光昆虫・・・28、197　幼虫は水生、土中でサナギになる。

ケンタウルスオオトビナナフシ(*Palophus centaurus*)・・・121　アフリカに生息する世界一長い昆虫。

ゲンノショウコ(*Geranium thunbergii*)：植物・・・43　民間薬として使われる。

コアシナガバチ(*Polistes snelleni*)・・・101　林の低木の枝先や民家の軒下などに営巣する。

コアラ(*Phascolarctos cinereus*)・・・155、162　有袋類、カンガルーの仲間。オーストラリア固有種。

コイ(*Cyprinus carpio*)・・・19、165、227　体高の高い養殖ゴイと、体高が低いノゴイがいる。

コウガイビル／オオミスジコウガイビル(*Bipalium nobile*)・・・244　腹面中央の口は肛門を兼用。
コウノトリ(*Ciconia boyciana*)・・・45、160　人工繁殖・放鳥に成功し再野生化を試みている。
コウモリの仲間(Chiroptera)：哺乳類・・・257　前肢と後脚を皮膜で繋げた翼を持ち、後脚でぶら下がる。
コオイムシ(*Appasus japonicus*)：水生昆虫・・・166　水田や池に生息、魚介類や昆虫を食べる。
コオロギの仲間(Grylloidae)：鳴く虫・・・189　人家の周囲、時には人家の床下などにも生息。
コガタフラミンゴ(*Phoenicopterus minor*)・・・166　最も小型のフラミンゴ。
コガネグモ(*Argiope amoena*)・・・28　人家周辺や公園などに網を張る。
コガネコバチの仲間(Pteromalidae)・・・67　体長1〜3mmの、美しい金属光沢を持つ寄生蜂。
コガネムシ(*Mimela splendens*)・・・24、49、100、130、238、239　体長20㎜前後の甲虫。
コカマキリ(*Statilia maculata*)・・・107　体長50㎜前後の小型のカマキリ。
コガモ(*Anas crecca*)・・・169　ドバトより一回り大きいくらいの小さなカモ。
ゴカイ(*Hediste* spp.)・・・126　海岸の石の下、海藻の根の間など浅瀬に生息。ミミズの仲間。
ゴキブリの仲間(Blattodea)・・・93、95、98、131、150　99％は森林などに生息、家屋害虫は1％もいない。
コケイロカマキリ(通称)の一種(Mantodea Geu sp.)・・・108
ゴケグモの仲間(*Latrodectus* spp.)：毒グモ・・・102、150、218　外来種。
コスモスの仲間(*Cosmos* spp.)・・・203　キク科の可憐な花々、秋の季語とされている。帰化植物。
コナカハグロトンボ(*Euphaea yaeyamana*)・・・112　小柄なカワトンボ、八重山諸島の固有種。
コナラ(*Quercus serrata*)：植物・・・51、61、140、141　雑木林に多く見られ、秋にはドングリが実る。
コノハギス(*Phyllophorinae sp.*)：鳴く虫・・・216　キリギリスの仲間、翅に木の葉の虫食い模様がある。
コバチの仲間(Chalcidoidea)・・・53　ほとんどが数㎜以下の小さな寄生蜂。
コバネイナゴ(*Oxya yezoensis*)・・・82、83　イネ科の葉を食べ、稲作の害虫となる。
ゴバンノアシ(*Barringtonia asiatica*)・・・255、262　南方の植物、実が碁盤の脚の形に似ているという。
コマツモムシ(*Anisops ogasawarensis*)：水生昆虫・・・84、94　ユスリカの幼虫やミジンコなどを捕食。
コマルハナバチ(*Bombus ardens ardens*)・・・52　ハウス栽培のトマトやナスなどの受粉に利用される。
コミズムシ(*Sigara substriata*)：水生昆虫・・・49、84、97　藻類やミジンコなどを食べ、体長約5㎜。
ゴミムシの仲間(Caraboidea)：甲虫・・・126、184、248　カタツムリや昆虫などを捕食。悪臭を尾端から出す。
コムギ／パンコムギ(*Triticum aestivum*)：穀物・・・78　収穫した種子を粉にして食べる。
コモチカワツボ(*Potamopyrgus antipodarum*)：淡水産巻貝・・・197　ニュージーランド原産。
ゴライアスオオツノハナムグリ(*Goliathus goliathus*)・・・127　世界一重い昆虫。アフリカ大陸原産。
コリアンダー(*Coriandrum sativum*)・・・218　中国語圏ではシャンツァイ(香菜)、タイではパクチー。
コロギス(*Prosopogryllacris japonica*)：鳴く虫・・・150　コオロギ体型のキリギリス。
コワモンゴキブリ(*Periplaneta australasiae*)・・・35　野生では小笠原、九州以南、南西諸島に生息。

【さ】

サカマキガイ(*Physa acuta*)：淡水産巻貝・・・197　北米原産の帰化種、殻は左巻き。
サクラ(*Prunus*)・・・203　街路樹として植えられることも多い。
ササの仲間(*Sasa* spp.)・・・208　タケに似て、双方分類しにくいものもある。

サザエ(Turbo cornutus)：海水産巻貝・・・46　大型個体は岩礁の深場、小型個体は水面近くに生息。
サザンカ(Camellia sasanqua)・・・34　同じツバキ科のツバキやチャノキにも、チャドクガが発生する。
サソリの仲間(Scorpiones)・・・117、127、214　一部の種が、人の命にかかわる毒を持つ。
サソリモドキの仲間(Thelyphonida)・・・111、114　皮膚炎を起こす恐れのある毒液を肛門腺から出す。
サツマイモ(Ipomoea batatas)・・・24、37　ヒルガオ科。原産地は南米。
サツマゴキブリ(Opisthoplatia orientalis)・・・111　野外種。落ち葉や石の下などに見られる。
サツマノミダマシ(Neoscona scylloides)クモ・・・256　黄緑色の腹部を実と見間違えるという名称。
サトウキビ(Saccharum officinarum)・・・115　砂糖(蔗糖)の原料。四国や九州、沖縄で栽培出来る。
ザトウムシ(Phalangida Opiliones)・・・150　クモに似た形態で脚が長い。
サナダムシ(Cestoda)：寄生虫・・・262　消化管や口がない。体節ごとに生殖器がある。
サボテンの仲間(Cactaceae)・・・219　原産地のほとんどは、南北アメリカ大陸および周辺の島々。
ザリガニ(Astacidea spp.)・・・84　東北や北海道にすむニホンザリガニ以外は、すべて外来種。
サワガニ(Geothelphusa dehaani)・・・36、197　淡水域で一生過ごす純淡水性のカニ、日本固有種。
サンゴ(Anthozoa)・・・220　サンゴ礁を形作る種や宝石になる種がある。
サンゴジュ(Viburnum odoratissimum)・・・98　常緑高木でよく庭木にされ、赤い果実が好まれる。
サンゴジュハムシ(Pyrrhalta humeralis)・・・98　成虫・幼虫ともにサンゴジュを食害する。
サンヨウベニボタル(Duliticola sp.)・・・214　ホタルと近縁の昆虫だが発光はしない。

シイ(Castanopsis sp.)・・・18、110　シイの実は、太古から食べられて来た。
シイタケ(Lentinula edodes sp.)・・・204　日本、中国、韓国などで食用に栽培される。
シイノトモシビダケ(Mycena lux-coeli)・・・110　光るキノコ。八丈島、紀伊半島、六甲山、九州などで発見。
ジガバチ(Ammophilini)・・・68　麻痺させた獲物に卵を1つ産み、巣穴に封じ込める捕食寄生者。
ジグモ(Atypus karschi)・・・256　絹糸で細長い袋状の巣を作って獲物を待ち受け、袋越しに捕まえる。
ジゴペタラム(Zygopetalum sp.)・・・113、188　ブラジルを中心に中南米に分布する着生、半着生のラン。
シジミガイ(Corbicula sp.)・・・27、197　小型の食用二枚貝、淡水域や汽水域の砂虫に生息する。
シダ(Pteridophyta)・・・117　古来から観賞用に栽培され、葉を食用や食材盛りつけの彩りにも使う。
シマウマ(Equus sp.)・・・159　ロバの系統と近縁だが、家畜化はされていない。
シマドジョウ(Cobitis biwae)・・・36　淡水魚。観賞魚として輸出されている。日本固有種。食用。
シマミミズ(Eisenia fetida)・・・174　全国に分布するが、養殖もされている。体長6〜18㎝くらい。
シミ(Thysanura)・・・131　無翅昆虫。屋内にも棲み紙や乾物を食う。
ジャイアントトビナナフシは通称／マダガスカルオオトビナナフシ(Micadina sp.)・・・127
ジャガイモ(Solanum tuberosum)・・・102　ペルー南部のチチカカ湖畔が発祥の地とされる。
ジャコウアゲハ(Byasa alcinous)・・・141　春から秋にかけて3〜4回発生する。
ジャコウジカ(Moschus)・・・220　雌を引き付けるために雄が麝香(じゃこう)を分泌する。
シャコガイ(Tridacnidae)・・・220　二枚貝の中で最も大型となる種の仲間。
シュロ(Trachycarpus fortunei)・・・33、206　日本のヤシ科の植物中、最も耐寒性が強い。
ジュンサイ(Brasenia schreberi)・・・42　水草。若芽を食用にする。
ショウジョウトンボ(Crocothemis servilia mariannae)・・・50　雄は赤く雌は茶色のトンボ。

ショウジョウバエの仲間(Drosophilidae)・・・84、99、129、151、152　トンボやカエルなどを飼育する時のエサにしたり、生物学のさまざまな分野で研究のために育てたりしている。
ショウブ(Acorus calamus)・・・27　香りが良い。池沼や川など、泥の中を横に這い多数の葉をのばす。
ショウリョウバッタ(Acrida cinerea)・・・83、184　細長い体型で、日本のバッタでは最大。
ショウリョウバッタモドキ(Gonista bicolor)・・・83　体が細く、イネ科植物に似る。
食用キノコ・・・204　毒がなく、味や香りがよい菌類の子実体が、地上や樹上、地中で育つ。
ジョロウグモ(Nephila clavata)・・・256　大きな網を張り、腹部の模様が目立つクモ。
シロアリの仲間(Termitidae)・・・141　木材を食い荒らす害虫。
白いダンゴムシ(Armadillidium sp.)・・・154　アリの巣の中に棲む。蟻客。
シロオビアゲハ(Papilio polytes)・・・141　インドから東南アジアの熱帯域に広く分布するアゲハチョウ。
シロチョウの仲間(Pieridae)・・・113　モンシロチョウやキチョウ。
シロモンオオサシガメ(Platymeris biguttatus)・・・109　アフリカ産の肉食性カメムシの仲間。

スイバ(Rumex acetosa)・・・18　新芽を山菜とする。かむと酸味があることからスイバ(酸い葉)となった。
スイレン(Nymphaea)・・・42　全国の池や沼に広く分布。野生種を交配、品種改良した園芸種が多い。
スカシジャノメ(Cithaerias sp.)・・・179　翅が透明で、ジャノメチョウらしく後翅に眼状紋がある。
ズガニは地域呼称／モクズガニ(Eriocheir japonica)・・・47、223　P. 293特定外来生物参照。
スギ(Cryptomeria japonica)・・・20、208　日本固有種。細長い直立した樹形。太くもなる。
スジエビ(Palaemon paucidens)・・・197　日本の周辺地域に分布する淡水性のエビ。
スジグロカバマダラ(Salatura genutia)・・・113　鮮やかなオレンジ色の翅に黒と白の模様が目立つチョウ。
スジボタル(Curtos sp.)・・・197　体長6～7㎜くらいの小さな陸生ホタル、幼虫が陸産貝類を食べて育つ。
ススキ(Miscanthus sinensis)・・・39、78　カヤとも呼ばれ、茅葺屋根(かやぶきやね)の材料であった。
スズムシ(Homoeogryllus japonicus)：鳴く虫・・・118　長く細い脚は穴が掘れず、物陰に隠れて生息。
スズメ(Passer montanus)・・・39、42、203　巣作りに適した瓦屋根が減り、数が減っている人里の小鳥。
スズメガの仲間(Sphingidae sp.)・・・24、49　体に対して小さな翅を高速で動かして高速移動するガ。
スズメノテッポウ(Alopecurus aequalis)：植物・・・23　草笛に使え、子どもたちの遊びに使われる草。
スズメバチの仲間(Vespinae)・・・30、51、100、133、245、258　大きな巣を守るための攻撃性が高い種。
スズミグモ(Cyrtophora moluccensis)・・・49、256　雌が直径約80㎝のドーム状の網を水平に張る。
スローロリス(Nycticebus coucang)：霊長類・・・219　IUCNレッドリスト危急種。ワシントン条約附属書I。

セイボウの仲間(Chrysididae)：寄生蜂・・・105　緑～青の金属光沢のある寄生蜂。
セイヨウミツバチ(Apis mellifera)・・・105　花の蜜を集めて蜂蜜を作る。一般的にいわれる「ミツバチ」。
セグロアシナガバチ(Polistes jadwigae)・・・52　人里にふつうに見られるハチ。
セグロバッタ(Shirakiacris shirakii)・・・83　河川敷の草地などにも生息。
セッケイカワゲラ(Eocapnia nivalis)：昆虫・・・135　雪の中の藻類や原生動物などを捕食する。
セミの仲間(Cicadoidea)・・・99、131、185、252、257　分布の中心は熱帯や亜熱帯の森林地帯。
セリ(Oenanthe javanica)・・・42　水耕栽培もされる。本来は湿地や休耕田、畔などに育つ湿地性植物。
センザンコウの仲間(Pangolin)・・・220　マツカサのような鱗に覆われていて、アリを食べる。

センダングサ(*Bidens biternata*)・・・113　キク科。果実のトゲが人や動物にくっ付いて種を広げる。

ゾウの仲間(*Elephantidae*)・・・74、75、78、206　旧石器時代には、日本にもナウマンゾウがいたという。

ソリザヤノキ(*Oroxylum indicum*)・・・259　そった鞘型の実の中に、翼を持った種が出来る。

ソルガムは通称／和名はモロコシ(*Sorghum bicolor*)・・・79　かつてはコーリャンと呼んだ。

【た】

タイ／和名はマダイ(*Pagrus major*)：海産魚・・・45　日本では祝い膳など用に珍重される。

タイコウチ(*Laccotrephes japonensis*)：水生昆虫・・・84、86、110　水田など浅い止水域に生息。

ダイモンジソウ(*Saxifraga fortunei* var. *alpina*)・・・54　ユキノシタ同様民間薬としても使われる。

タイワンクツワムシ(*Mecopoda elongata*)・・・215　南方系の種。伊豆半島以南の多くの地域に生息。

タイワンサソリモドキ(*Typopeltis crucifer*)・・・111　日本に生息するサソリモドキ2種の内の1種。

タイワンタガメ(*Lethocerus indicus*)：水生昆虫・・・121　東南アジアでは食用、美味とされ好まれる。

タカの仲間(*Accipitridae*)・・・219　狩猟、生息地の破壊などにより種の減少が心配される鳥類。

タカサゴクマゼミ(*Cryptotympana takasagona*)・・・212　鳴き声は日本のクマゼミと似ている。

タガイ(*Anodonta japonica*)・・・164　日本の淡水産二枚貝のイシガイ科のうち、ドブガイの仲間。

タガメ(*Lethocerus deyrollei*)・・・27、84　日本最大の水生昆虫。水草が豊富な止水域に生息。

タスマニアデビル(*Sarcophilus harrisii*)・・・156　タスマニア島にのみ生息する有袋類。絶滅危惧種。

ダチョウ(*Struthio camelus*)：世界最大の鳥・・・220　飛ぶことは出来ず、非常に速く走る。

タテハチョウの仲間(*Nymphalidae*)・・・141　チョウの仲間の中で、中型から大型の種。

タヌキ(*Nyctereutes procyonoides*)・・・76、160　極東にのみ生息し、世界的には珍しい動物。

ダニの仲間(*Acari*)・・・225　病気を媒介したり、アレルギー性疾患のアレルゲンになったりする。

タニシの仲間(*Viviparidae*)淡水産巻貝・・・26、197　南米・南極大陸以外の淡水域に分布。

タバコ(*Nicotiana tabacum*)・・・24　タバコは、たばこ事業のためだけに栽培されている。

タマゴヤドリコバチの仲間(*Trichogrammatidae*)：卵寄生蜂・・・67　微少な種が多い。

タマバチの仲間(*Cynipoidea*)・・・61　体長2〜6mm。新芽に産卵し、孵化した幼虫は虫こぶを作る。

タマムシ(*Chrysochroa fulgidissima*)・・・29　通称ヤマトタマムシ。成虫はエノキの葉などを食べる。

タマヤスデの仲間(*Hyleoglomeris*)・・・215　ダンゴムシに似た外見をし、さわると丸くなる。

タラヨウ(*Ilex latifolia*)・・・203　別名ハガキノキ。関東より南の地域に分布する常緑高木。

タランチュラは通称／オオツチグモの仲間(*Theraphosidae*)・・・256　ゴケグモほど強い毒はない。

ダンゴムシは通称／オカダンゴムシ(*Armadillidium vulgare*)・・・265　明治期に移入したとされる。

タンポポ(*Taraxacum sp.*)：キク科植物・・・37、204　根が長く、50cmから1mくらいまで伸びる。

チーター(*Acinonyx jubatus*)・・・161　害獣としての駆除や狩猟により、種の減少が心配されている。

チガヤ(*Imperata cylindrica*)イネ科植物・・・18　若い穂をかむと甘い、サトウキビの近縁。

チチュウカイミバエ(*Ceratitis capitata*)・・・227　果実などに寄生する害虫として世界各地で警戒されている。

チッチゼミ(*Cicadetta radiator*)・・・29　秋の小型のセミ。

チャドクガ(*Euproctis pseudoconspersa*)：毒ガ・・・35　毒針毛があり、脱皮殻や死骸も注意。

チャバネゴキブリ(*Blattella germanica*)・・・35、93　飲食店が多いビルなどで、1年中見かける。
チュウゴクオオサンショウウオ(*Andrias davidianus*)・・・164　加茂川水系に移入。中国大陸の固有種。
チョウ(*Rhopalocera* sp.)・・・87、129、131、132、133　ガとチョウには明確な区別はなく、チョウ目の仲間。
チョウザメ(*Acipenser* spp.)・・・220　卵はキャビアとして珍重され肉も美味。主な産地はロシア。
チョウトンボ(*Rhyothemis fuliginosa*)・・・50　青紫色の強い金属光沢を持つ翅で、ひらひらと飛ぶ。
チョウセンアサガオ(*Datura metel*)・・・204　大きなラッパ状の花が咲く。別名キチガイナスビ、マンダラゲ。
チョウセンカマキリ(*Tenodera angustipennis*)・・・29　オオカマキリよりほっそりとした印象。
チリーフラミンゴ(*Phoenicopterus chilensis*)・・・166　チリ、ブラジル南部他南米大陸の南部に分布。
チンパンジー(*Pan troglodytes*)：類人猿・・・73、219　森林に生息。前肢の指を器用に使い、四足歩行。

ツキイゲ(*Spinifex littoreus*)イネ科植物・・・255　種子島、屋久島以南の南西諸島の海岸に生える。
ツクツクボウシ(*Meimuna opalifera*)：セミ・・・29　市街地、平地から山地までの森林に広く生息。
ツダナナフシ(*Megacrania alpheus*)・・・116　食痕のあるアダンの葉を探すと見つかる。
ツチイナゴ(*Patanga japonica*)・・・83、135　体長5〜6cm前後の褐色のバッタ。成虫で越冬する。
ツチカメムシ(*Macroscytus japonensis*)・・・101　土に落ちたヤツデやクズなどの実の汁を吸う。体長7〜10mm。
ツツハナバチ(*Osmia taurus*)：ハチ・・・105　体長約11mm、花粉を仲介する送粉昆虫のひとつ。竹筒などに土で仕切りを作り、幼虫のエサになる花粉団子を運び込んで産卵する。奥から次々と産卵して入り口をふさぐ。幼虫は秋に羽化し、巣の中で越冬をし翌年の春巣から出る。
ツノゴマ(*Proboscidea jussieui*)・・・260　北米大陸南部原産。国内では植物園などで見られる。
ツパイの仲間(*Tupaiidae*)・・・77　キネズミとも呼ばれたが、ネズミやウサギよりサルに近い系統。
ツバキ(*Camellia japonica*)・・・34　国内外に数々の園芸品種があり、サザンカと花の形が似ている。
ツマキチョウ(*Anthocharis scolymus*)・・・95　前翅の先がとがる白いチョウ。雄のみ表翅の先端が橙色。
ツマグロオオヨコバイ(*Bothrogonia ferruginea*)・・・184　バナナ虫とも呼ばれ、草木の汁を吸う。
ツムギアリ(*Oecophylla smaragdina*)・・・114、130、216　あごの力やしがみつく力が強く、木や草の間に巣を作る。
ツリアブの仲間(*Bombyliidae*)：寄生蝿・・・105　ハチの幼虫やサナギに寄生。
ツリフネソウ(*Impatiens textori*)・・・53　花の距の部分に蜜をため、花粉を運ぶハナバチなどを集める。
ツルの仲間(*Gruidae* sp.)・・・77　首や足、くちばしが長く、体長1m前後の大型の鳥。

テイオウゼミ(*Pomponia imperatoria*)・・・127、214　体長7〜8cmの世界最大のセミ。
デグロは地域での呼び名／和名はドンコ(*Odontobutis obscura*)：淡水魚・・・36　ハゼの仲間。
テナガエビ(*Macrobrachium* sp.)・・・197　食用になる。第2歩脚が長く、淡水域から汽水域まで生息。
デメキンは品種名／和名はキンギョ(*Carassius auratus auratus*)・・・40　観賞魚。フナの変異種。
テングザル(*Nasalis larvatus*)・・・215　ボルネオ島固有種。湿地やマングローブ、河辺の林などに生息。
テングビワハゴロモ(*Pyrops candelaria*)・・・215　セミに近い昆虫。木の汁を吸う。
テントウムシの仲間(*Coccinellidae*)・・・95、134、184、238　数mm〜1cm程度の半球形の昆虫。

トウキョウサンショウウオ(*Hynobius tokyoensis*)：両生類・・・84、85　日本固有種。
トウモロコシ(*Zea mays*)・・・79　穀物としての利用以外に、バイオエタノールの原料として利用。

トカゲの仲間(Scincidae)：爬虫類・・・220　南極大陸以外の全大陸に分布。
ドクガ(Artaxa subflava)：毒を持つガ・・・34　幼虫・サナギ(マユ)・成虫に毒針毛がある。
ドクダミ(Houttuynia cordata)・・・43　開花期の地上部を乾燥させたものは漢方薬や民間薬になる。
トゲナナフシ(Neohirasea japonica)昆虫・・・117、214　トゲのある茶色い体でバラの枝などに擬態する。
ドジョウ(Misgurnus anguillicaudatus)・・・84　日本及び東アジア地域に生息し、食用にされる。
トックリバチの仲間(Eumenes spp.)・・・215　ガの幼虫を狩り、土で作った巣に運ぶ。
トノサマバッタ(Locusta migratoria)・・・77～83、141　河川敷などの開けた草地で見かける。
トビコバチの仲間(Encyrtidae)：寄生蜂・・・61、65　成虫の体長は数mm。
トビズムカデ(Scolopendra subspinipes mutilans)・・・103　およそ5～7年ほど生きる。大型のムカデ。
トビムシの仲間(Collembola)・・・131　体長1mm～2mm。地表生活者で有機物を食べる。
ドブガイの仲間(Anodonta sp.)：淡水産二枚貝・・・27　淡水真珠貝の仲間。
トラの仲間(Panthera tigris sp.)：肉食獣・・・74、220　縞模様のある大型のネコ属。
トリノフンダマシの仲間(Cyrtarachne sp.)・・・クモ・・・256　雌は1cm内外、雄は3mmくらい。
トリバネチョウの仲間(Ornithoptera;Trogonoptera;Troides)・・・216　トリバネアゲハ属、アカエリトリバネアゲハ属、キシタアゲハ属などに分類される熱帯性の大型で美しいチョウ。
ドロバチの仲間(Eumeninae)・・・68、105　多くの種が単独性の狩り蜂。
ドンコ(Odontobutis obscura)淡水魚・・・36　ハゼの仲間。
トンボの仲間(Odonata)・・・129、131、134　飛翔昆虫を空中で捕食する。

【な】

ナガサキアゲハ(Papilio memnon)・・・125　南方系のアゲハチョウ。温暖化で福島県辺りまで北上。
ナガコバチの仲間(Eupelmidae)：寄生蜂・・・67　成虫の体長は数mm。
ナガミヒナゲシ(Papaver dubium)・・・202　地中海沿岸原産の外来植物。種子が多く爆発的な繁殖力を持つ。
ナキイナゴ(Mongolotettix japonicus)：昆虫・・・82　小型のバッタ。発音する。
ナツアカネ(Sympetrum darwinianum)・・・77、84　アキアカネに似るが、長距離移動しない。
ナナフシの仲間(Phasmatodea)：昆虫・・・117、132　細長い体で植物に擬態し、卵は種子に似る。
ナマズ(Silurus asotus)：淡水魚・・・19　東アジア全域に分布。川や湖沼に生息する口が大きい肉食魚。
ナンキンムシ／和名はトコジラミ(Cimex lectularius)：寄生昆虫・・・31　人間に寄生し吸血する。
ナンバンサイカチ(Cassia fistula)・・・259　英名、ゴールデンシャワー(golden-shower)。
ナンベイオオヤガ(Thysania agrippina)・・・121　世界一翅の長いガ。翅を広げると30cmもある。
ニイニイゼミ(Platypleura kaempferi)・・・28　小型のセミ。東京の都心では梅雨の中頃から鳴き出す。
ニカメイガ(Chilo suppressalis)：ガ・・・62　イネの害虫。年2回発生。
肉食シャクガ(Eupithecia spp.)：ガ・・・210　ハエトリナミシャクと呼ばれハエを捕食。ハワイに生息。
ニシキアカリファ(Acalypha wilkesiana)・・・116　緑に朱色と赤と紫の不規則な斑模様が入る観葉植物。
ニホンキバチ(Urocerus japonicus)・・・171　スギ・ヒノキに産卵し、加害する。
ニホンザル(Macaca fuscata)：霊長類・・・32　日本固有種。ホンドニホンザルとヤクニホンザルがいる。
ニッポンヒラタキノコバエ(Keroplatus nipponicus)・・・110、268　幼虫は発光器を持つ。

ニホンミツバチ(*Apis cerana japonica*)・・・105　セイヨウミツバチより養蜂が少ない。
ニュージーランドヒカリキノコバエ(*Arachnocampa luminosa*)・・・149　光が観光資源となっている。
ニワトリ(*Gallus gallus domesticus*)・・・30、37　世界中で飼育される代表的な家禽(かきん)。
ヌートリア(*Myocastor coypus*)・・・38、206　南アメリカ原産の移入種。特定外来生物 P. 290を参照。
ヌマガイ(*Myocastor coypus*)・・・164　日本の淡水産二枚貝のイシガイ科のうち、ドブガイの仲間。
ネコ／和名はイエネコ(*Felis silvestris catus*)・・・205、207
ネコジャラシ／和名はエノコログサ(*Setaria viridis*)：イネ科植物・・・208　脱穀すると食用になる。
ネコヤナギ(*Salix gracilistyla*)・・・19　北海道から九州までの山野の水辺に自生。花が綿毛のように見える。
ネズミの仲間(*Myomorpha*)：げっ歯類・・・36、37　非常に繁殖力が強い。
ネズミモチ(*Ligustrum japonicum*)：植物・・・181　暖地に自生。街路樹や生け垣として植栽する。
ノウサギは旧和名／ニホンノウサギ(*Lepus brachyurus*)・・・76　体長50cm内外。全身褐色で腹部は白い。
ノミ／和名はヒトノミ(*Pulex irritans*)：寄生昆虫・・・30、132　ネコノミ、イヌノミなどもいる。
ノミバエ(*Phoridae*)・・・150　体長2mm前後。台所のゴミ入れに残るわずかな有機物からも発生する。
ノミバッタ(*Xya japonica*)・・・69　体長5mm前後、黒褐色の日本のバッタの仲間では最小。
ノミハムシ(*Hemipyxis* spp.)：植物食の昆虫・・・69　体長2～5mm前後、刺激すると跳ねる。

【は】

ハイビスカス／園芸種のブッソウゲ(*Hibiscus rosasinensis*)・・・116　アオイ科のフヨウの仲間。
ハエの仲間(*Muscomorpha*)・・・33、35、97、123、132、135、148　衛生及び農業害虫となる種がある。
ハエ・ハヨは地域の呼称／和名はハヤ(*Cyprinidae*)・・・19　かつては都市の川で捕れた種も多い。
ハカマカズラの仲間(*Bauhinia*)：マメ科のつる性植物・・・217　熱帯圏に多く、国内には1種のみ。
ハキリアリの仲間(*Acromyrmex* sp.)・・・178、218　現地では農作物の害虫として駆除対象。
ハキリバチの仲間(*Megachilidae*)・・・68　壁の隙間などの巣に、切り取った葉で壺を作り、花粉を貯めて産卵する。
バク(*Tapirus* sp.)・・・75、159　ゾウの鼻のような口吻を持ち、ブタに似た体つきの哺乳類。
ハクチョウ(*Cygnus* spp.)・・・159、165、168　日本ではオオハクチョウとコハクチョウが越冬する。
ハクチョウハジラミ(*Ornithobius cygni*)：寄生昆虫・・・166　主に羽毛を咀嚼する。
ハグロトンボ(*Calopteryx atrata*)・・・50、84　4枚の翅を重ねて立てて休む。
ハシリグモ(*Dolomedes* spp.)：徘徊性のクモ・・・52　巣網を張らず、陸や水面などで獲物を捕る。
ハスノハギリ(*Hernandia nymphaea efolia*)・・・112、255　海岸近くに生育、種子は海流で遠くへ運ばれる。
ハチの仲間(*Hymenoptera*)・・・135、136、137　アリのように社会性を持つものと、単独性のものがある。
ハチの子・・・30　ハチの幼虫を食用にする時の呼び名。主にスズメバチやアシナガバチ、ミツバチなど。
バッタの仲間(*Orthoptera*)・・・77、78、79、80、81、131、132、184、192　バッタやイナゴなど。
ハッチョウトンボ(*Nannophya pygmaea*)・・・50　日本一小さく、世界的にも最小の仲間。
ハトの仲間(*Columbidae*)・・・73　ドバト(カワラバト)は有史以前より家禽化され世界中に広まった種。
バトラケドラ(*Batracedra* sp.)：ガ・・・116　トゲアリの巣に寄生する小さいガ。

ハナアブの仲間(Syrphidae)：花粉媒介昆虫・・・91、253　ハエの仲間。体長約4～25mm。
ハナカマキリ(Hymenopus coronatus)・・・107　東南アジアに分布。花に似た姿で雄の体長は雌の半分以下。
ハネナガヒシバッタ(Euparatettix insularis)・・・70　雄8mm、雌13mmくらいの小さなバッタ。
ハネフクベ(Alsomitra macrocarpa)：つる性植物・・・188、193、259　大きい実には翼状の種子が出来る。
ハバチの仲間(Symphyta)・・・68　腰のくびれのない広腰亜目のハチ。毒針を持たない。
ハブの仲間(Protobothrops spp.)：毒蛇・・・112　南西諸島固有種。体長は国内最大級で非常に気が荒い。
ハブチャ／ハブソウ(Senna occidentalis)・・・48　種子を炒ってハブ茶にしたが、現在はエビスグサを使う。
ハマオモト／和名はハマユウ(Crinum asiaticum)・・・48　温暖な海浜で見られる植物。
ハマグリ(Meretrix lusoria)：海産二枚貝・・・45　環境省では絶滅危惧II類。千葉県では野生絶滅。
ハムシ(Chrysomelidae sp.)：甲虫・・・104　体長6mm前後。草食性のため農業被害を与える種もある。
ハラビロカマキリ(Hierodula patellifera)・・・30、106　他のカマキリより前胸部が短く、腹部の幅が広い。
ハリアリ(Ponerinae)・・・146　腹部に毒針を持つアリ。本書では外国産のブルドッグアリを指す。
ハリガネムシの仲間(Gordioidea)・・・29　カマキリの他、バッタ、ゴキブリなどにも寄生する。
ハリセンボン(Diodon holocanthus)：海産魚・・・255、262　フグの仲間。体を膨らませ多数のトゲを立てる。
ハリモグラ(Tachyglossus aculeatus)・・・76、156　育児嚢で子育てをし、アリやシロアリを食べる。
ハルシャギク(Coreopsis tinctoria)・・・203　昭和30年代頃までは園芸品種。現在は外来雑草とされる。
ハルゼミ(Terpnosia vacua)・・・27　小型のセミ。4～6月頃、ブナやアカマツなど明るい林で鳴く。
ハレギチョウ(Cethosia hypsea)・・・214　東南アジアの美しいタテハチョウ。
バンジロウ(Psidium guajava)・・・115　英名グアバ(Guava)。球か洋ナシ型の果実を食用とする。
パンパスグラスは英名／和名シロガネヨシ(Cortaderia selloana)・・・217　草丈2m以上になるイネ科植物。
ハンミョウ(Cicindela japonica)：甲虫・・・132　体長約20mm。幼虫・成虫とも肉食性。
ヒカリキノコバエ(Arachnocampa spp.)・・・146、147、148、151、268　本書では主にオーストラリアの種。
ヒカリコメツキ(Pyrearinus termitilluminans)：小型甲虫・・・180　胸部と腹部が発光。中南米に分布。
ヒグラシ(Tanna japonensis)・・・28　鳴き声からカナカナとも呼ばれる中型のセミ。朝と夕に鳴く。
ヒシ(Trapa japonica)・・・42　スイレンのように水底から茎を伸ばして水面に葉を広げて生育する。
ヒシバッタの仲間(Tetrigidae)・・・70、83　多くは飛ばずに跳ねて移動する体長7～11mmのバッタ。
ヒトノミ(Pulex irritans)・・・30　吸血寄生虫。よく跳ねる。
ヒドラの仲間(Hydridae)・・・84、85　細長い1cmほどの体の先に生えた長い触手で、ミジンコなどを食べる。
ヒバリ(Alauda arvensis)：鳥・・・38　都市近郊では、河川敷の草原などでも見かける。
ヒメコバチの仲間(Eulophidae)・・・67　多種多様な昆虫類や、植物に寄生する体長数mmの寄生蜂。
ヒメセアカケバエ(Penthetria japonica)・・・258　成虫の体長8～10mm。花の蜜や腐った果実を吸汁。
ヒメタニシ(Bellamya quadrata histrica)：淡水産巻貝・・・197　殻高約35mm前後。
ヒメバチの仲間(Icheumonidae)：寄生蜂・・・68、148　主に昆虫などの幼虫やサナギに寄生する。
ヒメホソアシナガバチ(Parapolybia varia)・・・105　体長約11～16mm。細長い巣を作る。
ヒメボタル(Luciola parvula)・・・54、197　幼虫がカタツムリなどを食べる陸生ホタル。成虫の体長7mm前後。
ヒル／チスイビル(Hirudo nipponia)・・・19、21、126　水田で農作業中の人に貼り付き血を吸う。

ヒヨドリ(*Hypsipetes amaurotis*)・・・203、257　全長27〜29cm、体は灰褐色で尾は長めの中型の鳥。
ヒョウ(*Panthera pardus*)・・・220　害獣としての駆除、毛皮目的や娯楽としての狩猟などにより減少。
ビンロウ(*Areca catechu*)：ヤシ科植物・・・212　高さ10〜17m、30mに達することもある。

フウセンムシとは、ミズムシの仲間のこと・・・49、97
フェニックスは通称、和名はカナリーヤシ(*Phoenix canariensis*)：ヤシ科植物・・・111、268
フクロウ科(*Strigidae* sp.)・・・76　全長は50〜60cm内外、定住性が強い。
藤棚／フジ(*Wisteria floribunda*)はマメ科つる性落葉木・・・245　庭園などの観賞用として、木や竹を利用して棚仕立にすると葉に日光がよく当たり、長くしだれた花房が観賞しやすくなる。
フタバガキ(*Dipterocarpaceae* sp.)：植物・・・217　学名の意味は「羽の2枚ある実」。熱帯地域に自生。
ブタナ(*Hypochaeris radicata*)：植物・・・202　原産地では食用にもなる。ヨーロッパ原産。
フタモンベッコウ(*Parabatozonus jankowskii*)：狩り蜂・・・121　巣穴に運んだクモに卵を産み付ける。
フツウミミズ(*Pheretima communissima*)・・・174　体長15〜20cm太さ5mmくらい。腐葉土などに生息。
ブッシュフライ・・・148　畜産農場などに大量発生するクロバエなどの仲間。人の汗や唾液に集まる。
フトヤスデ(*Rhinocricidae*)・・・114　日本最大のフトヤスデは、体長6〜7cmのヤエヤマフトヤスデ。
フナの仲間(*Carassius*)：淡水魚・・・19、27、50　流れのゆるい河川や湖沼、ため池、用水路などに生息。
フナムシ(*Ligia exotica*)：甲殻類・・・46　最大で体長約5cm。熱帯から温帯地域の岩礁海岸に広く分布。
フユシャクの仲間(*Alsophilinae*)・・・135　年1回、冬に成虫が発生するシャクガ。
プラタナスの仲間(*Platanus* spp.)：植物・・・98　スズカケノキとも呼ばれる。
ブラックバス(*Micropterus* sp.)・・・224　外来種のオオクチバス、コクチバス、フロリダバスの3種の通称。オオクチバスとコクチバスは特定外来生物(P. 223)や日本の侵略的外来種ワースト100に選定され、オオクチバスは世界の侵略的外来種ワースト100にも選定されている。
プラナリアは英名／ナミウズムシ(*Dugesia japonica*)のことを指す場合が多い・・・85　口と肛門が一緒。
フラミンゴ(*Phoenicopterus* sp.)・・・166　アフリカ、南ヨーロッパ、中南米の塩湖や干潟に生息する大型の鳥。
ブルドッグアリ(*Myrmecia* spp.)・・・146、154　キバハリアリの仲間。

ヘイケボタル(*Luciola lateralis*)・・・28、197　ゲンジボタルよりも小型で止水域に棲む水生ホタル。
ベニイロフラミンゴ(*Phoenicopterus ruber*)・・・166　北アメリカに自生する唯一のフラミンゴ。
ベニカナメモチ(*Photinia* sp.)・・・208　カナメモチとオオカナメモチの雑種、新芽の赤が鮮やか。
ベニモンオオサシガメ(*Platymeris rhadamanthus*)・・・109　体長40mm前後、肉食性のカメムシ。
ベッコウチョウトンボは旧和名／オキナワチョウトンボ(*Rhyothemis variegata imperatrix*)・・・112
ベッコウバチの仲間(*Pompilidae*)：狩り蜂・・・121　巣穴に運んだクモに卵を産み付ける。
ヘビの仲間(*Serpentes*)・・・36、220、247、249　脊椎を持ち体が細長く、四肢がない爬虫類の仲間。
ヘビウの仲間(*Anhingidae*)・・・215　熱帯地方と南半球に分布。
ヘラクレスオオカブト(*Dynastes hercules*)・・・121、127　世界最大のカブトムシ。
ペンギン(*Spheniscidae*)：飛べない海鳥・・・206　主に南半球に生息する。

ホウオウボク(*Delonix regia*)：マメ科・・・144、259　熱帯地方の街路樹に見られ、大きい鞘状の実がなる。
ボウフラ／カ(*Culicidae*)の幼虫・・・17、93　カの駆除には、ボウフラの棲みかになる水たまりを減らす。

ホウライカガミ(*Parsonsia alboflavescens*)：つる性植物・・・112　海岸近くの岩場に多い。
ホオズキ(*Physalis alkekengi var. franchetii*)・・・208　草丈60～80㎝、オレンジ色の袋状の実がなる。
ボクサーカマキリ(*Acromantis gestri*)・・・108　カレハカマキリの仲間。東南アジアに分布。
ホソナガコバチの仲間(*Elasmidae*)：寄生蜂・・・67　体長2～3mm。
ホソミカマキリ(*Pseudoharpax sp.*)・・・108、150　体長約15㎜。細長い。
ホタル(*Lampyridae*)・・・28、113　ふつうは水生のゲンジボタルやヘイケボタルを指す。
ポポーは通称／和名ポーポー英名Pawpaw(*Asimina triloba*)：果樹・・・48　アケビガキとも呼ぶ。
ホリイコシジミ(*Zizula hylax*)・・・121　東南アジアに分布。沖縄諸島に定着中の日本最小のチョウ。
ボルネオオオカブト／和名モーレンカンプオオカブト(*Chalcosoma moellenkampi*)・・・214

【ま】

マガモ(*Anas platyrhynchos*)・・・169　北海道から南西諸島まで全国的に渡来する冬鳥。
マサキ(*Euonymus japonicus*)・・・61　樹高1～5m。葉が密生するので生け垣などにも利用する。
マダラサソリ(*Isometrus maculatus*)・・・117　細長い体型。八重山諸島と小笠原諸島に分布。
マツカサガイ(*Pronodularia japanensis*)・・・167、197　淡水真珠貝の仲間。殻長は最大で9㎝。
マツカレハ(*Dendrolimus spectabilis*)：ガ・・・169　幼虫をマツケムシとも呼ぶ。
マツバガニは地域商品名／ズワイガニ(*Chionoecetes opilio*)のこと・・・47　標準和名マツバガニは別種。
マツムシ(*Xenogryllus marmoratus*)：鳴く虫・・・110　秋に鳴く虫として日本人になじみ深い。
マツモムシ(*Notonecta triguttata*)：水生昆虫・・・84、94、128　体長11～14㎜。
マドジョウ／和名はドジョウ(*Misgurnus anguillicaudatus*)：食用淡水魚・・・36　養殖もされる。
マドボタルの仲間(*Pyrocoelia spp.*)：陸生ホタル・・・197　幼虫のエサはカタツムリなどの陸生巻貝。
マムシ／和名はニホンマムシ(*Gloydius blomhoffii*)毒蛇・・・22、28　かまれたらすぐ病院に行く。
マルハナバチの仲間(*Bombus spp.*)・・・52　花粉媒介者として、トマトやナスの栽培に使われる種もある。
マングローブ・・・215　魚介類や水棲哺乳類に繁殖場所を提供する潮間帯の森林のこと。
マンネンヒツヤスデ(*Diplopoda*)・・・118　熱帯林にすむ太いヤスデの呼び名。

ミールワーム(Mealworm)はチャイロコメノゴミムシダマシの幼虫(*Tenebrio molitor*)・・・174
ミイロタテハ／通称アグリアスは学名のカタカナ表示(*Agrias spp.*)・・・177
ミオマンティス・モナカ(*Miomantis monacha*)・・・106　クビナガカマキリの1種。
ミカンの仲間(*Rutaceae*)・・・87、135　葉がアゲハ類の幼虫のエサ(食草)になる。
ミギワバエ(*Ephydridae*)・・・34　主に植食性。幼虫は水生、成虫の多くは浜辺や湿地などに生息。
ミシシッピアカミミガメ(*Trachemys scripta*)・・・227　幼体はミドリガメと呼ばれる。
ミジンコ(*Daphnia pulex*)：とても小さな甲殻類・・・84、85　体長0.2～5㎜くらい。
ミスジコウガイビル(*Bipalium trilineatum*)・・・244　体長約10～30㎝～1m、陸生のウズムシ。
ミズオオトカゲ(*Varanus salvator*)・・・215　最大全長250㎝、森林などに生息し、水辺を好む。
ミズカマキリ(*Ranatra chinensis*)・・・84、110、166　体長40～50㎜、カマキリに似るがカメムシの仲間。
ミズグモ(*Argyroneta aquatica*)・・・256　体長10㎜前後のクモ。水中に糸で網目の部屋を作り生活をする。
ミズスマシ(*Gyrinus japonicus*)：水生昆虫・・・84、85　成虫は水面、幼虫は水中でくらす甲虫。

ミズムシの仲間(Corixidae)・・・97　別名フウセンムシ。藻類などを食べ、体長3〜8㎜くらい。
ミツバチ／和名はセイヨウミツバチ(*Apis* spp.)・・・51、65、101、131、138、141、156、188、244
緑色のカナヘビ／サキシマカナヘビ(*Takydromus dorsalis*)・・・114　石垣島、西表島および黒島固有種。
ミノムシの仲間(*Eumeta* sp.)・・・98　幼虫は葉や茎を絹糸でつづり、袋状の巣(ミノ)を作る。
ミミズの仲間(Oligochaeta)・・・19、126、127、205、244、247、248　多くの種は陸上の土壌に生息。
ミヤイリガイ(*Oncomelania nesophora*)淡水産巻貝・・・197、262　別名カタヤマガイ。日本住血吸虫の中間宿主。日本住血吸虫の最終宿主は、ヒトを含む哺乳類であり、人は寄生されると内臓を痛める慢性疾患の日本住血吸虫症を引き起こす。日本ではミヤイリガイの人為的絶滅を計り激減させた。
ミヤコタナゴ(*Tanakia tanago*)・・・167　関東地方の一部に生息する日本固有種。国の天然記念物。
ミヤマクワガタ(*Lucanus maculifemoratus*)・・・127　分布域が広く、平地から山地までの良好な自然環境に生息する。指標昆虫(旧環境庁が環境調査のために選んだ10種類の昆虫)の一つ。
ミルメシア・タルサータ(*Myrmecia tarsata*)・・・153　キバハリアリの仲間、通称ブルドッグアリ。
ミルメシア・ニグロシンクタ(*Myrmecia nigrocincta*)・・・154　キバハリアリの仲間、通称ブルドッグアリ。
ミンミンゼミ(*Hyalessa maculaticollis*)・・・28　東京の都心でも「ミーンミンミン…」と鳴く声を聞く。

ムカデの仲間(Chilopoda)・・・126、127、248　ムカデ仲間の顎肢には毒腺がある。
ムギ・・・23　コムギ、オオムギ、ライムギ、エンバク他、外見の同じようなイネ科穀物の総称。
ムササビ(*Petaurista leucogenys*)：哺乳類・・・76　前脚と後脚の間の飛膜を広げて滑空する。
ムシヒキアブの仲間(Asilidae)・・・34　体長約3㎝、虫を捕えて体液を吸う。
ムツオビアルマジロ(*Euphractus sexcinctus*)・・・76　全身ないし背面が、体毛が変化した鱗状の堅い甲羅(鱗甲板)で覆われていて、敵に出会うと手足を引っ込めて甲羅で身を守る。
ムナビロカレハカマキリ(*Deroplatys desiccata*)・・・107　別名メダマカレハカマキリ。

メイガ／ズイムシの仲間(Pyralidae)・・・21　幼虫はシンクイムシとも呼ばれ農業害虫となる。
メガネウラ(*Meganeura*)・・・121　約2億9,000万年前(古生代石炭紀末期)の原始的な大型のトンボ。
メスアカケバエ(*Bibio rufiventris*)・・・258　体長10㎜内外、早春、雌を待つ雄が群飛する。
メダカ(*Oryzias* spp.)・・・26、50、84、131、197　古くから日本人に親しまれてきた小型魚。
メダカハネカクシの仲間(Steninae)・・・92　水際に多く、水面に浮かんでいることもある。

モウコノウマ／蒙古野馬(*Equus ferus przewalskii*)・・・159　原産地モンゴル。野生の馬。
モウセンゴケ(*Drosera rotundifolia*)：食虫植物・・・48　虫を粘毛のある葉で包み込み消化吸収する。
モウソウチク(*Phyllostachys heterocycla*)：竹・・・20、39、51　他植生への侵入が問題化している。
モエビ(*Metapenaeus moyebi*)・・・84　食用。浅い内湾や汽水域の砂泥底に生息。シバエビよりは小ぶり。
モクズガニ(*Eriocheir japonica*)・・・47、223　稚ガニになるまで海で成長し、甲幅5mm程度になると上流の淡水域へと遡上する。河川や湖沼で成体にまで育つと海に下り交尾産卵して一生を終える。
モグラの仲間(Talpidae)：げっ歯類・・・76、174　生息域の減少で、絶滅が危惧されている。
モダマの仲間(*Entada* spp.)マメ科ツタ植物・・・262　1mほどの鞘に大きなマメが入っている。
モツゴ(*Pseudorasbora parva*)：淡水魚・・・227　関東地方では、かつてクチボソと呼んでいた。
モノアラガイ(*Radix auricularia japonica*)：淡水産巻貝・・・197　環境省レッドリスト、準絶滅危惧。
モミジ／カエデの仲間(*Acer*)・・・208　鮮やかに紅葉するカエデ類の総称。

モリアオガエル(*Rhacophorus arboreus*)・・・48　水面に張り出した枝に、白い泡で包んだ卵塊を産み付ける。

モリバッタ(*Traulia ornata*)・・・81　奄美以南の各島に分布するモリバッタの総称。

モルフォチョウ(*Morpho* spp.)・・・179　金属光沢の翅を持つ美しい大型のチョウの仲間。北アメリカ南部から南アメリカにかけて分布する。

モルモット／テンジクネズミ(*Cavia porcellus*)：げっ歯類・・・170　南米原産。体長20〜40㎝、小型で丸い耳を持ち尾はない。植物食。古代インディオが食肉用に野生種を家畜化したとされる。

モンキーポッド(*Albizia saman*)：植物・・・210　本来は南米に分布。米国ハワイ州では侵略的外来種。

モンシロチョウ(*Pieris rapae*)・・・186、188、193　幼虫は十字花科(アブラナ科)植物を食べる。

【や】

ヤエヤマアオガエル(*Rhacophorus owstoni*)・・・114　日本(石垣島、西表島)固有種のアオガエル。

ヤエヤマサソリ(*Liocheles australasiae*)・・・117　雌だけで繁殖する単為生殖。八重山諸島のみに分布。

ヤエヤマツダナナフシ(*Megacrania tsudai adan*)・・・116　大型のナナフシ。アダンの葉を食べる。

ヤエヤマフトヤスデ(*Spirobolus* sp.)・・・117　体長約100㎜。琉球列島固有種、石垣島が北限。

ヤゴ／トンボの幼虫(*Odonata*)・・・92、94、95、130、216　幼虫期を淡水中で過ごす水生昆虫。

ヤコウタケ(*Mycena chlorophos*)・・・110　夜光茸、光るキノコ。英語名グリーンペペ(green pepe)。

ヤコウチュウ(*Noctiluca scintillans*)・・・110　夜光虫、海洋性のプランクトン。発光はルシフェリンとルシフェラーゼの反応による。大発生により夜は光り輝くが、赤潮の原因生物である。

ヤシの仲間(*Arecaceae*)・・・259　観葉植物。食用や薬用、建材、工芸材料、木炭など広く利用される。

ヤスデの仲間(*Diplopoda*)・・・127　ムカデと異なり、毒のあるあごを持たない。腐植食性、土壌生物。

ヤセバチの仲間(*Evaniidae*)：寄生蜂・・・68　ゴキブリの卵に寄生する種などがある。

ヤツボシツツハムシ(*Cryptocephalus japanus*)・・・104　体長8㎜前後の甲虫。産卵後、卵を糞で包む。

ヤツメウナギの仲間(*Petromyzontiformes*)・・・36　食用される種もある。

ヤマカガシ(*Rhabdophis tigrinus*)：毒蛇・・・37　全長は70〜150㎝。

ヤマダカレハ(*Kunugia yamadai*)・・・140　幼虫とマユに毒針毛がある。

ヤマトゴキブリ(*Periplaneta japonica*)・・・35　体長20〜30㎜、翅が短いために雌は飛べない。

ヤママユガ／ヤママユ(*Antheraea yamamai*)：絹糸昆虫・・・49　幼虫は美しい緑色のマユを作る。

ヤマメ(*Oncorhynchus masou masou*)・・・19　一生を河川で過ごす陸封型のサクラマスのこと。

ヤンマ(*Aeshnidae*)・・・130　大型のトンボ。

ヤンバルテナガコガネ(*Cheirotonus jambar*)・・・227　日本最大の甲虫。天然記念物。絶滅危惧IB類。

ユーカリ(*Eucalyptus* spp.)・・・150、162　主にオーストラリア南東部・南西部やタスマニア島に分布。

ユウゲショウ(*Oenothera rosea*)・・・202　マツヨイグサの仲間の多年草。南米から北米南部原産。

ユキノシタ(*Saxifraga stolonifera*)・・・54　古来、民間薬として用いられて来た常緑の多年草。

ユスリカの仲間(*Chironomidae*)・・・123　さまざまな淡水域に棲むが、海や陸に棲むものもいる。

ヨーロッパフラミンゴ(*Phoenicopterus ruber roseus*)・・・166　近年の和名は、オオフラミンゴ。

ヨコバイの仲間(*Cicadellidae*)・・・128、227　カメムシの仲間、植物の液汁を吸う。学名の意味は小さいセミ。

ヨザル(*Aotus trivirgatus*)：霊長類・・・76　樹上性で、暗くなると活動する完全に夜行性のサル。

ヨナグニサン(Attacus atlas ryukyuensis)：絹糸昆虫・・・121、216　日本最大のガ。沖縄県指定天然記念物。
ヨナグニモリバッタ(Traulia ishigakiensis yonaguniensis)・・・82　与那国島で変異したモリバッタ。
ヨモギ(Artemisia indica var. maximowiczii)・・・42　別名のモチグサやモグサのように、食用・薬用利用をする。

【ら】

ライオン(Panthera leo)：食肉類・・・74、161　野生ライオンの寿命は、飼育個体よりはるかに短い。
ライオンゴロシ(Harpagophytum procumbens)：植物・・・255、261　マダガスカル原産。
ライポン／コマルハナバチ(Bombus ardens)の雄のこと・・・52　日本在来種。体長2cmくらい。
ラクウショウ／和名はヌマスギ(Taxodium distichum)・・・171　北アメリカ原産、湿潤地を好む。
ラクダ(Camelus sp.)：家畜・・・73、158　野生種は、絶滅危惧のフタコブラクダがわずかに生息。
ラッパイチョウ／イチョウ(Ginkgo biloba)の変異種・・・203　世界中に分布。中国原産の落葉高木。
ラタン／和名トウ(Calameae)：つる性植物・・・217　英名(rattan)。家具やカゴを作る材料になる。
ラフレシア(Rafflesia arnoldii)・・・214　直径約90cmの巨大な寄生花は、腐臭で花粉を運ぶハエを誘引する。
ランの仲間(Orchidaceae)・・・217、219　多くの種が観賞用とされ、採集圧からの絶滅が問題になる。

リクガメの仲間(Testudinidae)・・・219　甲長10cm〜1mくらいまで、さまざまな種がある。
リスの仲間(Sciurinae)：げっ歯類・・・254　ニホンリスは体重約30g、海外には体重9kgの種もある。
リスザル(Saimiri sp.)：霊長類・・・76　リスのように小さく、体色も似るのでこの名が付いた。
リチャーズヒカリキノコバエ(Arachnocampa richardsae)・・・147、149　幼虫が発光する。
リュウキュウアサギマダラ(Ideopsis similis)・・・113、141　沖縄に分布する大型で美しいタテハチョウ。
リュウキュウイノシシ(Sus scrofa riukiuanus)・・・112　地域により、絶滅危惧に指定されている。
リュウキュウクツワムシ／タイワンクツワムシMecopoda elongata)・・・113　人為的移入の外来種。
リュウキュウサワマツムシ(Vescelia pieli ryukyuensis)・・・114　通称リュウキュウマツムシ。
リュウキン／和名はキンギョ(Carassius auratus auratus)・・・40　フナの変異種。尾びれが長い。
リュウノヒゲ／和名はジャノヒゲ(Ophiopogon japonicus)・・・20　根元から細い葉が多く出る常緑多年草。
リンゴ／和名はセイヨウリンゴ(Malus pumila)・・・96　リンゴはヨーロッパから伝播された。

ルリクワガタ(Platycerus delicatulus)・・・57　体長13mm前後、国産同属では最大の種。
ルリモンハナバチ(Thyreus decorus)：寄生蜂・・・53　体長は13mm前後、ハナバチに寄生する。

ロリスは総称／スローロリス(Nycticebus coucang)：霊長類・・・76、219　樹上で生活し、夜行性。

【わ】

ワカサギの仲間(Hypomesus nipponensis)：食用魚・・・224　氷上での釣りや船釣りなど人気が高い。
ワキン／和名はキンギョ(Carassius auratus auratus)・・・40　フナの変異種から出来た品種。
ワシ／ワシやタカの仲間(Accipitriformes)・・・219　大きな種をワシと呼ぶが、タカとの明確な区別はない。
ワニの仲間(Crocodilia)：水棲爬虫類・・・220　熱帯〜亜熱帯に分布、日本での野生化はない。
ワモンゴキブリ(Periplaneta americana)・・・35　体長40mm以上、国内最大のゴキブリ。寒さには弱い。

付記・特定外来生物(P.223)

　特定外来生物とは、生きているものに限られている。個体だけではなく、卵、種子、器官なども含まれ、生態系や人の生命・身体、農林水産業へ被害を及ぼすもの、または及ぼす恐れがある外来生物(海外起源の外来種)の中から指定されている。以下一覧で●は定着、○は未定着。現在未定着の種は、国内の気候に適応するものと考えられ、定着すれば在来の生態系に被害を及ぼす恐れがあるため、侵入させないよう注意が必要である。

　身近で飼育栽培する時に、これらの種を選ばないための参考として、環境省ホームページ「特定外来生物等一覧」から転載する(2013/9月1日更新分)。定期的に更新されるので、詳しくはホームページを参照して欲しい。

http://www.env.go.jp/nature/intro/1outline/list/

哺乳類(23種類より抜粋)

○フクロギツネ(*Trichosurus vulpecula*)　有袋類。1.4〜6.4kg。無脊椎動物や鳥類を捕食。

●ハリネズミ(*Erinaceus* spp.)　背に針を持つ。600〜700g。鳥類の卵や雛、昆虫類等を捕食。

●タイワンザル(*Macaca cyclopis*)　自然状態でニホンザルと容易に交雑し、雑種も交配により子孫を残せる。果実、畑作物への農業被害が報告されている。

○カニクイザル(*Macaca fascicularis*)　同上。頭胴長40〜50cm、尾長40〜60cm、3〜6kg。

●アカゲザル(*Macaca mulatta*)　すでにニホンザルとの交雑個体群が確認されている。

●ヌートリア(*Myocastor coypus*)・・・38　頭胴長50〜70cm、尾長35〜50cm、体重 6〜9kg。岸辺に巣穴を堀り水田や畑に大きな被害を及ぼし、農作物への食害などの被害も報告されている。

●タイワンリス(*Callosciurus erythraeus thaiwanensis*)　冬眠しない。体重約360g。ニホンリスより一回り大きく全体的に黒っぽい。腹面は淡い灰褐色あるいは赤褐色で耳は短く丸い。農作物や森林木(樹皮剥ぎ)など農林業に被害を及ぼし、ニホンリスの地域的な絶滅要因の可能性がある。

○タイリクモモンガ(*Pteromys volans*)　自然界では未確認。エゾモモンガと亜種間交雑出来る。

○トウブハイイロリス(*Sciurus carolinensis*)　北アメリカ原産、日本にも定着する可能性が高い。

●キタリス(*Sciurus vulgaris*)　エゾリスと亜種間交雑する。ニホンリスとも遺伝的に近縁。

●マスクラット(*Ondatra zibethicus*)　水中生活に適した中型哺乳類。食害及び巣穴造営による害。

●アライグマ(*Procyon lotor*)　野生化および自然繁殖が確認され、他種の繁殖環境への影響が懸念される。手先が器用。狂犬病への罹患の可能性がある。捕食対象が小哺乳類から魚類・鳥類・両生類・爬虫類・昆虫類、野菜・果実・穀類と非常に幅が広く、北海道ではニホンザリガニやエゾサンショウウオなど、固有在来種の捕食が報告されている。

○カニクイアライグマ(*Procyon cancrivorus*)　輸入後遺棄されている情報あり。被害などは同上。

●アメリカミンク(*Mustela vison*)　肉食で攻撃的、哺乳類、鳥類、甲殻類などを捕食。北海道全道に分布。海岸部をはじめとする水辺に多く他県への定着も懸念される。

○ジャワマングース(*Herpestes javanicus*)　頭胴長300〜415mm。

- ○ユーラシア大陸、北米大陸などのシカ(Cervinae)　大型草食動物。アキシスジカ属、ダマシカ属、シフゾウ属、シカ属全種。ニホンジカとの種間、または亜種間交雑する。定着により植生構造を著しく変化させる。
- ●キョン(*Muntiacus reevesi*)　中国東南部・台湾原産の小型のシカ。伊豆大島、房総半島でも動物園からの逸出個体が定着したとされている。伊豆大島ではアシタバ、ミカン、カキ、キクの花などの農作物に対して加害し、房総半島でもトマトなどの野菜類、ミカンなどの果実類、タケノコ、イネなどへの農作物被害が報告されている。

鳥類(チメドリ科の4種類/すべて渡りをしない)

- ●ガビチョウ(*Garrulax canorus*)　羽色は焦げ茶が主体。大きく複雑な音色でよくさえずる。定着している、九州・本州の低地林等の里山的森林では、これらの種が最優占種となり、群集構造の著しい変化が見られ、長期的には在来種への直接・間接の負の影響も懸念される。
- ●カオジロガビチョウ(*Garrulax sannio*)　同上。定着確認は現在群馬の1県。
- ●カオグロガビチョウ(*Garrulax perspicillatus*)　同上。定着確認は5都県。
- ●ソウシチョウ(*Leiothrix lutea*)　23都府県に分布。体色は暗緑色でのどは黄色、くちばしは赤く、翼に赤と黄の斑紋がある。下生えの豊かな森林のササ群落中に営巣し、大きな声でよくさえずる。

爬虫類(16種類より抜粋)

- ●カミツキガメ(*Chelydra serpentina*)　繁殖能力が高く甲長約50㎝、34㎏まで成長し、80年も生きるともいわれ、さまざまな生物を捕食する広食性。攻撃的でかまれれば大怪我をする恐れがある。千葉県印旛沼周辺の水系で繁殖を確認、東京都の公園を含め各地でたびたび目撃されている。
- ○アノールの仲間(*Polychridae* spp.)　比較的小さいタテガミトカゲ。昆虫類などの食害、在来のトカゲ類、鳥類などと競合するなど、生態系への被害が懸念される。
- ○オオガシラ属の全種(Buccinidae)　弱毒を持ち全長2m前後になるヘビ。幼体はトカゲやカエル、成体は鳥やネズミを捕食する、食性の幅が非常に広い。
- ●タイワンスジオ(*Elaphe taeniura friesi*)　無毒。最大で2.7mにも達し、日本産のいずれのヘビよりも大型。沖縄島中部に定着。希少種を含む在来生物群集に多大な被害が及ぶ恐れがある。
- ●タイワンハブ(*Protobothrops mucrosquamatus*)　毒蛇、人の生命・身体に関わる被害がある。沖縄島北部に定着。鳥類、哺乳類、両生類、爬虫類を広く捕食。

両生類(11種類より抜粋)

- ●オオヒキガエルなどの外国産ヒキガエル(Bufonidae)　オオヒキガエルは小笠原諸島、大東諸島、石垣島、鳩間島に定着。非意図的な導入が生じていると考えられる。島々の在来希少種を含むさまざまな動物を捕食する。
- ○キューバズツキガエル(*Osteopilus septentrionalis*)　雌16.5㎝、雄8.5㎝の大きなアマガエル。
- ○コキーコヤスガエル(*Eleutherodactylus coqui*)　樹上性。湿った地上に産み付けられた卵から直接カエルが孵化する。オタマジャクシの時期がないので、繁殖に水域を必要としない。
- ●ウシガエル(*Rana catesbeiana*)　幼生も大型で、全長150㎜になる。北海道南部から沖縄県、小笠原諸島に至る広い範囲に定着。貪欲な捕食者で、昆虫やザリガニの他、小型の哺乳類や鳥類、爬虫類、魚類までも捕食する。
- ●シロアゴガエル(*Polypedates leucomystax*)　沖縄島及び周辺、宮古島及び周辺の島嶼、石垣島でも記録されている。樹上性で体サイズも同程度であるアオガエル属の各種への影響が懸念される。

魚類(13種類)

- ●チャネルキャットフィッシュ：通称アメリカナマズ(*Ictalurus punctatus*)　鋭いトゲを持ち捕食されにくい。水域のさまざまな動物を捕食、胃の内容物調査で大量の魚類やエビ類が発見される。
- ○ノーザンパイク(*Esox lucius*)：マスキーパイク(*Esox masquinongy*)　大型になる魚食性淡水魚。主に魚食性だが、ザリガニはじめ甲殻類、カエルなど両生類も捕食。冬の低水温にも耐える。
- ●カダヤシ(*Gambusia affinis*)　原産地北アメリカ。蚊の幼虫退治のために導入され、大きさはメダカくらい。「世界の侵略的外来種ワースト100」、「日本の侵略的外来種ワースト100」に選定されている。交尾により体内受精し直接仔魚を産む卵胎生、産卵場所を必要とせず成熟が早く雑食性、水質汚濁に強く、メダカが棲む水域ではメダカに置きかわるなどの事例が報告されている。
- ●ブルーギル(*Lepomis macrochirus*)　原産地は北アメリカ東部。昆虫類、植物、魚類、貝類、動物プランクトンなどをエサとする雑食性。侵入・定着水域では、モツゴの卵・仔稚魚及び成魚の捕食やエサをめぐる競争でモツゴが激減することが推察されている。
- ●コクチバス(*Micropterus dolomieu*)：オオクチバス(*Micropterus salmoides*)／通称ブラックバス　「日本の侵略的外来種ワースト100」に選定されている。釣魚対象で、各地で意図的な放流が行なわれてきた。強い捕食圧により在来種の減少を含む魚類群集構造の変化が報告されている。
- ○ストライプトバス(*Morone saxatilis*)：ホワイトバス(*Morone chrysops*)　大型になるスズキ亜目の魚食性魚類。ストライプトバスは淡水、汽水、海水域に生息し、ホワイトバスは純淡水生。
- ○ヨーロピアンパーチ(*Perca fluviatilis*)：パイクパーチ(*Sander lucioperca*)　大型になるスズキ亜目の魚食性淡水魚。ヨーロッパ諸国などで導入・定着後、在来生物相に被害をもたらしている。
- ○ケツギョ(*Siniperca chuatsi*)：コウライケツギョ(*Siniperca scherzeri*)　大型になるスズキ亜目の魚食性淡水魚。ケツギョは中国、朝鮮半島、ベトナム原産。コウライケツギョは中国、朝鮮半島、ベトナム原産。両種とも観賞魚として流通していた。導入・定着後にその強い捕食圧により直接的または間接的に在来生物群集への影響を及ぼす恐れがある。

クモ・サソリ類(10種類より抜粋)

- ○キョクトウサソリ(*Buthidae* spp.)　人体・生命に影響する程の猛毒を有する種も多い。
- ○ジョウゴグモ(*Macrothele*)　両性とも有毒。人の生命または身体に被害があるのはほとんど雄。
- ●ハイイロゴケグモ(*Latrodectus geometricus*)・・・102　全身症状が数週間継続することがある。重症例では、進行性の筋肉麻痺が生じる。東京都、神奈川県、大阪府、沖縄県などに定着。
- ●セアカゴケグモ(*Latrodectus hasseltii*)・・・102　症例は同上。大阪府、三重、兵庫、和歌山、奈良の各県。
- ○ジュウサンホシゴケグモ(*Latrodectus mactans tredecimguttatus*)　症例は同上。

甲殻類(5種類)

- ●ウチダザリガニ(*Pacifastacus leniusculus trowbridgii*)・・・197、228　通称シグナルクレイフィッシュ。フランス料理の高級素材。食用として導入したが目的を達成していない。繁殖能力が強く、魚類、底生生物、水草などを捕食する。北海道、福島県などに定着。人が食べることも駆除になる。
- ○アスタクス(*Astacus* spp.)：ヨーロッパザリガニ類　国内ではペットとしての流通があった。
- ○ケラクス(*Cherax* spp.)：ミナミザリガニ類　ペットとしての流通があった種が含まれる。
- ○ラスティクレイフィッシュ(*Orconectes rusticus*)：アメリカザリガニ科　食物の選好性が幅広い。攻撃的で他のザリガニを駆逐する。成長の早い個体は初年度で繁殖可能になる。
- ○モクズガニ属の全種(ただし日本のモクズガニを除く)・・・47　近年、中国の上海ガニが世界各

地に移入され、生態系に悪影響を与え、移入先で在来の無脊椎動物と競合している。原産地中国では、養殖施設で病原性のリケッチアの感染による大量死が生じている。日本に定着した場合、在来のモクズガニにも感染して疾病が蔓延し、病死による死亡率を高める恐れがある。

昆虫類(8種類より抜粋)

○外国産テナガコガネ(Cheirotonus spp.)　主にインターネットなどで流通・飼育がなされている。

●セイヨウオオマルハナバチ(Bombus terrestris)　27都道府県で目撃されていて、本種により在来マルハナバチ類は生息場所をうばわれ、低地ではかなり衰退していると推測され、在来の野生植物の種子生産に影響をもたらしているといわれている。

○ヒアリ(Solenopsis invicta)・・・218　「Fire ant」。刺されると、非常に激しい痛みを覚えて水疱状に腫れ、さらに毒に対してアレルギー反応を引き起こす。

●アルゼンチンアリ(Linepithema humile)・・・218　広島県に定着。多女王制で、大きなコロニーを形成して繁殖力が強い。女王アリの産卵能力は日に60個、主に巣別れによって分布を拡大し、他種のアリを駆逐するため、広島では在来アリの生息数が減少している。他の節足動物などの減少、在来植生の種子散布、授粉などにも影響を与える恐れがある。

○コカミアリ(Wasmannia auropunctata)　「Fire ant」。多女王性で、1コロニーあたりの産卵量が多く、コロニーの増殖や分布拡大の能力が高い。昼夜を問わず活動し、在来のアリ類を駆逐する例がある。刺されると激しい痛みを感じ、毒に対してアレルギー反応を引き起こす。「侵略的外来種ワースト100」に選定されている。

軟体動物など(5種類)

●カワヒバリガイ(Limnoperna fortunei)　1980年代後半、中国産のシジミ貝類への混入を初見。野外では1990年に揖斐川で初、1992年に琵琶湖でも確認された。現在は、木曽三川、琵琶湖及びその下流の淀川(瀬田川・宇治川・淀川)で定着している。大量発生により在来生物群集の生息地を圧迫し、大量斃死により急激な水質悪化を引き起こす可能性がある。魚病被害を引き起こす吸虫類の第一中間宿主で、宇治川では在来魚類に魚病被害が発生している。

○クワッガガイ(Dreissena bugensis)：カワホトトギスガイ(Dreissena polymorpha)　浮遊幼生期を持ち、水域を通じて広範囲に拡散し、成長が早く数ヶ月後には繁殖を開始する。海外では船舶への付着による汚損、発電所や浄水場の取水施設における通水障害などを引き起こした。カワホトトギスガイには殻に縞模様がある。「世界の侵略的外来種ワースト100」に選定されている。

●ヤマヒタチオビ(Euglandina rosea)：カタツムリ　1960年代、アフリカマイマイの駆除を目的に小笠原に導入。大型のアフリカマイマイの捕食はせず、貴重な陸産貝類を捕食している。太平洋諸国では、本種導入により、多くの陸産貝類が絶滅した。世界的な陸産軟体動物減少要因である。「世界の侵略的外来種ワースト100」、「日本の侵略的外来種ワースト100」に選定されている。

●ニューギニアヤリガタリクウズムシ(Platydemus manokwari)　繁殖能力が強く、体の破片からも再生が可能、さまざまな陸産貝類を捕食する。アフリカマイマイの天敵として各国で導入された。在来の陸産貝類を捕食し、太平洋・インド洋の各島嶼で、数多くの陸産貝類を絶滅させ、世界レベルでの陸産軟体動物の減少の原因の一つとされ、土壌に紛れて非意図的に各地へ侵入する。東京湾沿岸その他各地に侵入している。「世界の侵略的外来種ワースト100」に選定されている。

　以上、ここまでは動物の侵略的な外来生物である。日本の野外に生息する外国起源の生物の数は、分かっているだけでも約2000種にもなるという。
　明治以降、人々の移動や物流が活発になり、多くの動植物がペットや展示用、食用、研究などの目的で輸入されたり、荷物や乗り物などに紛れ込んで持

ち込まれたりした。これらの生物が逃げ出したり、捨てられたりして野生化した場合、子孫を残せず定着出来ないとの考えが多いが、中には子孫を残し、定着出来る生物もある。

植物の外来種は意外と多く、観賞用の栽培植物や水草、牧草の野生化などの問題があり、栽培植物を管理することが重要である。

以下の植物が身近にあったら、周囲に広げないようにし、すでに広がっている場合には近隣の博物館や動植物園などに相談をするか、環境省自然環境局野生生物課外来生物対策室へ連絡をすること。

植物(12種類)

- オオキンケイギク(*Coreopsis lanceolata*)　キク科。黄色の頭状花は直径6cmくらい、花期5〜7月。1880年代に観賞用、緑化用に導入。全国的に逸出し、河川敷や道路にしばしば大群落を作り、自然度の高い環境にも侵入・定着が可能だといわれており、在来生態系への影響が危惧される。
- ミズヒマワリ(*Gymnocoronis spilanthoides*)　キク科。球形で白色の頭状花は直径1.5cmくらい、花期5〜7月。流れの緩やかな水辺に生育し、マット状に水面を覆って繁茂する水草。栄養繁殖が極めて旺盛、ちぎれた茎は節から根を出して生長が早く、短期間で大きなコロニーを形成する。
- オオハンゴンソウ(*Rudbeckia laciniata*)　キク科。黄色の頭状花は直径5cmくらい、花期7〜10月。花弁は黄色で細長くやや垂れ下がる。明治中期に観賞用に導入、野生化が確認されたのは1955年。全国に分布し、北海道、福島県、長野県、岐阜県で大群落がみられる。日光国立公園の戦場ヶ原では在来種が減少し、湿原植物保護のために毎年刈り取られる。
- ナルトサワギク(*Senecio madagascariensis*)　キク科。直径2cmくらいの黄色い頭状花は周年開花。1976年に野生化を確認。侵入して間もないにもかかわらず急速に分布を拡大している。
- オオカワヂシャ(*Veronica anagallis-aquatica*)　ゴマノハグサ科。鮮やかな青紫色の総状花、花期4〜9月。温帯〜熱帯に分布し、湖、沼、河川の岸辺、水田、湿地に生育する。侵入時期は不明。
- ナガエツルノゲイトウ(*Alternanthera philoxeroides*)　ヒユ科。白い花は直径1cm前後の球形、花期4〜10月。観賞用水草として流通していた。水辺に生える多年草、水面上にマット状に繁茂する。
- ブラジルチドメグサ(*Hydrocotyle ranunculoides*)　セリ科。川岸や水湿地に生える多年草、岸近だけでなく水面に浮遊して密なマット状に群生する。1998年頃に確認、九州で大繁殖している。
- アレチウリ(*Sicyos angulatus*)　ウリ科の一年草。生育速度が非常に速く、群生することが多い。果実に鋭いトゲが密生する。アレチウリが繁茂する場所では、他の植物がほとんど生育しない。
- オオフサモ(*Myriophyllum aquaticum*)　1920年頃にドイツ人が持参。浅水中に群生する。耐寒性があり、湖の一部や周辺水路で大繁茂し、在来種への影響が危惧され、駆除が行われている。
- ○スパルティナ・アングリカ(*Spartina anglica*)　イネ科。汽水域に定着・拡大する恐れがある。
- ボタンウキクサ(*Pistia stratiotes*)　通称：ウォーターレタス。1920年代に観賞用として導入。沖縄、小笠原で逸出、野生化した。九州以南では野外で越冬・増殖している。
- アゾラ・クリスタータ(*Azolla cristata*)　アカウキクサ科。浮遊性の水生シダ、栄養繁殖が旺盛。

あとがき・謝辞

　動物を飼育するということは、なかなか面倒なことである。毎日目が離せないし、エサも欠かせない。さらに昆虫は飼育してみると、イヌやネコとはちょっと違った感じがするだろう。イヌやネコなどの動物は、人が愛情をかけて一生懸命かわいがれば、よく慣れて体いっぱいに応えてくれる。しかし、昆虫はいくら面倒をみてもそんな反応はない。

　昆虫の行動は本能に従う部分が多いのだ。人は昆虫に愛の見返りは期待出来ない。ひたすら慈悲の心でいなければならない。

　ただ、だれでも同じだろうが、好きなことは人の何倍も努力が出来て、しかも楽しいものだ。反対に、嫌いなことは人の半分も出来ない挙げ句、苦しいものだ。幸い、私は好きな昆虫を相手に勉強や仕事をすることが出来た。昆虫園というすばらしい職場を得たことも幸いした。

　動物を飼育するということは一年中であるから、休みを自由にとれないこともある。今までを振り返ってみて、家族にはあまりサービスが出来なかったことを申し訳なく思っている。

付記；東日本大震災（2011年3月11日、2時半過ぎ）

　なんということだろう。府中市内の住宅街を歩いていた。どうも真っすぐに歩けない。また頭がやられたかな、と思う間もなく、付近の店のドアがガタガタし始め、大きい地震だと分かった。街路樹や電信柱が大きく揺れた。ビルや家からは、大勢の人が外に出ていて不安げだった。幸いこの辺りでは大した被害はなさそうであった。

　初期微動が長かったから、どこか遠くで大きい地震があったに違いないと思い、急いで帰ってテレビをつけてみた。なんと恐ろしい状況だろう。三陸沖の大津波が福島、宮城地方の沿岸の村や畑を侵食し始めている画像ではないか。自動車や家は木の葉のように、いともたやすく呑み込まれていく。津波の通過した後は跡形もない光景が広がっている。

　あらためて我が家を調べてみると、本箱の上に積んだ本が数冊落ちていた。昆虫標本は小さいケースが落ちて、中の標本が壊れていたが、その被害は少なかった。この辺りは震度5くらいだったのだろう。

我が家のネコはこたつで眠り、何事もなかったような素振りであった。近くに住む子どもたちや親戚も、電話で無事を知ったが、帰宅するまで何時間もかかったそうで、首都の交通網が壊滅状態であったことを知った。
　その日から数日間は大きい余震がひっきりなしに感じられ、まともに寝ることは出来ず、夜は布団を敷かずに炬燵の中で過ごした。それから何日も新聞やテレビは悲しいニュースが続き、自らの無力を感じていた。
　地震で思い出すことは多い。下の妹は神戸に嫁いでいて、阪神・淡路大震災の時に家は壊れなかったが、家の中はめちゃめちゃで、ガラスが散乱し裸足では歩けなかったという。郷里の丹後でも大正年間に大震災があり、我が家も大きく歪んでしまったと親から聞いた。
　丹後地方では、「地震の前には椋平虹(むくひらにじ)が出る」という言い伝えを小さい頃聞いたことがある。近くの天橋立におられた椋平広吉さんが発見されたという現象であるが、反対する意見もある。私はこれがどんな虹か知らず、地磁気が作用するなら何らかの現象があってもよいのではないかと、空を注意して見ていたが、それらしいものは見たことがない。

謝　辞

　意識不明の際、電車の中で私の異常に気が付いた乗客の皆さま、助けてくださった駅員、救急隊員、関東中央病院の方々、救急隊員からの連絡で大層ご心配をいただいた園の皆さま、ありがとうございました。1週間の入院中、今までのことが走馬灯のように思い出され、この本に繋がりました。
　本書の裏表紙の写真は10数年前に、当時の赤旗編集局くらし家庭部の太田候一さんが撮られたもので、私のお気に入りの1枚です。さらに、本書の内容で分かると思いますが、私の周りには、実に多くの方々がおられ、助けてくださっています。皆さまに心からお礼申し上げます。
　私の頭の中は今も子どもの時のままです。好きなことをさせてくれた両親と家族には、本当に感謝しています。
　末筆ながら、子育て中や子どもたちを指導する立場の皆さまへ。
　子どもの好奇心を大切にしてください。興味を持ったものについて、もっと知りたいという気持ちが学びに繋がっていくのです。子どもたちが不思議に気付いて解こうとする姿を、見守ることをお勧めしてペンを置きます。

高家 博成 プロフィール

1941年京都府生まれ。1969年東京農業大学大学院農学研究科農学専攻博士課程修了。農学博士。元多摩動物公園昆虫飼育係長。

幼少期から没頭した昆虫観察や採集、飼育、小動物の飼育を一生の仕事としたことを原動力として、昆虫に関する書籍やテレビ番組の監修、ラジオ番組への出演など幅広く活躍し、子どもたちに昆虫や生き物の魅力を伝え続けている。

子ども時代の心のままで生き物と対峙し、専門分野を学んだ知識で、生き物の生態をおさえた絵本や紙芝居作品の人気も高い。

著書

- **新日本動物植物えほん**
  高家 博成・ぶん　横内 襄・え
  - ③ ありのごちそう
  - ⑦ こすもすと虫たち
  - ⑲ 虫のひげ
  - Ⅱ-⑦ あめんぼがとんだ

  以上(新日本出版社)

- **かわいいむしのえほん**
  高家 博成・仲川 道子 さく
  - ころちゃんはだんごむし
  - ありこちゃんのおてつだい
  - かたつむりののんちゃん
  - てんとうむしのてんちゃん
  - ばったのぴょんこちゃん
  - かぶとむしのぶんちゃん
  - ちょうちょのしろちゃん
  - くわがたのがたくん
  - かまきりのかまくん
  - とんぼのあかねちゃん
  - あまがえるのあおちゃん
  - かめのこうちゃん
  - どじょうのくろちゃん
  - めだかのきょろちゃん
  - ざりがにのあかくん

  以上(童心社)

- **高家 博成・童心社・紙しばい作品**
  横内 襄・え
  - てんとうむしとなかよし
  - かたつむりさんこんにちは
  - ベランダのアゲハチョウ
  - アリジゴクはすなのなか
  - かくれんぼイモムシ

  どい かや・え　杉浦 宏・監修
  - サイのおともだち

  近藤 周平・え
  - ぼくはオオカマキリ

  仲川 道子・え
  - だんごむしのころちゃん
  - ざりがにのあか
  - かぶとむしのかぶちゃん
  - あかねずみのあーや
  - めだかのめめちゃん
  - みつばちのはにーちゃん

  タダ サトシ・え
  - さわがにのかこちゃん
  - はえとりぐものはっちゃん
  - あぶらぜみのあぶちゃん
  - こがねむしのぶいぶい

共著者あとがき・謝辞

　本書は、20世紀の半ばから21世紀の初めにかけて、人々の身近にふつうにいた、生き物の面白さを幼い頃より追求し、動物園に就職してからは、特に幼い子どもたちに分かりやすい展示をしたり、日本にはいない珍しい生き物を採集・展示して来たことを書き記した高家先生の自伝です。
　幼少期の遊びや学びへの課程から、学歴や職歴、職務上の功績などに付いてつぶさに書き記されています。本書を読むことで、身近な生き物やそれらの生息環境について、考えられるのではないかと思います。今後ますます少なくなる、身近な生き物たちとの共生を考え、次の世代に残していくための手引きとなるよう、珍しい事柄や生き物などには脚注を付けました。
　そして、未来の理系子女や親御さん、先生方への案内書になるように、「生き物さくいん」には、それぞれの生き物について簡単な解説を付けました。

　高家先生が東京農業大学へ入学された1959(昭和34)年春、私は東京都板橋区に住む植物採集が好きな小学校6年生でした。そして偶然、その数年前の3年生までは、世田谷区の廻沢町(現在は千歳台)に住んでいました。
　当時の私は、農大田んぼが遊び場の一つでした。
　農大までは子どもの足で30分以上はかかる距離なので訪ねたことはありませんでしたが、近隣の農家の方々から農大関連の話を日常的に聞き、付近の川や野原、雑木林と共に忘れられない思い出がたくさんあります。
　その頃の自然環境や町の様相に3年の違いはほとんどないので、本書の粗稿を拝読した時、60年も昔の世田谷区の様子や、近所に下宿していた大学生諸兄の姿などを思い出しました。また、私の兄たちも昆虫大好き少年でしたから、6歳年長の兄が持っていた昆虫図鑑や、取り寄せていた『子供の科学』を内緒で見ていた私は、先生の記述と兄たちの行動が重なる部分が多くて引き込まれ、書籍デザインや解説、編集作業をお引き受けしました。
　ページごとにあらわれる動植物の名前は、昔から聞き及んできた名が多く、馴染み深く認知度も高いつもりでいました。しかし、本文中に名のみが登場した生き物を含めて調べてみると、一般には知られていない生態が多く、高家先生にご指導を仰いで、多くの方に興味を持っていただけることを目標にして、遊びや学び、調べごとや研究の入り口になるように願って記しました。

謝辞

　今後、生物の絶滅が進み、生物相が崩れていくと思われる21世紀初頭の今、身近な生物多様性の一部を担ってきた生き物たちやその生きた環境を、紹介する機会が出来たことを感謝しています。本書を書くためにご協力頂いた諸先生、出版社の方々に深くお礼申し上げます。　　　　　中山 れいこ

中山 れいこ プロフィール

　博物画家、図鑑作家、環境教育アドバイザー、博物画の製作・普及などを行う、アトリエ モレリを主宰。ボランティアグループ「緑と子どもとホタルの会」代表。東京で育ち、幼少のころより生物相の豊かな生態系を目のあたりにし、植物や昆虫に関心を持つ。1966年ごろから書籍デザインを手掛け、雑誌などに執筆。身近な生き物を飼育観察し、児童向けの飼育図鑑、生態などの図解入りノンフィクションを執筆。その他食育、介護書籍、絹関連書籍を執筆。

　作家活動の傍ら、アトリエのある文京区のみどり公園課と協働し、公園や地域の自然環境の保全に取り組んでいる。

　積極的に地域の学生への環境教育をしながら、都市の自然環境保全の規範となるべく公的機関に働きかけ、活動を続けている。

著書

- 『ドキドキワクワク生き物飼育教室』
  - ①かえるよ！アゲハ
  - ②かえるよ！ザリガニ
  - ③かえるよ！カエル
  - ④かえるよ！カイコ
  - ⑤かえるよ！メダカ
  - ⑥かえるよ！ホタル (以上リブリオ出版)
- 『カメちゃんおいで手の鳴るほうへ』
  - (共著)(講談社)
- 『小学校低学年の食事〈1・2年生〉』
  - (共著)(ルック)
- 『まごころの介護食「お母さんおいしいですか？」』(本の泉社)

- 『よくわかる生物多様性』
  - 1 未来につなごう身近ないのち
  - 2 カタツムリ 陸の貝のふしぎにせまる
  - 3 身近なチョウ 何を食べてどこにすんでいるのだろう (以上くろしお出版)
- 『いのちのかんさつ』
  - 1 アゲハ
  - 2 カエル
  - 3 メダカ
  - 4 カイコ
  - 5 ザリガニ
  - 6 ホタル (以上少年写真新聞社)
- 『絹大好き 快適・健康・きれい』
  - (本の泉社)など

参考文献

1. 朝比奈正二郎 (1972) 海を渡る昆虫 『インセクタリウム』9(10) 18〜21
2. 安倍義孝 (1998) 環境帝国主義と動物園 『がちょう』(上野動物園振興会) 46 1〜4
3. 生駒正和 (1992) ベニモンオオサシガメとシロモンオオサシガメの雑種 『インセクタリウム』29(5) 28
4. Imms A.D. (1960) 『A General Textbook of Entomology』(Methuen and co. Ltd.)
5. Ubarov B.P. (1928) 『Locusts and Grasshoppers』(London.)
6. Ubarov B.P. (1966) 『Grasshoppers and Locusts』(1. Cambridge.)
7. 後北峰之 (1998) アダンの航跡を追う−ツダナナフシ 『インセクタリウム』35(4) 16〜23
8. 上西智子 (2000) オオゴマダラのオスにモテモテのラン 『インセクタリウム』37(7) 23
9. 大谷剛 (1989) カブトムシの幼虫がするフンの数 『インセクタリウム』26(2) 27
10. 岡田茂 (1983) 対馬のジャンボバッタ 『インセクタリウム』20(3) 32
11. 小原嘉明 (1975) 翅のなぞ—もんしろちょう 『インセクタリウム』12(3) 4〜7
12. 鎌田光造・高家博成 (1989) クロトキのふしぎなペリット 『どうぶつと動物園』41(6) 30
13. 川鍋富義・高家博成 (1988) オーストラリア昆虫採集報告 『多摩動物公園飼育研究会 報告集』17 28〜42
14. 萱嶋泉 (1977) クモを知るために I 『インセクタリウム』14(11) 14〜18
15. 萱嶋泉 (1977) クモを知るために II 『インセクタリウム』14(12) 14〜19
16. 加藤正世 (1965) セミの飼育 『インセクタリウム』2(6) 4〜5
17. 熊田信夫・川文彦 (1977) ガの毒針毛と毒物質 『インセクタリウム』14(11) 4〜8
18. 菊池文一 (1999) アズマモグラの展示 『インセクタリウム』36(2) 28
19. 菊池文一 (2004) アズマモグラの新しい展示 『どうぶつと動物園』Mar.9〜11,18〜19
20. 桐谷圭治・田中章 (1987) 馬毛島で大発生したトノサマバッタ 『インセクタリウム』24(2) 4〜14
21. 久保田政雄 (1988) キバハリアリの生態 『インセクタリウム』25(6) 22〜27
22. 久保田政雄 (1972) アリの飼育 『インセクタリウム』9(7) 6〜9
23. 後閑暢夫 (1966) コガネムシの飼い方 『インセクタリウム』3(5) 6〜7
24. 小林実 (1971) 『なぜなぜはかせのかがくの本5 陸のこん虫・水のこん虫』(国土社)
25. 駒谷・櫻井・田畑・高家 (2004) グローワームの展示 『どうぶつと動物園』56(5) 21〜25
26. 駒谷・宇津・高家 (1990) ブルドッグアリの飼育と展示 『インセクタリウム』27(7) 15〜19
27. 小山長雄 (1958) 『昆虫の実験』(陸水社)
28. 三枝博幸 (1996) オオゴマダラは紅梅が好き 『インセクタリウム』33(5) 32
29. 三枝博幸 (1976) 新しい外国のカマキリ 『インセクタリウム』13(3) 27
30. 櫻井・田畑・駒谷・高家 (2004) グローワームの通り抜け展示について 『昆虫園研究』5 21〜25
31. 澤田玄正 (1967) 『昆虫学』(自刊)
32. 佐藤有恒 (1973) トノサマバッタをつる(I) 『インセクタリウム』10(3) 4〜7
33. 佐藤有恒 (1980) トノサマバッタをつる(II) 『インセクタリウム』17(8) 38〜40
34. 佐藤有恒 (1985) 『バッタがつれた』(さ・え・ら書房)
35. 清水義一 (1967) 『ホームラン350本——ある高校教師の記録』(錦正社)
36. 杉本啓子 (1994-1995) 蝶で国際協力①—⑮ 『林業技術』(631)40〜41, (632)32〜33, (633)30〜31, (634)26〜27, (635)40〜41, (636)34〜35, (637)38〜39, (638)36〜37, (639)34〜35, (640)34〜35, (641)40〜41, (642)40〜41, (643)40〜41, (644)38〜39, (645)34〜35
37. 鈴木昭吉 (1985) 捕れた毛虫が1.8トン 『インセクタリウム』22(10) 15
38. 瀬谷渉 (1988) 昆虫生態園の設計構想 『インセクタリウム』25(6) 16〜20
39. 高家博成 (1970) ミノムシの作ったオーバー 『インセクタリウム』7(3) 44
40. 高家博成 (1970) コバネイナゴが成虫になりました 『インセクタリウム』7(4) 4〜5
41. 高家博成 (1971) コバネイナゴ飼育の資料 『インセクタリウム』8(8) 11〜13
42. 高家博成 (1971) フウセンムシが卵をうみました 『インセクタリウム』8(1) 35
43. 高家博成 (1972) ゴキブリの集合実験を展示しました 『インセクタリウム』9(3) 4
44. 高家博成 (1972) トビコバチ類の中脚による跳躍機構 『日本昆虫学会大会講演要旨』No.46
45. 高家博成 (1972) はねる 『インセクタリウム』9(11) 18〜20
46. 高家博成 (1972) アリの展示 『インセクタリウム』 9(10) 4
47. 高家博成 (1972) マツモムシの卵 『インセクタリウム』 9(5) 4
48. 高家博成 (1973) オオムカデの抱卵 『インセクタリウム』 10(8) 18

49. 高家博成 (1973) トビコバチ・ツヤコバチおよび近縁の類の中脚による跳躍機構の比較　『動物学雑誌』82(4) 376
50. 高家博成 (1973) コマツモムシの卵　『インセクタリウム』10(3) 30
51. 高家博成 (1974) セミの発音のしくみを展示しました　『インセクタリウム』11(12) 21
52. 高家博成 (1974) カメノコロウヤドリバチの生態　『インセクタリウム』11(5) 4〜7
53. 高家博成 (1974) 大きなスズメバチの巣　『インセクタリウム』11(7) 20
54. 高家博成 (1974) トビコバチ及び近縁の類のコバチの跳躍のためのクリックメカニズム　『日本昆虫学会大会講演要旨』35
55. 高家博成 (1975) 昆虫の実験展示　『多摩動物公園飼育研究会報告集』5 25〜35
56. 高家博成 (1975) 水面に浮かぶ昆虫の影　『インセクタリウム』12(4) 20〜21
57. 高家博成 (1976) テントウムシを使ったやさしい実験　『インセクタリウム』13(22) 20
58. 高家博成 (1977) 体色と光に対する定位の効果　『インセクタリウム』14(12) 20〜21
59. 高家博成 (1977〜84) 昆虫のやさしい実験①〜⑨　『インセクタリウム』①14(3)8〜11，②14(9)10〜14，③15(3)10〜13，④15(10)14〜19，⑤16(7)10〜13，⑥17(7)10〜14，⑦⑧19(4)10〜13，⑨21(3)8〜11
60. 高家博成 (1978) テントウムシの形態反応を実験展示　『インセクタリウム』15(2) 20
61. 高家博成 (1978) アオマツムシの誘蛾灯への飛来数　『インセクタリウム』15(11) 20
62. 高家博成 (1978) アシブトハナアブ幼虫の呼吸法を実験展示　『インセクタリウム』15(7) 20〜21
63. 高家博成 (1978) 運動視反応の実験展示(アメンボ)　『インセクタリウム』15(1) 24〜25
64. 高家博成 (1979)「実験展示「光に対するヤゴの定位反応」」『インセクタリウム』16(1) 24〜25
65. 高家博成 (1979) ノミバッタの跳躍機構　『日本昆虫学会第39回大会・第23回応用動物昆虫学会合同講演要旨』143
66. 高家博成 (1981) タイコウチの産卵　『インセクタリウム』18(10) 24
67. 高家博成 (1981) オナガアシブトコバチの腰部骨格筋　『日本昆虫学会第41回講演要旨』29
68. 高家博成 (1981) 標本室etc.　『インセクタリウム』18(10) 15
69. 高家博成 (1981) ツチカメムシの餌はこび　『インセクタリウム』18(12) 20〜21
70. 高家博成 (1981) 水生半翅類のすみわけ展示例　『動物園水族館雑誌』23(4) 101〜103
71. 高家博成 (1982) オオアメンボの求愛信号　『インセクタリウム』19(6) 20〜21
72. 高家博成 (1982) ミズスマシの飼育　『インセクタリウム』19(8) 24〜25
73. 高家博成 (1982) ゲンゴロウの羽化　『インセクタリウム』19(11) 24
74. 高家博成 (1982) 標本室の展示を一新　『インセクタリウム』19(2) 20〜21
75. 高家博成 (1982) 昆虫の複眼の偏光感受のしくみを展示しました　『インセクタリウム』9(5) 4
76. 高家博成 (1982) トックリバチおよびアシナガバチの膨腹部屈伸機構　『日本昆虫学会第42回講演要旨』14
77. 高家博成 (1983) トゲアリの労働寄生の実験　『インセクタリウム』20(1) 23
78. 高家博成 (1983) アシナガバチの巣作りの実験　『インセクタリウム』20(2) 23
79. 高家博成 (1984) 昆虫の動きのたのしい実験と観察法　『日本生物教育学会第37回全国大会講演要旨』9
80. 高家博成 (1984)『昆虫のやさしい実験 (改定版)』(多摩動物公園)
81. 高家博成 (1985) オキナワナナフシの飼育法　『インセクタリウム』22(3) 28〜29
82. 高家博成 (1985) 負の走地性の実験展示-テントウムシ　『インセクタリウム』
83. 高家博成 (1985) ミツバチ分封群の捕集　『インセクタリウム』22(7) 28〜29
84. 高家博成 (1985) エゾアカヤマアリの展示　『インセクタリウム』22(11) 29
85. 高家博成 (1985) 昆虫の視覚の楽しい実験　『日本生物教育学会第39回全国大会講演要旨』4
86. 高家博成 (1985) クロトゲアリの展示　『インセクタリウム』22(10) 25
87. 高家博成 (1986) オキナワナナフシの飼育と観察　『インセクタリウム』23(1) 28
88. 高家博成 (1986) 採集と飼育は自然理解の第一歩　『採集と飼育』48(2) 80〜81
89. 高家博成 (1986) クロトゲアリの飼育展示と観察　『インセクタリウム』25(10) 4〜9
90. 高家博成 (1986) 昆虫のはばたきの展示　『インセクタリウム』23(3) 24〜25
91. 高家博成 (1986) 昆虫のはばたきを見る工夫　『インセクタリウム』23(6) 24〜25
92. 高家博成 (1986) クロモンアメバチの誘蛾灯への飛来　『インセクタリウム』25(10) 32
93. 高家博成 (1986) アシナガバチの貯蜜　『インセクタリウム』23(11) 33
94. 高家博成 (1986) 林寿郎さんのメモ　『山鳩』29 21〜22
95. 高家博成 (1987)『昆虫の飼育法 (改定版)』(東京動物園協会)
96. 高家博成 (1987) キボシアシナガバチの貯蜜　『インセクタリウム』24(11) 13
97. 高家博成 (1987) カマキリの世界　『インセクタリウム』24(2) 29
98. 高家博成 (1987) 外国産カマキリの飼育展示　『インセクタリウム』24(10) 18〜23
99. 高家博成 (1987)『1匹のイモムシはどれだけ葉を食べる』(少年朝日年鑑) 260〜261

100. 高家博成 (1988) カブトムシ幼虫の雌雄判別 『インセクタリウム』25(5) 22
101. 高家博成 (1988) 展示昆虫を求めてオーストラリアへ 『インセクタリウム』25(6) 36〜40
102. 高家博成 (1988) 八丈島を調査旅行 『インセクタリウム』25(12) 24〜25
103. 高家博成 (1988) ハナカマキリ 『インセクタリウム』25(6) 33
104. 高家博成 (1989) ニュージーランド産グローワーム 『インセクタリウム』26(2) 28〜27
105. 高家博成 (1989) グローワーム飼育の工夫 『インセクタリウム』26(4) 29
106. 高家博成 (1989) エゾアカヤマアリの飼育展示 『インセクタリウム』26(5) 13〜15
107. 高家博成 (1989) グローワームの飼育と展示 『インセクタリウム』26(7) 14〜19
108. 高家博成 (1989) 昆虫との関係は"付かず離れず"が一番 『アニマ』197 47〜49
109. 高家博成 (1989) 昆虫解剖の楽しみ 『山鳩』32；46〜47
110. 高家博成 (1995) アリになって見た世界 『インセクタリウム』32(11+12) 14〜16

111. 高家博成 (1996) テントウムシのゆうえんち 『インセクタリウム』33(1) 9
112. 高家博成 (1997) 採集3 『新飼育ハンドブック（2）収集・輸送・保存』43〜51
113. 高家博成 (1991) 昆虫の観察・実験シリーズ、トノサマバッタ 『遺伝』5月 61〜68
114. 高家博成 (1992) 水面と昆虫 『教育の窓 小学校』(東研情報) 419(4) 1
115. 高家博成 (1993) 虫と共に 『たんぶん(大宮町)』4(1)
116. 高家博成 (1996) ハチ小屋を設置しました 『インセクタリウム』32(8) 24
117. 高家博成 (1996) ゴケグモを展示しました 『インセクタリウム』33(2) 28
118. 高家博成 (1996) ゴケグモの産卵 『インセクタリウム』33(3) 28〜29
119. 高家博成 (1996) ドウガネブイブイが泳ぐ 『インセクタリウム』33(9) 10
120. 高家博成 (1997) 京王線新宿駅で昆虫園広告展示を行いました 『インセクタリウム』34(7) 25

121. 高家博成 (1996) 虫についての質問 『SATUMA』44(113) 65〜71
122. 高家博成 (1997) グローワーム飼育の10年 『インセクタリウム』34(11) 4〜10
123. 高家博成 (1997) グローワーム・グロットの夢 『山鳩』39 19〜21
124. 高家博成 (1998) 安息角の実験展示 『インセクタリウム』35(4) 24
125. 高家博成 (1998) 昆虫生態園の十年 『山鳩』40 39〜41
126. 高家博成 (1999) 『カメノコロウヤドリバチ(膜翅目；トビコバチ科)の形態学的研究』(自刊)
127. 高家博成 (1999) チョウ温室の楽しみ 『昆虫と自然』34(8) 2〜3
128. 高家博成 (1999) 昆虫：小さな世界 『幼児の教育』88(9) 24〜31
129. 高家博成 (1999) オナガバチはどこに産卵するの？ 『インセクタリウム』36(5) 8
130. 高家博成 (1999) 昆虫の生態 『新飼育ハンドブック 動物園編(3)概論・分類・生態』97〜100

131. 高家博成 (1999) 絵本造りに四苦八苦 『山鳩』41；38〜39
132. 高家博成 (2001) 昆虫ってどんな動物 『山鳩』42；8〜12
133. 高家博成 (2001) 累代飼育30年、トノサマバッタ 『どうぶつと動物園』Mar. 12〜13
134. 高家博成 (2001) トックリバチ 『KAJIMA』2001, 06；12〜15
135. 高家博成 (2002) パラベンはアサギマダラも誘引する 『昆虫と自然』37(4) 41
136. 高家博成 (2002) セミの大声どこから出るの？ 『どうぶつと動物園』54(1) 31
137. 高家博成 (2002) バッタの跳躍をささえるしかけ 『どうぶつと動物園』Mar. 35
138. 高家博成 (2002) 昆虫に学ぶ 『風』Vol.34
139. 高家博成 (2002) 難問珍問子どもの相談 『山鳩』44 22〜24
140. 高家博成 (2002) 『バッタのなかまの体や習性を調べる 土と林の生き物たち』(合同出版) 110〜119

141. 高家博成 (2003) ペルー昆虫採集記 『山鳩』45 11〜32
142. 高家博成 (2003) 植物の魅力 『山鳩』47 31〜34
143. 高家博成 (2003) 多摩動物公園における昆虫類の飼育展示と教育普及活動 『昆虫の大量飼育及び産業化に関するシンポジウム講演要旨』(韓国農業科学院,水原) 25〜36
144. 高家博成 (2003) 実物とのふれあいを大切に 『理科教育』12(61) 7〜9
145. 高家博成 (2004) 目が五つの動物って知ってる？ 『山鳩』46 27〜29
146. 高家博成 (2005) 日本初！ハキリアリの飼育 『理科教室』7 90〜93
147. 高家博成 (2005) 昆虫類の展示 『新飼育ハンドブック 動物園編4 展示・教育・研究・広報』p.37〜41
148. 高家博成 (2007) 多摩動物公園におけるふれあい活動 『昆虫園研究』8 9〜13
149. 高家博成 (2007) 三歳未満児が生き物とかかわる大切さ 『0，1，2歳児の保育』8・9月号 14〜18
150. 高家博成 (2013) 多摩動物公園昆虫園のあゆみ 『2013 Yeonwol International Museum Forum』(section 8) 33〜40
151. 高家博成 監修 (2007)『キノコを育てるアリ』(新日本出版社)

152. 高家・矢島 (1987) ヒメホソアシナガバチの大型巣 『インセクタリウム』24(1) 16
153. 高家博成・平松廣・田坂清・七里茂美・橋崎文隆(1991) 『輸入されたチーターに寄生していたイヌシラミバエ』(動物園水族館雑誌)33(1) 1～4
154. 高家博成・本藤昇(1984) 緑化フェア顛末記 『インセクタリウム』21(12) 20～21
155. 東京書籍編集 (1993)『小学校図解生活科101の活動・教材』
156. 高橋良一 (1937)『クロトゲアリの生態及駆除予防法』(台湾総督府中央研究所農業部彙報) 第129号 p.1～12
157. 竹中英雄 (1982) ツツハムシ類の生活 『インセクタリウム』19(10) 18～22
158. 立川周二 (1988) オオアメンボ 『インセクタリウム』25(6) 33
159. 田中誠二 (1996) トノサマバッタの相変異と体色多型(1) 『インセクタリウム』33(4) 4～8
160. 田中誠二 (1996) トノサマバッタの相変異と体色多型(2) 『インセクタリウム』33(5) 24～30
161. 富永朝和 (2000) 『蜂になった男』(信濃毎日新聞社)
162. 富樫一次 (1984) クリの木をめぐる虫たち 『インセクタリウム』21(10) 4～8
163. 日本化学会議編 (1987) 『身近な現象の化学』(培風館)
164. R.Nishida,C.Kim,K.Kawai,H.Fukami (1990) 『Methyl Hydroxybenzoates as a potent phagostimulants for male Danaid butterfly,Idea leuconoe.』(Chemistry Express) 5(7) 497～500
165. 馬場金太郎 (1953)『砂丘の蟻地獄』(越佐昆虫同好会)
166. 日高俊一郎 (2006) 虫嫌いの子どもの親は虫嫌いか 『昆虫園研究』7 7～16
167. 日高敏隆 (1997) 昆虫の行動によるまちがい 『インセクタリウム』14(1) 4～7
168. 深海浩 (1993) パラベンは蝶の肴か? 『インセクタリウム』30(5) 3
169. M.バルガス・リョサ (2006)『制度が生む狂気、洗練の極みの野蛮』(読売新聞) 1月24日
170. 講談社 (1983)『ＮＨＫクイズ面白ゼミナール』(NHK出版)
171. NHK出版 (2007)『NHK子ども科学電話相談 生きものたちのひみつ』(NHK出版)
172. NHK出版 (2008)『NHK子ども科学電話相談 科学おもしろQ and A』(NHK出版)
173. NHK出版 (2010)『NHK子ども科学電話相談 自然と環境のふしぎ』(NHK出版)
174. TBSラジオ (1997)『こども電話相談室①』(小学館)
175. M.T.シバジョシー (1988) カブトムシのオスの二型と交尾戦術 『インセクタリウム』25(1) 4～9
176. 後閑暢夫 (1966) コガネムシの飼い方 『インセクタリウム』3(5) 6～7
177. 林 泉 (1936)『動物趨性学 (実験動物学集成)』(三省堂)
178. 林寿郎 (1979)『甦れ小さな生き物たち(上)』(サンケイ新聞社会部編)
179. 林寿郎 (1986) 林寿郎さんのメモ 『山鳩』№29 ; 21～22
180. 平井一男 (1985) 昆虫の飛翔時間をはかる 『インセクタリウム』22(9) 12～13
181. 松浦誠 (1983) 多才な建築家たち 『インセクタリウム』20(3) 18～23
182. 松香宏隆 (1988) 南の島のホタルの木 『インセクタリウム』25(5) 22
183. Maki (1935)『A study of the musculature of the Phasmid megacrania tudai Shiraki.』(Mem.fac. Sci.and Agr.Taihoku Imp.Univ.Ⅻ) №2 Entomology №4 5pls.
184. 松良俊明 (1985) 海岸砂丘のアリジゴク① 『インセクタリウム』22(5) 4～9
185. 松良俊明 (1985) 海岸砂丘のアリジゴク② 『インセクタリウム』22(6) 4～8
186. 松良俊明 (1987)『砂丘のアリジゴク』(思索社)
187. 三輪茂雄 (1986) アリジゴク - 粉体工学からみたテクノロジー 『インセクタリウム』23(4) 4～8
188. 三橋淳・方向 (1992) 中国の闘蟋蟀 『インセクタリウム』29(9) 12～17
189. Miller,P.L. (1972) Swimming in mantises, Journal of Entomology(A) 46(2) 91～97
190. 虫の知らせ (1978)『インセクトピア会誌』第1号
191. 文部省 (1948)『社会科第三学年』(たろう)
192. 八木誠政 (1957)『昆虫学本論』(養賢堂)
193. 八木誠政・蒲生俊興 編 (1942)『温度と生物』(養賢堂)
194. 山崎尋也 (1996) トノサマバッタの資料(その2) 『インセクタリウム』3(3) 8～9
195. 矢後素子 (1994) 謎のスカシダワラ 『インセクタリウム』31(6) 27
196. 山崎柄根 (1964) 奄美群島のバッタ類 『昆虫』32(5) 123～127
197. Yamasaki,T (1966) Subspeciation in a locust, *Traulia ornate* of the Ryukyu Islands.『昆虫』34(1) 85～103.
198. 山崎幹夫・中島暉躬・伏谷伸宏 (1985)『天然の毒』(講談社)
199. 安松京三 (1937)『エゾヲナガバチ及モンヲナガバチの観察』(あきつ) 1(2) 33～34
200. 安松京三 (1938)『ヲナガバチ類の習性に関する再考察』(あきつ) 1(3) 71～76
201. 渡辺良平 (2010) 『グローワームの周年発光への取り組み』(どうぶつと動物園) 春号 12

〈企画〉　ブックデザイン／中山 れいこ

　　　　編集・構成／アトリ エモレリ　中山 れいこ　黒田 かやの
　　　　　　　　　　伊藤 圭亮

　　　　イラスト／無印: 高家 博成

　　　　　　　　　㊞: 荒井 もみの・中山 れいこ・角海 千秋

〈協力〉　富永 豪太　萩谷 すみれ

虫博士の育ち方 仕事の仕方
生き物と遊ぶ心を伝えたい

2014年7月2日　第1刷

著　者	高家 博成（たかいえ ひろしげ）
編集解説	中山 れいこ（なかやま）
発行者	比留川 洋
発行所	株式会社 本の泉社
	〒113-0033　東京都文京区本郷2-25-6
	TEL:03-5800-8494　FAX:03-5800-5353
	http://www.honnoizumi.co.jp
印刷所	音羽印刷株式会社
装　丁	中山 れいこ
制　作	アトリエ モレリ

© Hiroshige Takaie　Reiko Nakayama　2014 Printed in Japan
定価はカバーに表示してあります。落丁本・乱丁本はお取り替えいたします。
（本文中の記述、図表については、無断転載を禁じます）
ISBN978-4-7807-1173-8 C0095